ND REGLAZE# S Y S T H E M A T A

LMB 1990/370

Johann Paul Bischoff

Versuch einer Geschichte der Rechenmaschine

Ansbach 1804

Herausgegeben von Stephan Weiß

Systhema Verlag, München

Copyright © 1990 by Systhema Verlag GmbH,
Kreillerstraße 156, D 8000 München 82
Alle Rechte vorbehalten
Gesamtgestaltung: Rudolf Paulus Gorbach, Buchendorf
Satz, Reproduktion, Druck und Bindung: Kösel, Kempten
Printed in Germany
ISBN 3-89390-306-2

VORWORT DES HERAUSGEBERS

Im deutschsprachigen Raum sind die Werke von LEUPOLD[1] (1727) und von MARTIN[2] (1925, mit Nachtrag bis etwa 1936) die bekanntesten Gesamtdarstellungen über die Entwicklung der instrumentalen Rechentechnik. Der besondere Wert beider Werke liegt darin, daß nicht nur die Rechenwerkzeuge aus der Vergangenheit und der jeweiligen Gegenwart – also das für uns Geschichtliche in seiner Aktualität – in weitreichender Vollständigkeit aufgeführt sind, sondern daß auch deren Funktion und Handhabung im einzelnen beschrieben werden. Bei MARTIN ist bezüglich der Vollständigkeit insofern eine Einschränkung zu machen, als er nur Rechenmaschinen mit automatischer Zehnerübertragung behandelt. Darüber hinaus und zwischenzeitlich gibt es verstreut zahlreiche kleinere Abhandlungen, die sich auf Aufzählungen oder Detailbeschreibungen von Einzelgeräten beschränken. Ihre Bibliographie kann der neueren Literatur entnommen werden. In wenigen Aufsätzen wird auf eine dritte kaum bekannte Gesamtdarstellung Bezug genommen.[3,4,5,6]

Es handelt sich dabei um das Manuskript von J.P. BISCHOFF mit dem Titel »Versuch einer Geschichte der Rechenmaschine« aus dem Jahre 1804, welches sich in seinem Aufbau, wie auch zeitlich in die Lücke zwischen LEUPOLD und MARTIN einfügt. Im Technik-Lexikon von FELDHAUS[7] wird dieses Manuskript unter dem Stichwort Rechenmaschine als »umfangreiches Manuskript mit Atlas« bezeichnet. Nach FELDHAUS' Angaben wurde das Manuskript in der Bibliothek der Technischen Hochschule Berlin aufbewahrt. Wie aus dem Anhang II der zweiten Auflage des genannten Technik-Lexikons ersichtlich, sind Manuskript und Zeichnungen, sie trugen die Signatur 3026, während des Zweiten Weltkrieges durch Brand vernichtet worden. Auf etwaige Abschriften liegen keine Hinweise vor.

Herrn MALZ vom Hochschularchiv der Technischen Universität Berlin danken wir für folgende Angaben, die Verwahrung des Manuskriptes in Berlin betreffend:

»Das Bischoff-Manuskript dürfte aus dem Bestand der Bibliothek der Berliner Bauakademie stammen, der 1884 aus dem Gebäude am Werderschen Markt in den Neubau der Berliner TH übernommen wurde und zusammen mit dem Bestand der Bibliothek der Gewerbeakademie Berlin den Grundstock der TH-Bibliothek bildete. Im 1858 erschienenen »Verzeichnis der in der vereinigten Bibliothek der Kgl. Technischen Bau-Deputation und der Kgl. Bauakademie vorhandenen Werke« ist das Bischoff-Manuskript auf S. 101 aufgeführt. Weitere Angaben über das Werk von Bischoff sind hier nicht zu ermitteln, weil auch der gesamte Aktenbestand der TH-Bibliothek während des 2. Weltkrieges verloren ging.

Das Originalmanuskript muß wohl als verloren gelten, denn vor der Bombardierung der TH-Gebäude im Jahre 1943 sind nur kleinere Bestände aus der Berliner TH-Bibliothek ausgelagert worden. Aus dem Brandschutt nach Kriegsende geborgene Restbestände wurden seinerzeit auf Veranlassung der sowjetischen Besatzungsmacht aus Berlin abtransportiert. Über den Verbleib dieser Teilbestände aus der ehem. TH-Bibliothek ist hier leider nichts bekannt«.

Allein dem Umstand, daß für das Museum der ehemaligen Firma Grimme, Natalis u. Co. AG, Braunschweig (jetzt Rechenmaschinensammlung des Braunschweigischen Landesmuseums) Maschinenabschriften des Manuskriptes sowie Fotografien und Nachzeichnungen der zugehörigen Tafeln angefertigt wurden, ist es zu verdanken, daß BISCHOFF's Arbeit nicht völlig verlorengegangen ist.

Das uns erhalten gebliebene Material umfaßt:
1. Eine mit Maschine geschriebene und gebundene Abschrift einschließlich der in den Text kopierten Zeichnungen im Format 22 × 36,5 cm mit der Signatur M 420-1a. Diese Abschrift wird im folgenden mit I bezeichnet.
2. Drei ebenfalls mit Maschine geschriebene und gebundene gleichlautende Abschriften im Format 22 × 34,5 cm, mit den Signaturen M 420-1b, M 420-1c und M 420-1d (im folgenden Abschrift II genannt). Letztere drei Texte sind identisch, da die mit Sign. -c und -d Versehenen Durchschläge der Abschrift mit der Signatur -b sind. Nur in der Abschrift M 420-1b sind einige Figuren eingezeichnet oder lose ohne freien Platz im Text eingeklebt.
3. Vier Alben mit schwarz-weißen Fotografien im Format ca. 20 × 29 cm von den sechsundzwanzig Bidtafeln und dem zugehörigen Titelblatt (Signaturen M 420-2a, M 420-2b, M 420-2c und M 420-2d). Das Titelblatt trägt den ovalen Stempel mit der Inschrift: Bibliothek der Königl. Technischen Hochschule A.

   Die vorhandenen Fotografien haben unter der langen Lagerung stark gelitten; sie sind partiell hellbraun oder graublau verfärbt und stellenweise fleckig geworden. Die Details der Zeichnungen sind jedoch mit der Lupe gut erkennbar.
4. Sieben kolorierte Nachzeichnungen des Titelblattes und der Tafeln I, II, XIV, XXI, XXIII und XXIV in der Größe 46 × 34,5 cm mir der Signatur M 420-3a der Mappe.
5. Vier fotografische Reproduktionen der Tafeln VII, XIII, XXI und XXII, die unter den Nummern 15373, -71, -74, -72 an der Bildstelle des Deutschen Museums, München, aufbewahrt werden.

Über die Entstehungszeiten des unter Pkt. 1 bis 5 aufgeführten Materials war nichts in Erfahrung zu bringen.

Den einzigen Anhaltspunkt liefert der Aufsatz »Unser Rechenmaschinen-Museum« aus der Braunschweiger GNC-Monatsschrift Jg. 1921, in dem auf Seite 710 das Werk von BISCHOFF als zur Bibliothek der Sammlung gehörig genannt wird. Da kaum anzunehmen ist, daß es sich dabei um das Original gehandelt hat, muß demnach im Jahre 1921 wenigstens eine Abschrift bereits im Besitz des GNC-Museums gewesen sein.

Der Vergleich der Abschriften I und II zeigt, daß sie in einigen Punkten voneinander abweichen. In Abschrift I wurde die alte Schreibweise nach Stil und Orthografie beibehalten. Sehr wahrscheinlich wurde auch die Textaufteilung des Originals übernommen, da die letzte Zeile häufig nicht bis zum rechten Rand voll ausgeschrieben ist. Demgegenüber finden wir in Abschrift II bereits die moderne Schreibweise mit einer fortlaufenden Seitennumerierung, die mit der in Abschrift I nicht mehr übereinstimmt. Da zudem in Abschrift I Satzteile fehlen, die in II enthalten sind und in II die Seitenzahlen für Rückverweisungen fehlen oder, wo vorhanden, sich auf die Abschrift I beziehen, ist anzunehmen, daß beiden Abschriften jeweils das Original zugrunde gelegen hat.

Diese Annahme wird durch die Tatsache bekräftigt, daß einige Schreibfehler eindeutig auf Lesefehler der Handschrift zurückzuführen sind.

Von Hand eingefügte Korrekturen und Ergänzungen, in Abschrift I mit Bleistift, in Abschrift II mit Tinte und Feder ausgeführt, sind die einzigen Hinweise auf eine nachträgliche Überprüfung.

Aus den oben angeführten Kriterien geht eindeutig hervor, daß die Abschrift I sorgfältiger, d.h. originalgetreuer als die Abschrift II angefertigt wurde. Wir entschieden uns daher, den Wortlaut mit Ausnahme der Seitenzählung nach Möglichkeit aus Abschrift I zu übernehmen. Um den Charakter dieser Vorlage weitgehend zu wahren, haben wir Verbesserungen nur bei offensichtlichen Abschreibefehlern und mit dem Ziel der leichteren Lesbarkeit vorgenommen. Soweit die Abschrift II hierzu zweckdienlich sein konnte, wurde auf sie zurückgegriffen. Wo sich aus dem Vergleich der Abschriften I und II erhebliche Unstimmigkeiten ergaben (z.B. Durchmesser und Halbmesser) oder Namen in verschiedenen Schreibweisen auftraten, sind die Ergänzungen oder Abweichungen aus der Abschrift II in eckigen Klammern oder als Anmerkung hinzugefügt. Eine weitergehende Überarbeitung und Korrektur des Textes lag nicht in unserer Absicht.

Aus ästhetischen Gründen wurden die Zeichnungen in den Satzspiegel einbezogen und nicht wie in Abschrift I – und sicher auch im Original – an dem freien linken Rand des Blattes angebracht.

Das Personen- und Sachregister wurde nachträglich erstellt.

Über die Person des Autors war nur wenig in Erfahrung zu bringen. Weder in der ADB[8] noch in der NDB[9] und auch in keinem der einschlägigen Lexika findet er Erwähnung.

Vereinzelte Hinweise in der Literatur stehen immer im Zusammenhang mit seiner Stellung als letzter Baumeister und Domänenrat am Ansbachischen Hof.[10, 11, 12]

Aus diesen Angaben geht hervor, daß Johann Paul Bischoff aus Neustadt stammte, mit Magdalene Helene Jung aus einer Uffenheim-Ansbacher Beamtenfamilie verheiratet war und daß als Paten seiner fünf zwischen 1799 und 1805 in Ansbach getauften Kinder die Namen angesehener markgräflicher Räte genannt sind.

Seinen Wohnsitz hatte Bischoff in der Feuchtwangerstraße 1 in einem Haus, das nach seinen Plänen 1799/1800 erbaut wurde.

Zur Ausbildung Bischoff's gab die uns zugängliche Literatur keine Auskunft, dagegen um so mehr über seine berufliche Laufbahn, die wir nur chronologisch aufführen:

7. Juni 1788	Berufung durch Markgraf Alexander als Mechanikus[13] und Hofbauinspektor mit höherer Vorbildung
3. Aug. 1788	Bestallung zum Baudirektor
29. Aug. 1789	Oberaufsicht über die Chausseen im Triesdorfer Park
20. Juli 1790	erhält Bischoff »votum und sessio« im Kammerkollegium zugesprochen
1795	Kriegs- und Domänenrat
1. Sept. 1808	Nominierung als Landbauinspektor des Rezat-Kreises (Vereidigung am 18. Nov. 1808)

Er selbst bezeichnete sich als »Königlicher Landbauinspektor«.

Bischoff diente in Ansbach drei Regimen. Seine Leistungen wurden von jedem Regime anerkannt und zusätzlich gewürdigt. So erteilte Hardenberg 1795 Bischoff die Genehmigung, neben seiner Absteige im Schloß auch die Triesdorfer Wohnung beibehalten zu dürfen und bewilligte ihm »Fourage für Reitpferd und Equipage«.

Der preußische König Friedrich Wilhelm, der Bischoff zum Kriegs- und Domänenrat ernannte, bewilligte ihm am Ende der preußischen Herrschaft in Ansbach eine besondere »Remuneration von 600 Gulden«.

Der neue Landesherr, König Maximilian Josef von Bayern, übernahm 1806 BISCHOFF als Staatsdiener mit Gewährung des vollen Ruhegehalts.

BISCHOFF unternahm mehrere Reisen nach Paris, darunter zweimal für je drei Monate im Jahre 1789. Da während der Französischen Revolution Personen des französischen Adels bei BISCHOFF in Ansbach Zuflucht suchten, können wir uns in etwa ein Bild von jenen Kreisen machen, zu denen BISCHOFF in Paris Zutritt hatte.

Auch ist uns bekannt, daß BISCHOFF 1784 den Pfarrer und Feinmechaniker HAHN in Echterdingen besuchte.[14, 15, 16, 17]

Eintragungen in HAHN's Tagebuch für den 10. bis 16. Dezember 1784 lassen den Schluß zu, daß es im Laufe dieser Begegnung zu Auseinandersetzungen über philosophische Grundeinstellungen gekommen sein muß. Im übrigen stand HAHN BISCHOFF's Interesse an seinen Erfindungen und Geräten skeptisch gegenüber.[18]

Mein Dank gilt dem Braunschweigischen Landesmuseum und besonders dem Betreuer der Rechenmaschinensammlung, Herrn Rolf PALAND, für die Überlassung des Materials und die Erlaubnis zur Veröffentlichung.

Weiterhin danke ich Herrn LANG vom Stadtarchiv der Stadt Ansbach für eine Literaturangabe zur Person des Autors.

Meinen besonderen Dank möchte ich dem Verlag aussprechen, der die Herausgabe des Manuskriptes von BISCHOFF in Buchform ermöglicht hat.

Ergolding, März 1990
Stephan Weiß

1 LEUPOLD, J.: Theatrum arithmetico – geometricum, das ist: Schauplatz der Rechen- und Meßkunst, Leipzig 1727.
2 MARTIN, E.: Die Rechenmaschine und ihre Entwicklungsgeschichte, 1.Bd., Pappenheim 1925.
3 BRAUNER, L.: Wichtige Abschnitte in der Rechenmaschinenentwicklung. In: Beitr. Gesch. d. Techn. Ind., 16 (1926).
4 BRAUNER, L.: Leben und Wirken der Rechenmaschinenerfinder. In: Die Büroindustrie, 21 (1933) S.140ff.
5 RIEDEL, E.: Die Rechentafel. In: Die Braunschweiger GNC – Monatsschrift. Hrsg. Grimme, Natalis u. Co AG, Braunschweig, H1 (1924).
6 v. MACKENSEN, L.: Von Pascal zu Hahn. Die Entwicklung von Rechenmaschinen im 17. und 18. Jahrhundert. In: 350 Jahren Rechenmaschinen. Hrsg. Martin Graef, München, 1973 (Hier Abb. 2.14).
7 FELDHAUS, F.M.: Die Technik der Vorzeit, der geschichtlichen Zeit und der Naturvölker. 1. Aufl. 1914, 2. Aufl. 1970.
8 Allgemeine Deutsche Biographie, 2. Bd., hrsgg. durch d. hist. Commission b. d. Kgl. Akademie d. Wissenschaften, Leipzig 1875.
9 Neue Deutsche Biographie, hrsgg. v. d. Hist. Kommission b. d. Bayer. Akademie d. Wissenschaften, 2. Bd., Berlin 1953.
10 BAYER, A.: Die Ansbacher Hofbaumeister beim Aufbau einer fränkischen Residenz. Nachtrag: Das Ende des Ansbacher Hof-Baudirektoriums. Sonderdruck aus dem 72. Jahresbericht des Historischen Vereins für Mittelfranken, Ansbach, 1954.
11 BRAUN, H.: Ansbacher Spätbarock. In: Jahrbuch f. fränkische Landesforschung. Hrsgg. vom Institut f. fränkische Landesforschung an der Universität Erlangen, Bd. 16 (1956).
12 BRAUN, H.: Triesdorf – Sommerresidenz der Markgrafen von Brandenburg-Ansbach 1600–1791. In: Jahrbuch für fränkische Landesforschung Bd. 17 (1957).
13 Die Bezeichnung Mechanikus setzte nach damaligen Verständnis und Sprachgebrauch mathematische Kenntnisse sowie handwerklich-praktische Fähigkeiten zur Herstellung von Instrumenten voraus (vgl. dazu: Vollständige theoretische und praktische Geschichte der Erfindungen. Basel, 1795, 4. Bd., erste Abt.). Diese Vorbildung macht BISCHOFF's Interesse an Rechenmaschinen und -geräten verständlich.
14 PAULUS, E. Ph.: Philipp Matthäus Hahn. Stuttgart 1858 (hier S. 175ff).
15 ENGELMANN, M.:Leben und Wirken des württembergischen Pfarrers und Feintechnikers Philipp Matthäus Hahn. Berlin 1923 (hier s. 47ff.).
16 MUNZ, A.: Philipp Matthäus Hahn. Sigmaringen 1977 (hier S. 71f.).
17 Über dieses Zusammentreffen findet sich in BISCHOFF's Manuskript ebenfalls ein indirekter Hinweis in Tl. II, S. 154
18 Zur Funktionsbeschreibung der HAHN'schen Rechenmaschine durch BISCHOFF s. Anthes, E.: Die Rechenmaschinen von Philipp Matthäus Hahn. In: Philipp Matthäus Hahn 1739–1790, Ausstellungskatalog des Württembergischen Landesmuseums Stuttgart, Tl. 2, Stuttgart 1989, S. 457ff.

Versuch einer Geschichte der Rechenmaschine

oder

Untersuchung

über

den Ursprung, den Fortgang und Nutzen
der vorzüglichsten Werkzeuge und Maschinen,
welche als Hülfsmittel zur Erleichterung
sowohl der gewöhnlichen, als höheren Rechnungs-Arten
bis zum Anfang des 19ten Jahrhunderts
erfunden und bekannt gemacht worden sind.

von
dem Krieges – und Domainen Rath auch
Bau – Directoren *Bischoff zu Ansbach*

A⁰ 1804.

mit Tabellen und Zeichnungen
in 2 Theilen

NACHWEISUNG ÜBER DIE VORZÜGLICHSTEN GEGENSTÄNDE DIESER ABHANDLUNG

DIE EINLEITUNG VON SEITE 17 BIS 21.

Definition einer Rechenmaschine §. 1.
Verschiedene Arten der Rechenmaschinen §. 2–4.
Welche Werkzeuge die gegenwärtige Abhandlung umfaßt §. 5.
Was beim Rechnen erfordert werde §. 6.
Was eine Rechenmaschine leisten könne §. 7.
Forderungen wenn sie von Nutzen seyn sollen §. 8.
Ordnung in der die Gegenstände abgehandelt werden §. 9.
Die Veranlassung zu mechanischen Hilfsmitteln §. 10.
In was diese bei den ältesten Völkern bestanden haben §. 11 & 13.
Paternoster der römischen Kirche, gehören ebenfalls unter die Hülfsmittel.

DER 1TE THEIL, WELCHER DIE EINFACHEN WERKZEUGE ENTHÄLT.

1. Das kleine Ein mal Eins als das erste bekannte Werkzeug von *Seite 25–28*
   Verschiedene Formen desselben *Seite 103–104*
2. Von dem römischen Rechenbrett ABACUS, *Seite 29–37 und Seite 103.*
3. Gebrauch der Hände, als Werkzeuge beim Rechnen *Seite 37.*
4. Von dem chinesischen Rechenbrett *Seite 38.*
5. Das japanische Rechenbrett *Seite 40.*
6. Ähnliche Werkzeuge bei den Russen *Seite 40.*
7. Von dem Rechnen auf der Linie *Seite 40.*
8. Erweiterung der Pythagorischen Tafel *Seite 42.*
9. Von den NEPERISCHEN Rechenstäben *Seite 43–55.*
10. Von SCHOTT's Rechen-Cylinder *Seite 54.*
11. Dessen Additions und Subtractions Tafeln *Seite 55.*
    Dergleichen früher von dem Erzbischoff TUNSTALL *Seite 106.*
12. HARSDÖRFER's Multiplikationsscheibe *Seite 57.*
13. Von REYHER's Sexagesimal Stäben *Seite 59.*
14. PERAULT's Abaque Rhabdologique *Seite 60.*
15. BUCHNER's Quadrat Tafeln *Seite 65.*
16. LUDOLFF Tetragonometrie *Seite 65.*

17. LEIBNITZ Rechen-Cylinder *Seite 66.*
18. SAUNDERSON's eines des Gesichts beraubten
    englischen Mathematikers Verfahren durch das Gefühl zu rechnen *Seite 66.*
19. LEUPOLD's Rechenscheibe *Seite 68.*
20. POETIUS Rechenscheibe *Seite 69.*
21. MEAN's Rechentafel *Seite 70.*
22. SCHÜBLERS grosses Ein mal Eins *Seite 71.*
23. GIUSEPPE grosse Rechentafel *Seite 72.*
24. RILEYT Rechentafeln *Seite 72.*
25. LOBER's analytische Rechentafel *Seite 73.*
26. Von der Erfindung mechanischer Hilfsmittel
    zur Auffindung der Factoren zusammengesetzter Zahlen *Seite 73.*
27. FELKEL's Factoren-Stäbe *Seite 74.*
28. HINDENBURG Factoren Patronen *Seite 77.*
29. ROEDER's Nachricht von Rechenmaschinen *Seite 84.*
30. PRAHLL Rechenscheibe *Seite 85.*
31. GRUSON's Rechenscheibe *Seite 85.*
32. Additions und Subtractions Masstäbe *Seite 91.*
33. GRUSON's Pinakothek *Seite 91.*
34. Dessen grosses Ein mal Eins *Seite 93.*
35. JORDAN's Multiplikations-Tafeln *Seite 93.*
    Von GÜTLE's Beschreibung einiger
    Universal und Partikular Rechenmaschinen *Seite 103.*
    Zusätze zum 1n Theil *Seite 103.*

DER 2TE THEIL, VON DEN RECHENMASCHINEN MIT RÄDERN.

1. PASCAL's Rechenmaschine *Seite 113.*
2. MORLAND's Rechenmaschine *Seite 122.*
   Die ausführliche Beschreibung hingegen *Seite 186.*
3. GRILLET's Rechenmaschine *Seite 123.*
4. Von des H. v. LEIBNITZ Rechenmaschine *Seite 124.*
5. POLENI Rechenmaschine *Seite 128.*

6. Lepine's Rechenmaschine *Seite 135.*
7. Leupold's Rechenmaschine *Seite 139.*
8. Poetii Idee zu einer Rechenmaschine *Seite 144.*
9. Des H. de Hillerin de Boistissandeau Rechenmaschine *Seite 145.*
10. Hahn's Rechenmaschine *Seite 151.*
11. Müller's Rechenmaschine der vorigen ähnlich *Seite 173.*
12. Reichold's Rechenmaschine *Seite 181.*
 Zusätze zu Seite 122 über die von Morland erfundene Rechenmaschine *Seite 186.*

Personen- und Sachregister. *Seite 193.*

Tafeln. *Seite 195.*

Einleitung

1.

Unter dem Ausdruck Rechenmaschine begreift man in der weitläufigsten Bedeutung gewöhnlich alle und jede Werkzeuge, vermittelst welcher durch Bewegung oder Combination ihrer Teile, gewisse arithmetische Operationen auf eine mechanische Art verrichtet werden können.

Nach dieser Definition kann eine dergleichen Maschine nicht ganz einfach seyn, sondern muß nothwendig aus mehreren Theilen bestehen, weil sonst Bewegung oder Combination ihrer Theile nicht stattfinden kann.

Tafeln die für gewiße Fälle berechnet sind, Maasstäbe können demnach blos als Werkzeuge, aber nicht als Maschinen betrachtet werden. So ist auch der einfache Hebel für sich betrachtet nur ein Werkzeug, wird aber durch die Unterlage Maschine.

2.

Die Rechentafeln und Rechenmaschinen lassen sich wieder in zweierlei Klassen theilen, nemlich in solche, die die Producte und Quotienten genau und mit eben den Zahlen geben, welche man findet, wenn man die Exempel selbst in Zahlen berechnet. Ihre Einrichtung gründet sich auf das dekadische Zahlen-Gebäude und auf die Mechanische Art, wie bei dem Multipliciren und Dividiren eine Zahl nach der andern entsteht.

3.

Die 2te Art betrifft solche Werkzeuge, die zwar auch zur Abkürzung der Rechnungen dienen, aber die Resultate nicht immer mit aller Schärfe, sondern in den meisten Fällen nur durch Näherung geben. Hierunter gehören: die Logarithmischen Tafeln, Logarithmische Maasstäbe, Proportional-Zirkel, und alle anderen ähnlichen Werkzeuge, die Cassinische Waage u. a. m.

4.

Wenn gleich die Logarithmen die Werthe nur durch Näherung geben, und die mehr oder mindere Schärfe von der Ausdehnung der Decimalstellen abhängt, so sind sie doch in den meisten Fällen vollkommen hinreichend; Allein Werkzeuge auf welche sie getragen werden sollen, haben meistens nur eine beschränkte Größe, so daß sich damit auch keine genaue Resultate erreichen lassen. Indessen giebt es doch in der practischen Geometrie sehr viele Fälle, wo dergleichen gut gefertigte Werkzeuge die erforderliche Genauigkeit besitzen und daher mit Nutzen gebraucht werden können. LAMBERT hat zu der Verbesserung derselben durch seine im Jahr 1772. herausgegebene Beschreibung zum Gebrauch der Logarithmischen Rechenstäbe dazu vorzüglich beigetragen und verdient daher jetzt noch Dank.

5.

Die gegenwärtige Abhandlung ist inzwischen nur für Werkzeuge ersterer Art, als die eigentlichen Rechenmaschinen, so wie für solche Rechentafel, Tafeln bestimmt, die vorhin § 2 gedachte Eigenschaften besitzen, nemlich, die die Resultate eben so geben, als wenn auf gewöhnliche Art mit Zahlen gerechnet würde.

6.

Das *Rechnen* ist die Wissenschaft, Größen zu mehren oder zu mindern und aus bekannten unbekannte zu finden.

Hierzu ist Beurtheilungskraft und Gedächtnis gleich nothwendig.

Erstere muß bei jeder Rechnung das Verhältnis beurtheilen lehren, in welchem wir die verschiedenen Dinge, die zu berechnen sind, betrachten und gegeneinander halten sollen. Das *Gedächtnis* hingegen muß uns helfen, die Zahlen, nach den bekannten Rechnungsarten zu mindern oder zu mehren.

Beurtheilungskraft bleibt immer der Gegenstand eines denkenden Wesens, das durch keine Maschine erzeugt wird; wogegen man dem Gedächtnis auf mancherlei Art zu Hülfe kommen kann.

7.

Hieraus folgt, daß auch bei einer Rechen-Maschine die Anwendung des Verstandes, im Ordnen der verschiedenen Rechnungs-Sätze, unentbehrlich ist, und daß man sich daher unter einer dergleichen Maschine kein solches Werkzeug denken dürfe, welches für sich selbst rechnet und demjenigen, der sich solcher bedient, nichts als die Mühe, es in Bewegung zu setzen, koste; sondern sich eine solche Maschine vorstellen müsse, die auch in ihrer größten Vollkommenheit, blos ein Erleichterungs-Mittel beim Rechnen seyn könne.

8.

Wenn aber auch die Rechen-Maschinen nicht das Denken, sondern blos das Gedächtnis erleichtern können, so kann dieser Vortheil dennoch manchmal sehr gros seyn und bei denjenigen Dank verdienen, welche sich öfters anhaltend dem unangenehmen Geschäft des Addirens, Multiplicirens oder Dividirens großer Zahlen unterziehen müssen. Könnte hierdurch noch dem öftern Irren vorgebaut, theils auch Zeit erspart werden, so wäre ihr Nutzen gewiß entschieden: daß dieses aber noch die wenigsten leisten wird die Folge lehren.

Eine Rechenmaschine, die nicht blos Spielwerk seyn soll, muß meines Erachtens folgende Eigenschaften haben.

1. Muß sie so einfach als möglich seyn. Eine Erfordernis, welche theils Dauer, theils Wohlfeile zum Grunde hat.

2. Muß sie untrüglich seyn, d.i. sie muß, wenn gehörig verfahren wird, nie abweichende Resultate geben.

3. Sie muß das Ausrechnen verwickelter und großer Exempel beträchtlich erleichtern.

4. Sie muß dem Arbeitenden Zeit ersparen, leicht zu stellen und leicht zu bewegen seyn; denn sonst würde ihr Nutzen sehr gering seyn, und ein Rechnungskenner würde lieber auf die gewöhnliche Art rechnen, als zu einer Maschine seine Zuflucht nehmen, welche ihm nur eine Schwierigkeit mit der andern vertauscht und endlich

5. keine besondere Anstrengung des Gedächtnisses erfordern.

9.

Nach diesen Grundsätzen werde ich die bis jetzt bekannten Rechen-Maschinen, nach ihrer Zeitfolge, beurtheilen und bei jeder bemerken, was ihr besonders eigen ist.

Um jedoch nicht nur die Geschichte in desto besserm Zusammenhang, sondern auch die Materie selbst in mehrerer und genauer Übersicht zu erhalten, werde ich zuerst blos alle einfachen Werkzeuge, die nicht die Eigenschaft einer Maschine haben, als Rechentafeln, Rechenbretter, Rechenstäbe, Cylinder pp. der Zeitfolge nach, und sodann erst die eigentlichen künstlichen Rechenmaschinen abhandeln.

10.

Es ist eine von allen Mathematikern anerkannte Tatsache, daß das Rechnen der 4. einfachen Rechnungs-Arten, vorzüglich das Multipliciren und Dividiren, mit großen Zahlen, eine besondere Anstrengung und Aufmerksamkeit erfordert, die das Gedächtnis leicht ermüden und dadurch öfters den geübtesten und fertigsten Rechner auf falsche Resultate führen können. Sogar das bloße Zählen, ohne Verbindung mit irgend einer Rechnungs-Art, erfordert schon Aufmerksamkeit und Gedächtnis, um nicht zu irren; daher trifft man auch schon bei den ältesten, ja selbst den rohesten Nationen, bei welchen jene Rechnungen nicht einmal dem Namen nach bekannt gewesen sind, mechanische Hülfsmittel an, die mehr oder weniger geschickt waren, dem Gedächtnis bei dem Zählen zu Hülfe zu kommen.

Von den Mitteln, deren sich die ältesten Völker beim Zählen bedient haben

11.
Dass man bei Völkern, wo Wissenschaften und Künste noch in der Kindheit waren oder noch sind, wo Bedürfniße blos auf den nothwendigen Lebensunterhalt beschränkt werden, wo Handel und Verkehr mit andern Nationen noch gar nicht existirt oder doch gering ist, keine künstliche Werkzeuge, sondern blos einfache Hülfsmittel antreffen wird, bedarf, wie ich glaube, keines strengen Beweises.

12.
Diese Mittel bestanden, oder bestehen jetzt noch entweder in dem Gebrauch der Finger, wie schon ARISTOTELES, der etwas über 300. Jahr vor unserer Zeitrechnung lebte, in Sect:12. quaest:3. anführt, oder in Einschnitten in Holz; in eingeschlagene Stäbe; in Steinen die nach einer gewissen Ordnung gelegt wurden und endlich in Schnüren oder Stricken an welchen durch Ringe oder bewegliche Knoten, nach verschiedenen Ordnungen, die Mehrheit der Gegenstände bezeichnet wurde.

13.
Mit Werkzeugen letzterer Art sollen nach

Histoire general des Voyages Tom : VI. Edition de Paris 1748

pag: 309. die Chineser vor dem Anfang ihrer Monarchie, alle ihre Rechnungen verrichtet haben. Dieses einfache Werkzeug ist indessen durch ein vollkommeners, aber nach ähnlichen Grundsätzen verfertigtes Rechenbrett, auf welchem die Chineser jetzt noch, ohne Ausnahme, alle ihre Rechnungen machen verdrängt worden.
Das Nähere von diesem Rechenbrett wird weiter unten angezeigt werden.
Die Paternoster der Katholiken und Muhamedanen verdienen, ob sie gleich zu einem andern Zweck, als dem des Rechnens erfunden und eingeführt worden, doch noch bemerkt zu werden. Ihr Ursprung ist aber noch ungewiß.

14.
Andere und bequemere Hülfsmittel beim Zählen und Rechnen scheinen selbst aufgeklärtere Nationen ja selbst die Griechen, bis auf Pythagoras, der im 540sten

Jahr vor unsrer Zeitrechnung in einem Alter von 80. Jahren gestorben seyn soll, nicht gekannt zu haben.

Inzwischen herrscht über die Behandlung der Arithmetik damaliger Zeit noch ein undurchdringliches Dunkel.

Es ist aber kaum glaublich, dass die alten Griechen, die den Gebrauch unserer jetzigen Zahlenziffern nicht kannten, nicht sollten besondere, uns unbekannte Kunstgriffe oder Werkzeuge gekannt haben, wodurch ihre Rechnungen leichter behandelt werden konnten, als dies bei der Bezeichnungs-Art durch Buchstaben ihres Alphabets oder selbst mit den römischen Zahlbuchstaben möglich zu seyn scheint.

1. Theil von den einfachen Werkzeugen

1. Von dem kleinen Ein mal Eins, Mensula Pythagorea genannt, dessen Ursprung und Form.

Eine beträchtliche Erweiterung erhielt die Arithmetik durch das sogenannte kleine Ein mal Eins, welches, allen Nachrichten zu Folge, den Pythagoras zum Urheber haben soll, und daher auch allgemein die Pythagorische Rechentafel (Mensula Pythagorea) genannt wird. Es enthält die Producte aus den einfachen Zahlen-Ziffern 1,2,3,4,5,6,7,8, und 9, wie solche auf Tab:I. Fig:1. vorgestellt sind und ist die Basis des dekadischen Multiplikations-Algorismus, welcher durch die Anwendung der Arabischen Zahlenziffern zu so großer Vollkommenheit gebracht worden ist.

Merkwürdig ist es indessen immer, dass die dem Pythagoras nachgefolgten griechischen Mathematiker, wovon uns die Schriften noch überliefert worden sind, so wie gleichzeitige alte lateinische Klassiker von gedachter Mensula Pythagorea nichts sagen, obgleich andere Erfindungen dieses großen Weltweisen z.B. der Satz, daß im rechtwinklichten Dreyeck das Quadrat der Hypotenuse gleich sey dem Quadrat der beiden gegenüberstehenden Seiten, von *Euclides*, der 300. Jahr vor unserer Zeit unter dem grossen *Ptolemaeo* lebte und seine Elemente gegen 200. Jahre nach Pythagoras schrieb, in Libro I. Propos : XLVII.; von Vitruvius Pollio hingegen der unter der Regierung des Julius Caesar und Augustus lebte in libro IX seiner Architectur aufgeführt worden ist.

So viel mir bekannt ist, ist die erste Nachricht von dem Einmal Eins aus den mathematischen Schriften des Anicius Torquatus Manlius Severinus Boethius, welcher im Jahre 524. unserer Zeitrechnung auf Befehl des gothischen Königs Theoderich enthauptet wurde, zu uns gekommen. Boethius welcher auch Boetius geschrieben wird, war vorher Bürgermeister zu Rom, auch als Philosoph und Theolog bekannt und der erste mathematische [Lehrer der mittleren Zeit. Er ist eigentlich der älteste römische Mathematische] Schriftsteller, indem frühere Mathematiker dieser Nation, besonders aus dem goldenen Zeitalter, nicht bekannt sind; M. Cassiodorus hingegen später geschrieben hat und die bei Macrobio und Gellio vorkommende mathematische Gegenstände Griechischer Abkunft sind. Die mathematischen Werke des Boethii sind zum Theil zuerst A° 1480 in

Jac. Faberi Compendio Arithmetices Boethii
vollständiger hingegen A° 1496
cum Arithmetica Jord. Nemorarii Paris in Folio

herausgekommen. Von Schriftstellern aus dem 15ten und 16ten Jahrhundert wird Boethius gewöhnlich nur Severinus genannt, wahrscheinlich deswegen, weil er unter diesem Namen canonisirt und unter die Zahl der Heiligen aufgenommen wurde.

So wie gedachte Tafel jetzt ist, mag sie wohl nicht vom Pythagoras abstammen, weil die Griechen, ob sie gleich schon nach Dekaden gerechnet hatten, doch die arabischen Zahlen-Ziffern nicht kannten, und es wäre daher, wie selbst KAESTNER in seiner Geschichte der Mathematik, Theil II. Pag. 705. bemerkt, zu wünschen, daß aus den Manuscripten des Boethius dargestellt würde, wie dort das Einmal Eins ausgedrückt und zum Multipliciren gebraucht ist.

Es wollen zwar einige behaupten, dass Pythagoras und seine Schüler sich schon der Ziffern bedient hätten. Es hat aber bisher noch durch kein Griechisches oder Lateinisches Manuscript erwiesen werden können, daß unsere Zahlziffern vor dem 11ten Jahrhundert unserer Zeit-Rechnung bekannt waren, und noch weniger, daß solche schon von den Griechen und Römern bei ihren Rechnungen gekannt oder gebraucht worden seyn sollten; indessen läßt sich das Gegentheil doch auch nicht mit Gewisheit behaupten, und verdient daher dasjenige, was TENTZEL in seinen monatlichen Unterredungen einiger guten Freunde von 1693. Seite 453. und 454. von einem Schreiber des in der Gelehrten-Welt so bekannten GRAEVII zu *Utrecht* vom Junii 1691. an THULEMAIER zu *Frankfurt* über diesen Gegenstand, der Copie einer Tafel und des Boethii Manuscript von der Geometrie, anführt, noch nähere Untersuchung. Diese bei Tentzel nach Seite 454. beigefügte Tafel ist – hier nur etwas größer – ganz genau abgebildet; die Stelle des Boethii selbst aber, so wie sie Seite 453. der gedachten Unterredungen nach dem Schreiben des Graevii gegeben wird, lautet wörtlich:

Phytagorici ne in multiplicationibus et partitionibus et in podismis aliquando fallerentur, ut in omnibus erant ingeniosissimi et subtilissimi descripserunt sibi quandam formulam, quam, ob honorem sui praeceptoris mensam Pythagoream nominabant, quia hoc, quod depinxerant magistro praemonstrante congnoverant a posterioribus appellabatur abacus. Ut, quod alto mente conceperant, melius si quas videndo ostenderent, in notitiam omnium transfundere possent, eamque subterius habitu sat, descriptione formabant, (vid: Tab:A.) Superius vere digistae descriptionibus formula hoc modo utebantur. Habebant enim diverse formatos apices, vel characteres.

Quidam enim huius modi apicum notas sibi conscripserant, ut haec notula responderet.

unitali.	1
ista autem binaria.	ᘔ
tertia vero tribus.	⅋
quarta autem quarternario.	ꝯ
Haec autem quinque asscriberetur.	Ч
ista vera Senario.	ρ
Septima autem Septenario conveniret.	ⱶ
haec vero octo.	8
ista autem novenario umgeretur.	9

Quidam vero in huius formae depictione litteras alphabeti sibi assumebant hoc pacto, ut littera, quae esset prima unitati, secunda binario, tertia ternario, ceteraeque in ordine naturali numero insignitos et inscriptos, tantum fortiti sint.

So weit Boethius, nach Tentzel.

Wenn diese Stelle wirklich vom Boethius kommen sollte, und das Manuscript nicht etwa durch mehrmaliges Abschreiben verändert oder verunstaltet worden ist, so wäre dies allerdings ein starker Beweis, daß Ziffern, die den unsrigen nicht ungleich sind, wenigstens schon im 6ten Jahrhundert bekannt gewesen waren. *Montucla* bemerkt indessen in seiner Geschichte der Mathematik, Edit. de Paris von 1758. Tom: 1.Pag:120, daß die Manuscripte des Boethius nicht über 3–400 Jahre alt wären, und daß daher die darin vorkommenden Ziffern ein Werk der Kopisten seyn könnte. Um jene Charactere mit den arabischen Ziffern desto leichter vergleichen zu können, habe ich diese, der vorhin gedachten Tafel, wie solche auf Seite 8 in John Wallis Abhandlung von der Algebra, Londner Edition von 1685. in Folio abgebildet sind, beigefügt.

Die alten Griechen haben nach Dekaden gezählt. Daß die alten Griechen schon früher nach Dekaden gezählt haben, kann schon aus der Eintheilung ihres Kalenders zu den Zeiten des Thales und Solon, welche 593 Jahr vor unserer Zeitrechnung gelebt haben, dadurch dargethan werden, daß sie ihre Monate von 30. Tagen in 3 Δεκαδες oder Ferien theilten.

Aristoles, der seine »Quaestiones« gegen 200. Jahre später geschrieben haben mogte, bemerkt gleichfalls in Sect:12.Quaest:3. daß alle ihm bekannte Nationen nach Dekaden zählen, nur die Thracier ausgenommen, die nicht über 4 zählen konnten.

Mehrere Beiträge lieferte Wallis in Treatise of Algebra, London 1685. in Folio von pag: 15–18.

novenarius	octonarius	septenarius	senarius	quinarius	quatrinarius	trinarius	binarius	unitas
9	8	ↄ	Ρ	Ч	ꟼᴄ	⋝	ᴄ	I
CELENIS	TEMENIAS	ZENIS	CALTIS	QUIMAS	ARBAS	ORMIS	ANDRAS	IGIN
C͞M͞I	X͞M͞I	C͞ͻ͞I	C̄	X̄	Ī	C	X	I
I͞M͞I	V͞M͞I	͞ͻ	L̄	V̄	ͻ	L	V	⸹

Arab.	•	۹	⋀	⋁	५	○	ع	ω	μ	I
Ranudes	○	۹	⋀	⋁	५	ⵌ	S	ω	μ	I
M. S. Tables Sacro Bosco	○	9	8	⋀	6	ҁ	ℓ	3	7	I

28   VON DEM KLEINEN EIN MAL EINS

VON DEM ALTRÖMISCHEN RECHENBRETT ABACUS GENANNT.
2. DAS RÖMISCHE RECHENBRETT.

Nach der Pythagorischen Rechentafel hat uns die Geschichte zunächst den *Abacus* der Römer aufbehalten. Mit diesem Namen wurden von ihnen zwar mancherlei Gegenstände bezeichnet, allein, hier ist blos von dem, auch unter dem Ausdruck: »Abacus« begriffenen Rechenbrett, einem mechanischen Werkzeug, die Rede, worauf die Römer alle ihre Rechnungen verrichtet haben sollen.

Es ist wohl keinem Zweifel unterworfen, daß die Römer sehr frühe bei ihren Rechnungen nach Dekaden gezählt haben; denn, ob dies gleich in ihrem Kalender, und der nachher im 461ten Jahr ihrer Zeitrechnung, durch den Gebrauch der ersten Sonnenuhr erfolgten Eintheilung des Tages in 24. ungleiche Stunden, nicht beobachtet wurde; so zeigt doch die Art ihres Zählens, daß dabei das dekadische System zum Grunde liege.

Auch gedenkt Vitruvius Pollio in Lib:3.Cap:1. seiner Architectur, daß schon die Vorfahren (Antiqui) die Zahl 10. als eine sehr alte Zahl, die bis auf Plato für die vollkommenste gehalten wurde, bei dem Gehalt ihrer Denarien, die anfänglich 10.Asses Kupfer enthielten, zum Grund legten, wovon der Name auch dann noch beibehalten blieb, als der Gehalt durch Hinzufügung der Zahl 6., welche vom Plato für vollkommener gehalten, bis auf 16 Asses erhöht wurde. Demungeachtet machte die Arithmetik unter den Römern keine großen Fortschritte, wozu aber auch ihre Zeichen gar nicht geschickt waren.

Mit dergleichen Zahlzeichen konnte das Multipliciren und Dividiren nicht so leicht seyn. Ich sehe wenigstens nicht, wie dies möglich ist. Auch KAESTNER will nach seiner Geschichte der Mathematik Theil 2.pag: 705. nicht verstehen, wie mit den römischen Zahlbuchstaben multiplicirt werden könne und nach Seite 712. sich nicht erinnern, eine Rechnung mit solchen Buchstaben gesehen zu haben.

Hiernach lässt sich mit Kaestner in der angeführten Geschichte Theil 2. Seite 38. der Schluss rechtfertigen, daß die Römer auch nur geringe Rechnungen zu Geschäften in der Handlung und Hauswirthschaft nicht wohl anders geführt haben können, als mit einem Rechenbrette, wo einerlei sämtliche Zeichen der Einheit auf der 1ten 2ten 3ten 4ten Linie oder Stelle Eins, Zehn, Hundert, Tausend auch wohl durch weitere Abtheilung 5, 50, 500, 5000. bedeudete.

Daß die Römer ohngefähr auf solche Art gerechnet haben, gehet aus mehreren Stellen, die von dem Rechnen in verschiedenen klassischen Schriftstellern z.B. in

Q. Horatii Flacci Sermonum Liber 1. 6. vers. 73. 74. u. a. m.

vorkommen, hervor. Überhaupt kommen aber in ältern und neuern römischen Schriftstellern davon nur wenige Nachrichten vor und reichen noch nicht hin nur eine richtige Idee von einem solchen Rechenbrett zu erlangen. Sogar die vorzüglichsten neuern Schriftsteller, welche über die römischen Alterthümer geschrieben haben, z. B.

Gravius in Thesauro Antiquitatum Romanorum 12 Vol. in Folio
de Sallengre in novo Thesauro Antiq : Rom: 3. Vol. in Fol.
Polenius in novis Supplementis 5 Vol in Fol.
dann
Cilano römische Alterthümer
ingleichen
Axander's (Adam) Handbuch der römischen Alterthümer aus dem englischen von Mayer 1796. übersetzt.

enthalten davon nichts.
Des Montfaucon Antiquitates graecas et romanas hatte ich aber nicht bei der Hand und kann daher nicht wissen, ob darinn etwas vorkommt, was ich jedoch nicht glaube.

Um so mehr verdienen also diejenigen Schriftsteller Dank, welche uns über einen von den alten kaum berührten Gegenstand umständliche Nachrichten, geliefert haben.

Der Augsburgische Patrizier Marcus Welser ist, so viel ich finden konnte, der erste, der in seinen Abhandlungen

de Rerum Augustanarum vindelicarum libri octo Venet : 1594. in Fol:

in der letzten Abtheilung, unter der Aufschrift:

Antiqua monumenta Peregrina

Seite 262. eine Zeichnung und Beschreibung von einem römischen Rechenbrett geliefert hat.
Es ist solches auch Tab: II. Fig: III. genau abgebildet. Fig: IV & V. ist dasselbe auf verschiedene Rechnungen gerichtet.

Ein zweites, diesem ähnlich, findet sich in
Claude Du Molinet (Description du) Cabinet de la Bibliotheque de Sainte Genevieve à Paris 1692. in gros Folio, Seite 23. beschrieben und auf einem vorgehefteten Kupferblatt vorgestellt und hier auf Tab: I. Fig: 2. enthalten. Dieses Rechenbrett

ist in gedachter Bibliothek noch in Natur vorhanden, und wird daselbst für eines der seltensten Stücke gehalten. In Ansehung des Gebrauchs und der Beschreibung bezieht sich du Molinet auf die von Welser gegebene Nachricht.

Von einem dritten römischen Rechenbrett welches im Jahr 1634. zu Autin in Frankreich, (Augustoduno) ausgegraben worden seyn soll, wird in Nic: Claudi Fabricii de Peirese vita, per Gassendum scripta 1706. pag: 308 Nachricht gegeben.

Bei Vergleichung der beiden vorhin genannten auf Tab: I. und II. abgebildeten Rechenbrettern ergiebt sich, daß sie im Ganzen einander ähnlich und nur in Ansehung der Zeichen etwas verschieden sind.

Beide haben auf der obern Abtheilung acht schmale Fugen oder Aushöhlungen, in deren jede ein auf der entgegengesetzten Seite umgeniedeter, kleiner metallener Knopf befindlich ist, die alle längst der Aushölungen auf und abgeschoben werden können.

Unter einer jeden dieser Fugen befinden sich, nach einem kleinen Zwischenraum, ähnliche aber längere Aushölungen, wovon die erstere rechter Hand 5, jede der 7. andern aber nur 4. Knöpfe hat, die, wie die obigen auf- und abgeschoben werden können.

Nächst der mit 5. Knöpfen versehenen Aushölung befindet sich bei dem auf Tab: I. Fig: 2. aus Du Molinet abgebildeten Rechenbrett eine andere mit 4. Knöpfen und 4. verschiedenen Zeichen, die unsern jetzigen Zahlziffern 2. 3. 4. und 7. ganz ähnlich sind, aber eine andere Bedeutung als die der Ziffern haben müssen. Auf der, auf Tab: II. Fig: III. abgebildeten Rechen-Tafel hingegen, ist die letzte Aushölung von der des vorigen Rechenbrett's darin verschieden, daß solche in 3. Theile abgetheilt ist, wovon der unterste mit 2. Knöpfen nebst dem dabei befindlichen Zeichen 2, der 2te Theil mit den Zeichen Ↄ und einem Knopf und der obere wieder mit einem Knopf samt dem Zeichen ℰ versehen ist.

Der Grund der Abweichung in dieser letzten Abtheilung mag wahrscheinlich in der verschiedenen Bestimmung derselben zu suchen seyn. Denn es könnte bei der einen Tafel z.B. bei der auf Tab: II. Fig: III. die letztere Abtheilung für das römische Gewicht, die auf der Tab: I. Fig: 2. hingegen zu Maasen oder Geldsorten bestimmt gewesen seyn, wodurch, bei der Verschiedenheit der Einheiten, auch andere Abtheilungen nötig wurden. Was aber die zur Seite befindlichen und unsern Zahlziffern ähnliche Zeichen bedeuten sollen, läßt sich mit Gewisheit nicht bestimmen; eben dies gilt auch von dem bei der 2ten Abtheilung mit 5. Knöpfen befindlichen Zeichen, welches auf dem Rechenbrett Tab: I. Fig: 2. einer Null oder einem lateinischen O, bei dem andern hingegen einem griechischen θ ähnlich ist.

Nach Welser bedeutet θ eine Unze. Hiermit stimmt jedoch Eisenschmidt, der auf Seite 148. 149. und 150. seiner Abhandlung

de ponderibus et mensuris Veterum Romanorum, Graecorum von 1708.

ähnliche Zeichen beigebracht hat, nicht.

Das Zeichen O soll hiernach Congius d.i. das römische Maas, welches 6.Sextaris enthält, θ hingegen, Sextula i.e. Sexta pars unicae bedeuten.

In dieser Bedeutung hätte sie jedoch auf dem Rechenbrett nicht wohl gebraucht werden können, und scheint daher die Bedeutung richtiger zu seyn, in der sie von Welser angenommen wird. Die zwischen den übrigen 7. Fächern befindliche Zeichen hingegen erklären sich schon durch die blose Ansicht und erläutern zugleich den Gebrauch der in den Oeffnungen befindlichen Knöpfe, die hier die Stelle der sonst bei dem Rechnen auf der Linie gebräuchlich gewesenen Marquen oder Rechenpfennige vertreten.

Das Zeichen I im dritten Fache zeigt nemlich an, daß solches nur die Einheiten, das Fach mit dem Zeichen X die Zehner, das Fach mit dem Zeichen C oder Ɔ die Hundert, das mit dem Zeichen ∞ die Tausende, das Fach mit dem Zeichen ⊕ und ⊂ⅠƆ die Zehntausende, das mit dem Zeichen ⊕ und ⊂⊂ⅠƆƆ die Hunderttausende, und endlich das letzte mit dem Zeichen ⊠ und |x| die Millionen enthalten. Sonst findet sich auch in Cicero's Rede für Avitum Cluentium Cap: 7. noch ⊂⊂⊂ⅠƆƆƆ für eine Million.

Hieraus erhellet, daß die Werthe der Fächer nach dem dekadischen Rechnungs-System immer um Zehn größer werden daß die darinn befindlichen beweglichen Knöpfe bestimmt seyn müssen, die Einheiten von einer jeden Klasse zu bezeichnen.

Weil aber in diesem Fall jede Klasse 9 Einheiten enthalten müsste, indem sonst z.B. die Größe von 9999999 nicht ausgedrückt oder dargestellt werden könnte, so würde ein jedes der 7. Fächer mit 9. Knöpfen versehen werden müssen. Allein, statt dieser, ist, zur größeren Bequemlichkeit und leichtern Übersicht, ein jedes Fach in 2. Theile getheilt, wovon das obere kleinere mit einem, indess der 7, untern hingegen mit 4 Knöpfen versehen ist. Der Werth eines Knopfs in der obern Abtheilung gilt eine Einheit mehr, als die in der untern befindlichen 4. mithin im Ganzen so viel, als 5, wogegen jeder der 4 in der untern Abtheilung nur Einheiten, nach dem Werth der verschiedenen Klassen, vorstellen.

Wenn auf diese Art in irgend einer Klasse, z.B. der Tausend 8 vorgestellt werden sollte, so wird in der mit ∅ bezeichneten Stelle der obere Knopf bis an den Rand des Zeichens herabgeschoben, wodurch 5 vorgestellt und zur Ergänzung der noch fehlenden 3, 3. Knöpfe von dem correspondirenden unterm Fach, hinauf geschoben werden, welche sodann 8 in der Klasse der Tausende bedeuten und mit Ziffern durch 8000 vorgestellt werden. Wird zu diesen noch ein Tausend addirt, so wird blos der 4te Knopf auch in die Höhe geschoben, wodurch alsdann 9000 entstehen. Sollte zu diesem Werth noch ein Tausend hinzugefügt, mithin das Ganze auf 10000 erhöht werden, so entsteht dadurch blos eine Einheit in der Klasse der Zehntausende, welches durch das Hinaufschieben eines Knopfes in der mit dem Zeichen ⅭⳆ oder ⅭⅭⅮⅮ bezeichneten Stelle geschieht; wogegen die Knöpfe in der vorigen, nemlich der Klasse der Tausende, zurück gezogen werden müssen.

Auf diese Weise läßt sich jede Größe, soweit sie nemlich nach dem Umfang des Rechenbretts ausgedrückt werden kann, leicht und geschwind darstellen, vermehren und vermindern, wie dies durch einige Beispiele deutlich gezeigt werden wird.

Ich habe schon vorhin bemerkt, daß jeder der Knöpfe in den 7 obern Abtheilungen von dem Zeichen I an in jeder Klasse, soviel als 5 Einheiten bedeute, wenn solche gegen die Zeichen vorgerückt werden. Da dies der Fall in Fig: III Tab: II ist, wo blos die oben 7. vordern vorgerückt, die untern hingegen zurückgezogen sind, so würde dies für die Klasse der Einheiten 5, für die zweite Klasse 5 Zehner, für die dritte 5 Hunderter, für die vierte 5 Tausender, für die fünfte 5 mal Zehntausend, für die sechste 5 Hunderttausend und endlich für die siebente Klasse 5 Millionen; oder in Ziffern ausgedrückt 5,555′555 betragen.

So würde Fig: IV auf Tab: II nach der dortigen Stellung der Knöpfe für die Klasse der Einheiten 5 durch den obern und 1 durch den untern Knopf mithin 6; für die Klasse der Zehner 5 und 2, also 7; für die Klasse der Hunderter 4; für die Klasse der Tausend 1; für die Klasse der Zehntausend 7; für die Klasse der Hunderttausend 6; und für die Millionen 1 andeuten; oder wenn die Stellung durch Ziffern ausgedrückt würde 1,671′476 erscheinen.

Sollte hierzu auf dem Rechenbrett irgend eine Zahl z. B. 3400905 addirt werden, so kann dies auf folgende Art bewerkstelliget werden. In der Klasse der Einheiten werden zuerst die 3 übrigen Knöpfe hinaufgerückt, wodurch die schon gestellten 6 Einheiten auf 9 erhöht werden. Weil aber dadurch diese Klasse voll wird und noch 2 hinzuzufügen sind; so entsteht durch Hinzufügung noch einer Einheit in der nächsthöheren Klasse eins mehr, welches so viel als 10 von der nächstvorigen beträgt, in welcher sodann die Knöpfe bis auf eine Einheit, welche noch hinzuzufügen blieb, zurückgezogen werden; die zweite Klasse, welche durch die Null nicht weiter geändert werden kann, wird also 8 statt vorhin 7 Einheiten enthalten.

Da nun zur dritten Klasse 9 zu addiren sind, so werden zuerst zu den in dieser Klasse befindlichen 4 noch 5 hinzugefügt, wodurch die nächsthöhere Klasse um eins erhöht wird, in der dritten hingegen noch 3 verbleiben. Die vierte und fünfte Klasse werden durch die beiden Nullen nicht verändert, dagegen die sechste mit 4 Einheiten 10, mithin in der folgenden Größe 1 beträgt ohne daß in der sechsten etwas übrig bliebe.

Die siebente Klasse die nun 2 Einheiten enthält wird durch die noch hinzuzufügende 3 bis auf 5 erhöht. Die ganze Summe die auf dem Rechenbrett geschwinder, als mit der Feder erlangt wird, beträgt sonach 5072381.

Auf ähnliche Art wird auch mit dem Multipliciren verfahren, welches nur wegen wiederholter Addition viel umständlicher wird. Ein Beispiel wird zeigen, wie mit der Multiplication auf einem solchen Rechenbrett verfahren wird.

Wenn eine gegebene Zahl z.B. die auf dem Rechenbrett Tab: II, Fig: IV. angegebene Größe von 71476 mit 312 multiplicirt werden soll, so würde zwar das richtige Resultat herauskommen, wenn jene Größe 312 mal zu sich selbst addirt würde, aber eine ungeheure Mühe erfordern. Wie nun die Arbeit abgekürzt werden könne, wird aus nachstehender Betrachtung erhellen.

Der Multiplikator 312 ist zusammengesetzt aus 3 Einheiten von der Klasse der Hunderter, aus einer von der Klasse der Zehner und aus zwei von den eigentlichen Einheiten. Es darf daher nur von der Klasse der 100 angefangen werden die obige Summe von 71476, 3 mal zu sich zu addiren, nemlich man fängt auf dem Rechenbrett bei der Klasse der 100 an und addirt 6, 3 mal, in der Klasse der 1000 die zweite Zahl 7, 3 mal, in die der Zehntausende die 4, 3 mal, und fährt auf diese Art fort bis die ganze Größe auf dem Rechenbrett aufgetragen ist, wodurch die Größe um 2 Klassen vorgerückt werden wird.

Hiernach wird auf ähnliche Art die Zahl 71476 von der Klasse der Zehner an einmal und endlich noch 2 mal von der Klasse der Einheiten an dazu addirt, wobei überall, wie vorhin bei der Addition gezeigt wurde, zu verfahren ist. Mit Zahlen würde die Operation folgende Gestalt erhalten

```
   7 1 4 7 6 . .
   7 1 4 7 6 . .
   7 1 4 7 6 . .
     7 1 4 7 6 .
       7 1 4 7 6
       7 1 4 7 6
   ─────────────
 2 2 3 0 0 5 1 2
```

Hieraus wird erhellen, dass die Multiplikation weit umständlicher ist und daß uns in diesem Punct die Zahlziffern eine außerordentliche Erleichterung gewähren. Auch das Subtrahiren kann auf einem solchen Rechenbrett sehr geschwind und ohne irgend eine Anstrengung vollzogen werden.

Um dies zu zeigen, werde ich die auf Fig: 4. gestellte Zahl von 1671476 wählen, von welcher z. B. 361421 subrtahirt werden sollte. Auch in diesem Fall wird bei den Einheiten angefangen. Es wird nemlich die Größe in der Klasse der Einheiten um 1 vermindert, welches geschieht, wenn der eine Knopf herabgezogen wird, wodurch noch 5 übrig bleiben. Von der zweiten Klasse sind auf diese Art 2, von der dritten 4 und von der vierten 1 abzuziehen. Um von der fünften Klasse 6 abzuziehen wird der Knopf in der obern Abtheilung in die Höhe und einer von denen in der zweiten herabgezogen, wodurch in dieser Klasse nur noch eine Einheit bleibt. Endlich ist auch die sechste Klasse um 3 Einheiten zu vermindern. Um dies zu können wird der Knopf der obern Abtheilung zurückgeschoben, wodurch aber der Werth um 5 statt um 3 Einheiten vermindert wird und daher von der untern Abtheilung durch Vorschieben von 2 Knöpfen um 2 Einheiten wieder vermehrt werden muß. Nach dieser auf dem Rechenbrett leicht zu verrichtenden Operation wird auf die angezeigte Art 1310055 zum Rest erscheinen, für welchen Fall Fig: 5 auf Tab: II. gerichtet ist.

Da die Anwendung auch auf andere Fälle keine Schwierigkeit haben kann, so werde ich nur noch den Gebrauch der 2 andern Fächer zu erläutern suchen und bei der mit dem Zeichen O oder θ versehenen Abtheilung den Anfang machen.

Wenn auch über den Werth und über die Bestimmung dieser Zeichen noch einige Zweifel übrig bleiben, so ist doch aus dem Umstande, daß der untere Theil dieses Faches einen Knopf mehr, als jedes der 7 vorigen hat, so viel gewiß, daß solches zum Rechnen für Gegenstände bestimmt gewesen sey, deren Ganzes mehr, als zehn Einheiten enthält, oder welches eben so viel ist, daß dabei solche Größen zum Grunde liegen mußten, welche nach einem andern als dem Decimal-System zusammengesetzt sind.

Nimmt man, wie vorhin, an, daß auch hier der Knopf in der obern Abtheilung Eins mehr als die 5 Knöpfe der untern Abtheilung betragen, so würde folgen, daß durch beide Abtheilungen bis auf 11 Einheiten fortgezählt werden konnte und noch Eins erfordert würde um im nächstfolgenden Fach der Einheiten eine Stelle zu behaupten. Hieraus folgt, daß das Fach mit dem Zeichen O für solche Größen bestimmt seyn mußte, welche 12. Einheiten enthielten. Dies ist auch wirklich sowohl bei den römischen Münzsorten, als dem Pfund-Gewichte der Fall, welche beide aus 12 Theile bestanden; jedoch mit dem Unterschied, daß bei jener der 12te Theil des

Pfunds schon die kleinste römische Münze war und die Numus uncialis hieß, bei dem Gewichte hingegen die (Uncae asses) Unzen, noch kleinere Abtheilungen stattfanden. Hiernach erläutert sich der Gebrauch nach dem vorhin gegebenen Beispiel, von selbst. Da nun die Unze, als Gewicht betrachtet, wieder in kleinere Theile getheilt wurde, so erforderte dies nothwendig auf dem römischen Rechenbrett auch andere Abtheilungen, wozu die auf Tab: II. Fig: 4. befindliche 3 Fächer bestimmt gewesen seyn konnten. Welser erklärt solche im angeführten Buche Seite 262 in Bezug auf Demetrius Alabaldus auf folgende Art: Die obige Abtheilung mit dem Zeichen ℰ bezeichne halbe, die mit dem Zeichen Ɔ Sicilicus, nemlich ein 4theil und endlich das Zeichen 2 duella d.i. den 3ten Theil einer Unze.

In diesem Fall würde aber noch eine Abtheilung an diesem Fache nöthig seyn, weil sonst bei Ermangelung mehrerer Knöpfe, die Theile nicht gehörig bezeichnet werden könnten.

Es läßt sich hiernach auch wohl nicht erklären, warum die untere Abtheilung, welche zur Bezeichnung von 1/3 Unzen bestimmt seyn soll, 2 Knöpfe habe, während jede der beiden andern Fächer nur mit einem versehen sind. Es scheint daher Seite 308 und 309 in *Vita Peirescii* [Peiresscii] dagegen gemachte Erinnerung gegründet zu seyn, und die dort geäusserte Meinung, den Vorzug zu verdienen, daß ℰ nicht halbe Unzen, sondern Sextula, i.e. den 6ten Theil der Unze bedeute, womit die übrigen Theile sich bequem verbinden lassen. Nemlich 1 Sextula und 1 Duelle betragen ½ Unze.

Es konnten aber auch schon durch verschiedene Stellung andere Werthe, z.B. 4/12, 3/12, 2/12, 1/12, 1/24 angezeigt worden seyn, um dadurch die kleinen Theile, als Denarius consularis; Denarius impenalis, victoriatus, scriptulum, obolus und Siliqua zu bezeichnen. Es ist auch gar nicht unwahrscheinlich, daß die Römer bei ihrem Rechenbrett noch Zeichen oder Marquen gebraucht haben, vermittelst welcher bis auf ein Ganzes dieser oder anderer Theile gezählt wurde, und daß solche alsdann erst im gehörigen Fache Platz fanden.

Übrigens kann das Römische Rechenbrett immer als ein in seiner Art vollkommenes Werkzeug betrachtet werden, das einer Nation, die nach dem dekadischen System zwar gezählt, aber höchstwahrscheinlich den bequemen Gebrauch unsrer Zahlenziffern nicht kannte, durchaus nothwendig war. Auch dient dasselbe, das Gedächtnis beträchtlich zu erleichtern und den Mechanismus des dekadischen Zahlengebäudes auf eine sehr fassliche Art darzustellen, was durch die Zahlenziffern, wo einerlei Zeichen bald Eins, bald Hundert bedeutet, nicht so einleuchtend geschehen kann und für Anfänger in der Rechenkunst Schwierigkeiten hat.

Kaestner bemerkt dies selbst in Theil I.pag:42. seiner Geschichte der Mathematik und glaubt, daß sich der Anfang im Rechnen am besten mit dem Rechenbrett machen ließe. – Ehe ich die Geschichte von dem Römischen Rechenbrette endige, muß ich nur noch die Bemerkung beifügen, daß die Römer ebenfalls ihre Rechnungen von der rechten zur linken Hand angefangen haben, wie dies aus der Stellung der Zeichen deutlich erhellet, und daß man daher diese Gewohnheit nicht unbedingt in dem Gebrauche der Einführung der Arabischen Zahlziffern setzen dürfte.

3. Von den Händen, als Werkzeuge zum Rechnen.

Ausser dem Rechenbrett und vielleicht einer Rechentafel von Stein machten die Römer auch noch von den Händen bei ihren Rechnungen Gebrauch. Viel konnte damit wohl schwerlich gerechnet werden.

Ich werde daher blos der Geschichte wegen und weil die Hände doch auch als Werkzeuge zum Rechnen angwandt wurden, etwas weniges anführen.

Beda, der zu *Girwin* im Gebiete Dürfen in England, im Jahr 677. unsrer Zeitrechnung geboren seyn soll, hinterlies von jener Rechnungs-Art die erste Nachricht in einer Abhandlung de Loquela per gestum digitorum, welche Johannes Aventino im Jahr 1532 zu Regensburg in 4. unter dem Titel: Abacus atque vetustissima Latinorum per digitos manusque numerandi consuetudo, ex Beda cum Picturis herausgab.

Luca del Borgo di san sepolcro hat in Summa de Arithmetica geometria, welche mit gothischen Lettern zu Venedig A° MCCCCL L iiij (1494) herauskam auf Folio 36 Seite 2, 36 Hände in verschiedenen Stellungen zum Gebrauch beim Rechnen abgebildet, ohne jedoch anzuzeigen, wie damit zu Rechnen ist.

Leupold hat die nemlichen Hände auf Tab: II. N. 1. in seinem Theatro Mathematico Geometricum, welches 1727. in folio herauskam, abgebildet, erwähnt aber von Luca del Borgo nichts, sondern will sie aus John's Belwer [Belver] Buche, der über diesen Gegenstand geschrieben hat, genommen haben.

Mehrere Schriftsteller über diese Materie anzführen, halte ich um so mehr für überflüssig, als diese Rechnungs-Methode ohnehin nicht geeignet ist, das Rechnen abzukürzen, oder dem Gedächtnis auch nur auf die entfernteste Art zu nützen.

Aus diesem Grunde füge ich auch keine Abbildung bei, weil, wie ich überzeugt bin, gewiß niemand so leicht die Geduld haben mögte, auf diesem Weg das Rechnen zu lernen oder nur zu versuchen. Aus dem Mittel-Alter ist ausserdem, was ich vom Boethius und Beda angeführt habe, nichts, als allenfalls das sogenannte Rechnen auf der Linie aufbehalten worden, was als Erleichterungsmittel beim Rechnen betrachtet werden kann.

Die Geschichte von jenem Zeitalter, in welchem gleichwohl die Arithemetik durch die Einführung der Arabischen Zahlziffern Epoche gemacht hat, hat uns keine Nachricht von einer vollkommenen Rechentafel oder Maschine aufgezeichnet. Es lässt sich dies bei dem Verfall in welchem Künste und Wissenschaften gerathen waren, leicht erklären, indem Erfindungen der Art kein Spiel des Zufalls sind, sondern schon gründliche Kenntnis der Zahlen, ihre Verbindung und Verhältniße voraussetzen.

Man findet daher auch dann erst Spuren von Erweiterung der Pythagorischen Tafel und ähnlicher Hülfsmittel beim Rechnen, nachdem die Mathematischen Wissenschaften sich wieder einigermaßen aus dem Verfall emporgehoben hatten.

4. Von dem Chinesischen Rechenbrett.

Ehe ich aber weitergehe, muß ich zuvor noch eines Werkzeugs gedenken, welches mit dem Römischen Rechenbrett viele Ähnlichkeit hat und demselben vielleicht die Ancienneté streitig machen könnte, aber aus diesem Grunde diesem nachgesetzt blieb, weil die ersten Nachrichten davon später als von dem Römischen Rechenbrett zu uns gekommen und von der Erfindung doch keine ganz zuverlässige Nachrichten bekannt sind.

Es ist das Chinesische Rechenbrett welches auf Tab: I Fig: 3 vorgestellt und aus Tom: VI. de l'Histoire general des Voyages. Edition de Paris 1748. [1742] Pag: 217. genommen ist.

Es besteht dasselbe aus einer kleinen hölzernen Rahme, auf welche 10 Reihen metallener Drähte in gleichen Entfernungen aufgespannt sind, auf jeden derselben sich 7 elfenbeinerne oder metallene Kügelchen befinden, die längs der Drähte auf und abgeschoben werden können aber durch eine der Quere nach durchgeschobene Regel dergestalt von einander separirt werden, daß in jedem Draht in der obern Abtheilung 2 in der untern größern hingegen 5. Kügelchen befindlich sind.

Der wesentlichste Unterschied zwischen dem Chinesischen und Römischen Rechenbrette besteht also darin, daß in jenem in der obern Abtheilung 2 in der untern hingegen 5 befindlich sind, statt daß im Römischen vom Zeichen I an in dem obern nur 1 im untern Fache aber 4. Knöpfe angetroffen werden. Inzwischen ist doch in beiden der Gebrauch beinahe der nemliche und die auf dem Chinesischen Rechenbrette befindlichen Zeichen geben auch sattsam zu erkennen, daß hiebei ebenfalls das dekadische Rechensystem zum Grunde liege.

Die Chineser, welche die gemeinen Rechnungs-Arten, mit unsern Zahlziffern, schon lange kennen müssen, verrichten demohngeachtet noch allgemein, alle ihre Rechnungen auf dem Rechenbrett und werden dieses wahrscheinlich auch noch länger beibehalten, da sie, aus Nationalstolz, so ungerne zur Annahme fremder Erfindungen zu bewegen sind.

Nach der auf Seite 263 der vorhin erwähnten Histoire general des Voyages, Tom: 6. befindlichen kurzen Beschreibung soll der Werth eines jeden der zwei Knöpfe in der obern Abtheilung des Rechenbretts 5, die der 5 untern hingegen nur Einheiten bedeuten, so daß in jedem Fache auf 5 Einheiten gezählt werden könnte, welches ich aber, da die Chineser ebenfalls nach Dekaden zählen, für irrig halte. Wahrscheinlich ist es, daß ein jedes der Kügelchen in der obern Klasse nur 2, mithin beide 4 bezeichnen, auf welche Art sodann in jeder Klasse, so wie bei dem Römischen, bis auf 9 Einheiten gezählt werden könnte. Auf mehrere Einheiten ist dies bei den Chinesen gar nicht erforderlich, da *Maaße* und *Gewicht* bei ihnen von 10 zu 10 steigen. So hatte z. B. diese Nation sehr frühe bei ihrem Längenmaße die Dicke eines Hirsekorns als den kleinsten Theil desselben angenommen und die Linie zu 10, den Zoll zu 100 und den Fuß zu 1000 solcher Theile festgesetzt.

Wenn daher meine Vermuthung über den Werth der 2 obern Kügelchen, wie ich glaube, gegründet ist, so ist der Gebrauch der nemliche wie bei dem Römischen Rechenbrett.

Wenn die auf Seite 309 der Histoire général des Voyages Tom: VI. enthaltene Nachricht, daß das Chinesische Rechenbrett schon mit dem Anfang ihrer Monarchie erfunden wurde, und das in Chap: IV. pag: 368. §. 1. angegebene Alter desselben Glauben verdienen konnte, so würde solches allerdings für das älteste Werkzeug zum Rechnen, dessen die Geschichte erwähnt, zu halten seyn.

Allein es stehet mit der chinesischen Chronologie nicht viel besser, als mit der der Griechen, Römer und Deutschen, sobald nur 1000 Jahre zurückgegangen wird. Es wird sich daher auch das Alter des fraglichen Rechenbretts nichts bestimmtes angeben lassen.

5. Das Japanische Rechenbrett.

Die Japaner bedienen sich zu ihren Rechnungen eines ähnlichen Rechenbretts, wovon in Thurnbergs Reisen 2.Band, Theil 2.pag:47 eine Abbildung gegeben, aber von dem Gebrauch nichts gesagt wird. Es ist solches auf Tab:I.Fig: 4. vorgestellt.

Da auch diese Nation nach Dekaden rechnet und bei ihren Münzen das Dezimal-System zum Grunde liegt, so ist der Gebrauch schon aus der Erläuterung des Römischen Rechenbretts klar und bedarf daher keiner weitern Erklärung.

6. Ähnliche Werkzeuge bei den Russen.

Ähnlicher Werkzeuge sollen auch, nach der von Kaestner in Theil 1.pag:43. der Geschichte der Mathematik, aus Peter von Hefers Reise in Rußland entlehnten Bemerkung, die Russen sich noch jetzt bedienen. Andere Werkzeuge oder Maschinen zum Rechnen kenne ich von andern Nationen nicht.

7. Vom Rechnen auf der Linie.

Dasjenige was indeß jenem Rechenbrette am nächsten kommt und wahrscheinlich auch ältern Ursprungs ist, scheint mir das sogenannte Rechnen auf der Linie zu seyn, welches nunmehr wieder größtentheils in Vergessenheit gekommen ist.

Die Benennung, Rechnen auf der Linie, zeigt im Grunde das Verfahren selbst schon an, indessen werde ich solches doch mit einem Beispiel erläutern.

Es werden nemlich auf einem Tische oder einer Rechentafel parallele Linien mit Kreide oder mit einer andern zeichnenden Materie, nach Erfordern untereinander jedoch in solcher Entfernung gezogen, daß die zum Zählen bestimmten Steine, Marquen oder Rechenpfennige noch hinlänglich Platz haben, die unterste Linie JK enthält Einheiten, die 2te GH die Zehner, die 3te EF die Hunderte, die 4te CD die Tausende, und AB die Zehntausende. Geht die Rechnung weiter so werden noch so viele Linien gezogen, als erforderlich ist. Kommen dabei noch kleinere Theile, als Pfennige, Kreuzer, Groschen vor, so werden der Länge nach noch weitere Abtheilungen wie x und y gemacht und solche mit den gehörigen Bezeichnungen versehen.

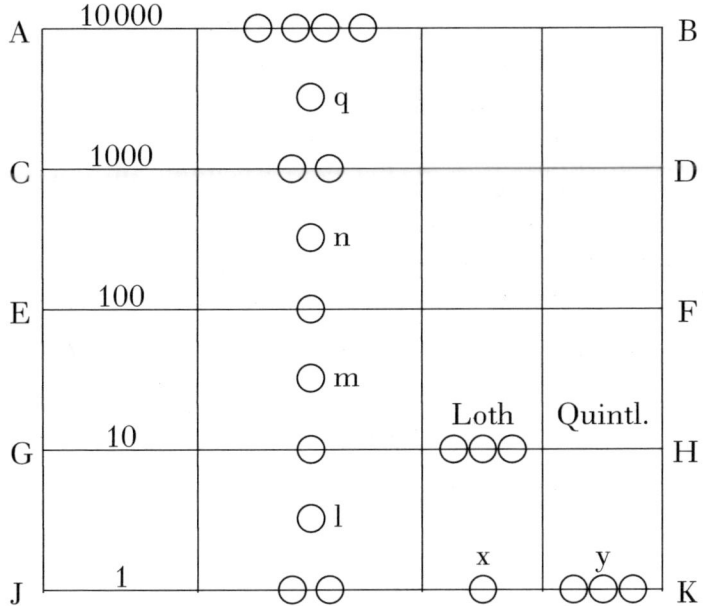

Da bei dieser Rechnung ebenfalls das dekadische System zum Grunde liegt, so kann eine jede dieser Linien oder Klassen im höchsten Fall nur 9 Einheiten enthalten, weil 1 mehr schon 10 beträgt und auf der nächsthöhern Linie eine Stelle ausmacht. Um das Zählen noch mehr zu erleichtern hat man den Stellen l m n q zwischen den Linien den Werth von 5 beigelegt, so daß für eine jede Klasse nur 5 Steine nöthig sind. Auf diese Art würde das zur Seite gegebene Exempel in der Klasse der Einheiten 7, in der Klasse der Zehner 6, in der Klasse der Hunderte 6, in der der Tausende 7 und endlich in der Klasse der Zehntausende 4 betragen, welches mit Ziffern also geschrieben würde:

47667.

Sollten hiezu noch 31613 addirt werden, so werden in der Klasse der Einheiten 3, in der Klasse der Zehner 1, in der Klasse der Hunderte 6 u. s. w. durch Marken und Rechenpfennige zugezählt, wobei das nemliche Verfahren, wie bei dem Römischen und Chinesischen Rechenbrett stattfindet. In den Fällen, wo kleinere Theile 4, 12, 24, oder wie bei den Lothen 32 auf ein größeres gehen, findet das nemliche Verfahren statt. Für diesen Fall würde die Abtheilung y, 3 Quintlein, und die mit x, 31 Lothe bezeichnen, welches wenn noch ein Quintlein in y zugesetzt würde, in x ein Ganzes mehr, oder 32 Lothe betragen und als 1 ℔: in die nächstgrößere Abtheilung käme, während die Marquen in y und x zurückgezogen werden. Das Addiren und Subtrahiren kann auf solche Art ungemein leicht bewerkstelligt werden; nur das Dividiren und Multipliciren ist, wie bei jenen Rechenbrettern, etwas mühsamer. Diese Rechnungs-Art unterscheidet sich von den Rechenbrettern auch nur dadurch, daß hier die Knöpfe und Kügelchen gewissermaßen befestigt, bei dem Rechnen auf der Linie hingegen die Steine davon getrennt sind. Nachrichten von dieser Rechnungs-Art finden sich in verschiedenen alten Büchern, die aber von dem Ursprung derselben keine Nachricht geben, z.B. von BALTHASAR LICHTS unter dem Titel:

Algorithmus linealis cum pulchris conditionibus Regle de tri Lips Cap: 2 A° 1513.
Ja. KOEBELS Rechenbuch auf Linien und Ziffern 1544.

die anzuführen zu viel Raum einnehmen würde.

8. ERWEITERUNG DER PYTHAGORISCHEN RECHENTAFEL.

Ich komme nun wieder zu der Seite 38. abgebrochenen Geschichte der, seit der Wiederherstellung der Wissenschaften gemachten Fortschritte in den Hilfsmitteln, welche dienen sollen, die gemeine Rechnungsart sinnlicher zu machen und abzukürzen.

Bis in das erste Decennium des 17ten Jahrhunderts finden sich keine weiteren Erfindungen in diesem Fache, indessen fing man doch schon an die Pythagorische Rechentafel mehr zu erweitern, nemlich, solche auch auf zusammengesetzte Größen auszudehnen, und den Gebrauch auf verschiedene Rechnungsarten anzuwenden.

LUCA DEL BORGO hat in der auf Seite 37 angeführten Summa de Arithmetica Geometria von 1494 in dist: Sec: Tr: 3. schon eine Art von einem großen Einmal Eins geliefert.

PHILIPP GEYGER [GEYER] HATTE 1609 UNTER DEM TITEL: GRÜNDLICHE UND ORDENTLICHE ERKLÄRUNG DER NEUEN UND KUNSTREICHEN RECHENTAFEL AUCH EINE ERWEITERTE RECHEN-TAFEL GEGEBEN, DIE ABER VON KEINEM BESONDEREN NUTZEN IST.

AUCH DER GEWESENE BAIERISCHE KANZLER VON *Hohenburg* SOLL UNTER DEM TITEL:

Tabulae arithmeticae Προσθαφαιρεσεως universales. Monach. 1610. Fol: reg:

eine große Rechentafel geliefert haben, wovon ich aber keine zuverlässige Nachricht finden konnte. Wahrscheinlich war es eine Art von grossem Ein mal Eins mit einer Erweiterung auf Quadrat, Cubic- und Poligonalzahlen, mit welchen sich um damalige Zeit viel abgegeben wurde.

Kaestner führt auf Seite 8 des Theil III seiner Geschichte der Mathematik zwar den Titel an, kennt es aber selbst nicht.

In Jöchers gelehrten *Lexicon* findet sich gedachter von Hohenburg zwar angeführt, aber von jenem Buch nichts erwähnt.

Dies waren ungefähr die Fortschritte als der Erfinder der Logarithmen, der Schottländische Baron Neper im Jahre 1613 auch auf die Erfindung seiner Rechenstäbe kam, welche von ihm noch seinen Namen führen.

9. Von den Neper-ischen Rechenstäben, ihre Erfindung und Erweiterung.

Die Berechnung der Logarithmen erforderte sehr große und beschwerliche Multiplikationen, und die veranlaßte ihn eine genaue Betrachtung des Multiplications-Mechanismus, über die Art wie Producte aus mehreren Zahlen durch die Multiplikation entstehen, wie solche durch das Übertragen von den niedrigern in die höhern Klassen, wenn jene die höchste Zahl der Einheiten, nemlich 9 übersteigen, abgekürzt werden, anzustellen. Da er bei diesen Betrachtungen fand, daß die Pythagorische Rechentafel schon die Producte für alle einfache Zahlen von 1. bis 9 enthält, und daß bei dem dekadischen Zahlen-System, auch bei Größen aus mehreren Zahlen, doch nur das höchste Product von 9 mal 9 vorkommen kann, so suchte er gedachte Tafel so einzurichten, daß dadurch die Producte von irgend einer Größe, auf eine so leichte und übersichtliche Art dargestellt werden, daß dabei nichts weiter als leichte *Addition* nötig ist.

Wenn eine Zahl, die mehrere Ziffern hat, z.B. 78196 mit 3 oder einer andern multiplicirt werden soll, so würden die Producte aus dem gewöhnlichen Ein mal Eins, oder der Pythagorischen Tafel auf folgende Art untereinander geschrieben werden, als

```
                    7 8 1 9 6
                          3
                    ─────────
                        1 8
                      2 7
                  2 4 3
                2 1
                ─────────
```

welche nachher aber, so wie die Zahlen untereinander
stehen, addirt werden müßten und dadurch erlangt werden 2 3 4 5 8 8.

Bei dem Multipliciren verfährt man gewöhnlich kürzer und addirt dasjenige, was über die Einheiten einer Klasse geht, sogleich zur nächstfolgenden, was aber bei dem Multipliciren im Grund am beschwerlichsten ist, und bei großen Rechnungen das Gedächtnis ermüdet. Es war daher nötig der *Pythagorischen* Rechentafel eine solche Einrichtung zu geben, wodurch nicht nur die Producte, sondern auch die zu addirende Zahlen dem Auge deutlicher dargestellt würden, ohne daß es nötig wäre, solche, wie vorhin geschehen ist, erst untereinander zu schreiben.

Eine solche Einrichtung erlangte николай dadurch, daß er wie auf Tab. I. Fig: 5. vorgestellt ist, jedes der Quadrate durch Transversallinien von ab, cd, ef in 2 Felder theilte und in die einen rechter Hand die Ziffer der Einheiten in den andern aber die der Zehner setzte, und zur nöthigen Erweiterung noch eine Colonne mit dem Zeichen der Nulle beifügte. Durch diese Transversale Linien, die hier um sie kennbarer zu machen, mit rother Dinte gezogen sind, entstehen neun [neue] Abtheilungen, oder Felder, wie abdh, dhfk, fhlm, wodurch die eine Hälfte eines Quadrats abh mit der des nächstfolgenden bha verbunden oder zusammengezogen wird. Was hier von einem Theile gesagt wird, das gilt, wie die Ansicht deutlich zeigt, auch von allen andern Quadraten.

Wenn die auf diese Art getheilte Tabelle genauer betrachtet wird, so wird man finden, daß die Quadrate von den Seiten db, fd, mf, und mo die einzelnen Producte von 9 mal 9, 9 mal 8, 9 mal 7 und 9 mal 6, eben so wie die Pythagorische Tafel darstellen, daß dagegen die Felder dhfk, fkmo, mlno, die Zahlen enthalten, welche zusammen addirt, oder von einem auf die andern übertragen werden müssen, wie dies der Fall seyn würde, wenn 6789 mit 9 multiplicirt werden sollte. Hierdurch stellt sich sogleich der Mechanismus der Multiplikation ganz deutlich dar und erläutert schon den Gebrauch einer solchen auf bewegliche Stäbe eingerichteten Tabelle, wovon die nachstehenden Beispiele gewiß den großen Vortheil, den solche bei dem

Multipliciren, dem Dividiren und dem Ausziehen der Quadrat-Wurzel gewähren, nicht werden verkennen lassen.

Es ist schon bekannt, daß das Product einer aus mehrern Zahlen zusammengesetzten Größe aus den Producten aller einzelnen Zahlen besteht, wobei aber die Ordnung der Klassen sorgfältig beobachtet werden muß, und daß daher die Zahl 6789 mit 9 multiplicirt, aus den Producten 9 mal 9, 8 mal 9, 7 mal 9, und 6 mal 9 zusammengesetzt ist, welche auf folgende Art untereinander geschrieben

$$
\begin{array}{r}
6\ 7\ 8\ 9 \\
9 \\
\hline
8\ 1 \\
7\ 2 \\
6\ 3 \\
5\ 4 \\
\hline
6\ 1\ 1\ 0\ 1 \\
\hline
\end{array}
$$

nach erfolgter Addition betragen   6 1 1 0 1

In diesem Beispiel sieht man, daß 8 und 2, dann 7 und 3, und 6 und 4 zu addiren sind. Eben zeigt dies auch die Tabelle auf Tab: I. Fig: 5. wo man die Producte schon vor Augen sieht und blos nötig hat, die Zahlen, die durch die Transversale-Linien eingeschloßen sind, zu addiren.

Sollte das Product von den 9 natürlichen Zahlen von 1 bis 9 mit 9 erlangt werden, so verursacht dies keine größere Mühe, als daß die in der untern Abtheilung AB befindlichen Zahlen, von der Rechten zur Linken, in den Fächern der Transversallinien, addirt und so heraus geschrieben werden, z.B. man fängt bei 1, wozu nichts zu addiren ist, an, geht sodann zum zweiten Fache mit 8 und 2, dann 7 und 3, addirt solche auf gewöhnliche Art und erhält zum Product 1111111101.

Das nemliche Verfahren findet auch bei allen andern Fällen statt. So würde z.B. das Product von 123456789 mit 5 nur aus dem Felde DE mit

617283945 auszuschreiben seyn.

In diesem Zustande würde die Tabelle dennoch keinen, oder doch nur geringe Vortheile leisten, indem bei dem Rechnen nur selten Multiplikationen mit Zahlen, die in Arithmetischer Progression, wie bei den natürlichen Zahlen von 1 bis 9 vorkommen. Um sie daher allgemein brauchbar zu machen, und solche auf alle möglichen Multiplikations-Exempel anwenden zu können, wird die Tabelle der

Länge nach in Felder, wie FG, HJ, KL, MN, geschnitten, um solche auf 4 kantige Stäbe von gleicher Stärke und Breite aufleimen zu können. Daß die Stäbe auch ohne diese Streifen sogleich unmittelbar abgetheilt und gehörig bezeichnet werden können ist wohl keinem Zweifel unterworfen. Weil aber bei dem Rechnen öfters eine und die nemliche Zahlziffer mehrmalen vorkommen kann, so müssen hiernach die Stäbe vervielfältigt werden. Inzwischen sind doch die Fälle nicht häufig, wo Multiplikationen über 12 bis 15 Ziffern vorkommen; daher es für den gemeinen Gebrauch hinlänglich ist, wenn von einer jeden Klasse, oder jeden Zahlziffer von 0 bis 9, 12 bis 15 Stäbe gemacht werden, wogegen der äussere mit rothen Zahlen bezeichnete Stab, der die Factoren oder Multiplicatoren vorstellt und gewöhnlich den Namen Index führt, nur einfach erforderlich ist. So wie dieser die Factoren vorstellt, so wird auch durch die im obersten Fache befindlichen Zahlen, der Multiplicandus bezeichnet, und nach Beschaffenheit der Größe aus mehr oder wenigen Stäben bestehen kann.

Da die Stäbe bei dem Gebrauche in gleicher Höhe gerade aneinander gelegt werden müssen, weil sonst die Felder nicht gehörig zusammen passen würden, so ist es gut, wenn an dem vordern Theil, wie auf Tab: I. Fig: 6.7. noch eine schmale Regel AB befestigt ist, auf welche die Stäbe ABCD genau angesetzt werden können. Bei dieser einfachen Verrichtung lassen sich nunmehr die weitläufigsten Multiplikationen, weit geschwinder, als auf die sonst übliche Weise, durch die bloße Addition berechnen.

Das erste, worauf man zu sehen hat, ist, daß die Stäbe, so wie es der *Multiplicandus* erfordert ausgesucht und in gehöriger Ordnung aneinander gelegt werden, wo sodann die zur Seite der den Multiplikator anzeigenden Zahl, befindliche Felder, das Product auf die schon vorhin angezeigte Art enthalten werden. Sollte z. B. die Zahl 973018 mit 8 multiplicirt werden, so wird (Tab: I. Fig: 6.) der Multiplikandus wie Fig: 6, mit eben solchen Zahlen durch die Stäbe vorgestellt, und das Product durch die Felder der Fläche QR angezeigt werden, in welchem Falle 4 in die Klasse der Einheiten, 8 und 6, nemlich 14. in die Klasse der Zehner kommen und zum Product erscheinen wird 7784144. Besteht hingegen der Multiplikator aus mehr als einer Zahl z. B. aus 9758. so werden die Producte von 5, 7, und 9, auf ähnliche Art aus den Feldern zwischen MN, OP und ST, genommen und wie bei gewöhnlichen Multiplikationen untereinander geschrieben.

für 8 mal war das Product			7	7	8	4	1	4	4
für 5. geben die Stäbe			4	8	6	5	0	9	0
für 7. geben die Stäbe		6	8	1	1	1	2	6	
für 9. geben die Stäbe	8	7	5	7	1	6	2		
mithin	9	4	9	4	7	0	9	6	4	4

Daß man bei diesem Verfahren sich in der Addition immer noch irren kann, ist nicht in Abrede zu stellen, indessen ist die Rechnung mit den Stäben doch weit kürzer und ermüdet das Gedächtnis bei weitem nicht so sehr, als wenn auf dem gewöhnlichen Weg für jede Zahl erst das Product gesucht und zu diesem dasjenige, was geblieben oder auf die nächsthöhere Klasse überzutragen ist, dazu addirt werden muß. Auch bei der Division, besonders wenn der Divisor aus mehrern Zahlen zusammengesetzt ist, gewähren die Rechenstäbe dadurch beträchtliche Vortheile, indem sie, sobald nur der Divisor wie bei der Multiplikation zusammengestellt ist, die Producte von 1–9 darstellen, so, daß man weder nötig hat, die jedesmaligen Quotienten erst durch *Versuche* zu finden, noch die Producte aus demselben in dem Divisor erst zu berechnen, sondern diese blos von den Stäben abschreiben darf. Hierdurch wird die bei der Division sonst nötige Multiplikation in blose Addition verwandelt.

Bei der Division mit den Rechenstäben wird nur der Dividendus in der gewöhnlichen Art geschrieben, der Divisor hingegen durch die Rechenstäbe ausgedrückt, wodurch, wie vorhin bemerkt worden ist, zugleich alle Producte, und umgekehrt, durch die rothen Zahlen, zugleich alle Quotienten vorgestellt werden, wie dies einige Beispiele zeigen können.

Wenn nemlich die Zahl 93219321 durch 4275 getheilt werden sollte, so wird diese, als der Divisor, wie Fig: 7. durch die Rechenstäbe zusammengesetzt, so daß zunächst die mit rothen Zahlen bezeichneten und hier für die Quotienten bestimmten Stäbe 4, dann 2, 7, und 5, aneinander kommen, wie dies die zur Seite befindliche Figur zeigt. Hierdurch wird im ersten Fach der Divisor selbst, im 2ten Fach hingegen das 2fache, im 3ten das 3fache desselben angezeigt, wobei auch hier die Zahlen abcd, DaEF, und EFgh jedesmalen addirt werden müssen. Durch diese Darstellung erspart man also das Multipliciren ganz.

Tab: I. Fig: 7

Um nunmehr zur Division selbst zu schreiten, so darf man nur aus den durch die Stäbe für den Divisor 4257 ausgedrückten Producten, diejenige Zahl suchen, die den vier ersten Zahlen des Dividendi 93219321 am nächsten kommen, sie von diesen gehörig abziehen, die correspondirende rothe Seitenzahl hingegen als den ersten Quotienten betrachten.

Der 2te Quotient wird wieder gefunden, wenn von dem gebliebenen Rest die nächste Zahl von dem Dividendo, welches hier die 5 ist, zugesetzt, und hierauf von neuem die denselben am nächsten kommende Zahl in der Tabelle aufgesucht, sie wieder abzieht, und die correspondirende rothe Zahl, als den neuen Quotienten, zum Facit schreibt.

z.B.

Der Dividendus war = 93219321 und 2 der Quotient und das Product aus der Tafel 8550

bleibt 771 wozu für die nächste Division noch die Zahl 9 herabgenommen und zum Zeichen durchstrichen wird. Der neue Dividendus hat hiernach die Form 7719 $\cancel{3}21/2$ quot.

Die Zahl welche in den zusammengestellten Stäben der von 7719 am nächsten kommt, ist in der ersten Abtheilung, hat 1 zum neuen Quotienten, und 4257 welche, wenn sie abgezogen werden zum Rest 3444 geben. Hierzu kommt noch die Zahl 3 herab, so daß der neue Dividendus die Form 34443 $21/21$ quot. erhält.

Die Zahl die auf den Stäben dem Dividendo von 34443 am nächsten kommt, ist die von der 8ten Abtheilung mit 34200 die von jenen 34443 abgezogen wird, und zum Rest 243 verbleiben. Hierzu kommt die folgende Zahl 2, dies giebt den neuen Dividendum 2432 $1/2180$ quot.

Es wird nun wieder auf den Stäben nachgesehen, welche der Zahl von (2432) am nächsten kommt; Allein da die kleinste 4275, mithin schon größer, so wird dadurch angezeigt, daß der Divisor darinn nicht ganz enthalten ist; daß daher zum Quotienten eine Nulle gesetzt und die Division in 24321 $/2180$ vollendet werden müsse. Die nächste Zahl findet sich auf den Stäben in der 5-ten Abtheilung, giebt folglich 5 zum Quotienten, und zum Product 21375 zieht man diese ab, so bleibt 2946 zum Rest.

Auf die nemliche Art wird in allen andern Fällen verfahren. Es ist daraus ersichtlich, daß das Verfahren bei dem Rechnen mit den Stäben blos darinn von dem gewöhnlichen Dividiren verschieden ist, daß nach der ersten Art die Quotienten und Producte leichter und sogar durch die blose Ansicht, ohne Anstrengung des Gedächtnisses, gefunden werden, welches bei großen Divisionen eine große Erleichterung ist.

Bei Ausziehung der Quadrat-Wurzel leisten die Neperschen Rechenstäbe auch deswegen gute Dienste, weil mit Hülfe derselben die dabei vorkommenden Multiplikationen und Divisionen abgekürzt werden, und aus diesem Grund leichter verrichtet werden können.

Sonst ist das Verfahren von dem gewöhnlichen in nichts verschieden.

Da ich das gewöhnliche Verfahren, als schon bekannt voraussetzen darf, so werde ich nur das nöthigste zur Erläuterung des Gebrauchs der Rechenstäbe beifügen.

Das Quadrat einer 2 theiligen Göße, deren Wurzel a und x sind, besteht aus $a^2 + 2ax + x^2$, nemlich aus dem Quadrat der beiden Wurzeln und aus dem doppelten Product der beiden Wurzeln. Hierauf gründet sich auch das Verfahren bei der Ausziehung der Wurzel, nach welchem man das zweite Glied findet, wenn man nach abgezogenem Quadrat des ersten Glieds, den Rest durch die doppelte Wurzel des abgezogenen Quadrats dividirt, da man das Product dieses Divisors im 2ten gefundenen Glied, nebst dem Quadrat desselben nochmals subtrahirt und sodann wiederum die 2 gefundenen Glieder, als eines, nemlich als ob es das erste wäre, ansieht, durch dessen Duplirung man das neue Glied auf eine ähnliche Weise sucht.

Zum Anfang bei der Ausziehung der Wurzel ist übrigens Fig: x bestimmt, welche aus 3 Stäben zusammengesetzt ist, wovon AB die Quadrate, DE hingegen das Zweifache und FG die Wurzeln oder die natürlichen Zahlen von 1 bis 9 enthält.

Tab: I.

Soll nun aus einer gegebenen Zahl z.B. aus 126736 die Quadrat-Wurzel ausgezogen werden; so werden, weil das Quadrat von 9 nicht über 2 Zahlziffern enthält zuerst von der rechten zur linken je 2 und 2 Zahlen in Klassen getheilt und durch Striche oder Puncte abgesondert. So viel Klassen es gibt aus so vielen Wurzeln besteht die Größe. Es kann sich aber fügen, daß in der letzten Klasse nur eine Zahl übrig bleibt, wodurch nur angezeigt wird, daß die Wurzel derselben so beschaffen ist, daß das Quadrat davon die höchste Zahl der Einheiten, nemlich 9 nicht übersteige. Wenn daher die angenommene Göße nemlich 12/67/36 in Klassen getheilt ist, so legt man wie Fig: x. zeigt, die drei Stäbe ADF, wovon der zur linken Hand die Wurzeln oder die 9 natürlichen Zahlen, der 2te das zweifache derselben und der dritte die Quadrate enthält, aneinader, und sucht welches unter den Quadraten der Zahl 12, aus welcher die erste Wurzel zu ziehen ist, am nächsten kommt, und hier 9, und folglich die

Wurzel selbst 3 seyn wird. Ersteres wird nunmehr von 12 abgezogen, die Wurzel hingegen am Ende bemerkt, wodurch die Rechnung folgende Gestalt erhält

	12	67	36	3
	9			
1ten Rest	3	67	36	

Hierauf wird auch die Wurzel aus der 2ten Abtheilung 67 gesucht, welche mit der in der ersten gebliebenen Zahl 3, 367 beträgt, und wie Seite 49 bemerkt ist, gefunden wird, wenn das zweifache der Wurzel in die gedachte Zahl getheilt und der Quotient zur Zahl der Wurzel geschrieben wird. Das Zweifache zeigt der zur Seite der Wurzel 3 befindliche Stab ED und ist im vorliegenden Falle 6, wo sodann derjenige Stab, welcher im obersten Fach die Zahl 6 hat für denjenigen, welcher vorhin das zweifache der ersten Wurzel anzeigte, zu verwechseln ist, in welcher neuen Verbindung die Stäbe die Gestalt Fig: XI erhalten.

Man sehe nun nach, welche Zahl auf dem Stab 6 mit dem Quadrat-Stab jener Zahl von 367 entweder gleich, oder ihr am nächsten kleiner ist, welches bei der Zahl 5, 325 seyn wird, die nunmehr von 327. abzuziehen, 5 hingegen als die neue Wurzel anzusetzen.

Wodurch die obige Zahl	3	67	36
nach Abzug von	3	25	
die neue Gestalt		42	36	erhalten wird.

Hieraus wird nun die 3te Wurzel gesucht, und dabei, wie Seite 49 bemerkt ist, weiter verfahren; d. ist: es wird mit dem zweifachen der ganzen Wurzel auf's neue getheilt. Die Wurzel betrug mit der letzten 35 deren zweifaches 70 ist, wovon die Stäbe von 7 und 0 statt dem vorhin mit der Zahl 6 bezeichneten, zwischen die Stäbe der Wurzel und die der Quadrate, wie Fig: XII zeigt zu legen sind.

Tab: I.

Diejenige Zahl, welche auf den Stäben mit dem Quadrat-Stabe der vorhin gebliebenen 4236 gleich ist, oder ihr am nächsten kommt, wird aufs neue von derselben abgezogen und die zur Seite auf dem Stabe der Einheiten befindliche Zahl, als die neue Wurzel betrachtet.

Hier findet sich, daß bei 6 die Zahl 4236 befindlich ist, welche jener Zahl gleich kommt, daß daher, nach Abzug derselben, nichts übrig bleibt und 6 die letzte, mithin die ganze Wurzel 356 ist, welche quadrirt wieder das Product 126736 giebt. Wenn die

Zahl größer wäre, so würde von der ganzen Wurzel von 356 wieder das zweifache 712 genommen, diesen die Stäbe 7, 1, 2, zwischen die einfachen und Quadratzahlen eingelegt und auf die vorige Weise verfahren werden.

Aus diesem Verfahren erhellet, daß bei dem Ausziehen der Quadrat-Wurzel, die Neperischen Rechenstäbe in so ferne gute Dienste leisten, als sie in den Fällen, wo multiplicirt werden müßte, die Producte, so wie die Quadrate der Wurzel, schon ohne Rechnung dargestellt werden, welches für große Zahlen, oder da, wo das Ausziehen der Wurzel noch auf Dezimal-Stellen fortgesetzt werden muß, eine große Erleichterung ist.

Aus eben dieser Ursache kürzen die Neper-schen Rechenstäbe auch bei der Ausziehung der Cubic-Wurzel die Rechnung beträchtlich ab, obgleich im übrigen das Verfahren von dem gewöhnlichen nicht verschieden ist.

Auch hier werde ich letzteres voraussetzen und zur Vollständigkeit die Anwendung der Stäbe mit einem Beispiele erläutern.

Der Cubus einer 2 theiltgen Größe a und b enthält $a^3 + 3a^2b + 3ab^2 + 3b^3$, das heißt: er besteht aus dem Cubus des ersten Glieds, aus dem dreifachen Product vom Quadrat des ersten in das zweite Glied, aus dem 3 fachen Product des ersten Glieds in das Quadrat des zweiten und aus dem Cubus des zweiten Glieds.

Das zweite Glied wird daher gefunden, wenn man nach Abzug des Cubus vom ersten Glied, den Rest mit dem dreifachen Quadrat des ersten Glieds dividirt und davon noch die 3 Partial-Producte abzieht, dasjenige, was noch übrig bleibt, wird auf ähnliche Art behandelt, wobei aber die zwei gefundenen Wurzeln nur als eine Größe betrachtet, und daher bei fortgesetzter Operation, mit ihrem 3 fachen Quadrat wieder dividiren muß.

Dies muß bei allen weiter gefundenen Wurzeln beobachtet werden, welche immer nur als eine Größe, oder als ein Glied behandelt werden. Will man nun auch die Stäbe zur Ausziehung der Cubic-Wurzel gebrauchen, so ist hiezu noch ein besonderer Stab erforderlich, auf welchem nach Fig : XIII. die Cubi der 9 natürlichen Zahlen enthalten sind, damit diese nicht immer erst besonders berechnet werden müssen. Da der Cubus dieser Zahlen nicht über 3 Zahlzeichen, wohl aber weniger, enthalten kann; so wird bei der Ausziehung der Wurzel der Anfang damit gemacht, daß die Zahlen von der Rechten zur Linken auch wieder in Klassen eingetheilt und einer jeden 3 Ziffern gegeben werden, wovon jedoch die letzte aus zwei, oder auch nur aus einer bestehen kann.

Wird z. B. die Zahl 34,965,783 gegeben, aus welcher die Cubic-Wurzel gezogen werden soll, so wird solche auf die oben angezeigte Art in Klassen getheilt, in welchem Falle die letztere, aus welcher die erste Wurzel gesucht wird, nur aus 2 Zahlen besteht.

Um nun die erste Wurzel zu finden, wird wie Fig:XIII. zeigt der Stab mit den Cubic-Zahlen an dem der Einheiten, oder der Wurzeln angelegt und nachgesehen, welche von den Zahlen der Zahl 34 am nächsten kommt, welches in der dritten Abtheilung, bei der Wurzel 3, die Zahl 27 ist. Diese wird nunmehr von 34 abgezogen, jene hingegen, als die erste Wurzel zur Seite geschrieben, wornach obige

34	965	783	
			(Wurzel
27			3

in   7 | 965 | 783 | verändert wird.

Aus der zweiten Klasse, die durch das vorgesetzte 7 von der ersten Klasse die Zahl 7965 enthält, wird die zweite Wurzel gefunden, wenn das 3fache Quadrat der ersten, welches 27 beträgt in die Zahl 79 getheilt, und dabei nach der oben gegebenen Vorschrift verfahren wird.

Um hiernach die 2te Wurzel mittelst der Stäbe zu finden, werden diejenigen, welche das dreifache Quadrat der ersten, nemlich 27 vorstellen, wie bei Fig: XIV. zwischen dem Stab der Wurzel, der mit rothen Zahlen geschrieben ist und den der Cubi gelegt und wieder nachgesehen, welche Stelle der Zahl 7965 am nächsten kommt; Im gegenwärtigen Falle ist es die Zahl der 2ten Abtheilung, nemlich 5408 welche der Zahl 7965 am nächsten kommt und zeigt, daß die Wurzel 2 betrage, welche quadrirt mit dem 3fachen der ersten Wurzel multiplicirt, 36 beträgt und zur vorigen so addirt werden muß, daß 6 unter die 2te Stelle, nemlich unter die Null zu stehen kommt; die erhaltene Summe 5768 wird hierauf von 7 965 abgezogen, wovon der Rest 2197 vor die noch vorhandene letzte Klasse gesetzt, 2|197|783, betragen und dessen Wurzel wieder erhalten wird, wenn die Zahl 21977 durch das dreifache von dem Quadrat der ganzen Wurzel getheilt wird.

Die vorige ganze Wurzel, welche als eine Zahl betrachtet werden soll, beträgt 32, wovon das Quadrat 1024 und deren 3faches 3072 ist.

Es werden also zwischen den Stäben der Wurzel und den Cubis jene Stäbe wie Fig: XV. eingesetzt und die Felder gesucht, welche jenen Zahlen von 2197783 am nächsten kommen, welches bei der Wurzel 7 die Zahl 2150743 ist. Hierzu muß nun noch das Product aus dem 3fachen des ersten Theils der Wurzel 32, zu dem Quadrat der letzten Wurzel 7, von der 2ten Stelle an addirt werden.

Das 3fache von 32 ist 96 und das Quadrat von 7 = 49;
folglich das Product von 96 mit 49 = 4704
diese zu   2150743
von der Stelle der Zehner an addirt; macht 2197783, zieht man nun solche von den obigen ab, so bleibt nichts im Rest und zeigt daher an, daß die Zahl 327 genau die Wurzel von 7965783 ist. Wenn diese Zahl aus noch mehrern Ziffern bestanden, oder durch einen verbliebenen Rest weiter hätte fortgesetzt werden müssen, so würde die ganze Wurzel 327 wieder als eine einfache Zahl behandelt, von ihr das 3fache Quadrat nemlich $3(327)^2$ genommen, und damit das Ausziehen der Wurzel so weit, als man will fortgesetzt werden können. Ungeachtet dabei noch immer Multiplikationen vorkommen, so wird doch durch den Gebrauch der Rechenstäbe die Rechnung ungemein erleichtert.

Ich muß dabei bemerken, daß ich den Stäben für die Cubos eine andere als die bisher übliche Form dadurch gegeben habe, daß ich wie untenstehende Figur zeigt, die Einheiten von der Ziffer der Zehner abgesondert habe, wodurch die Verbindung oder das Übertragen der Zehner und Hunderter leichter und natürlicher wird.

0	1
0	8
2	7
6	4
1/2	5
2/1	6
3/4	3
5/1	2
1/2	9

10. Von des Jesuiten SCHOTT Rechen-CYLINDER.

Weil indessen aber zu dergleichen und andern Rechnungen öfters eine große Anzahl Stäbe erfordert werden, die, auszusuchen und in Ordnung zu legen, doch immer etwas Zeit erfordern, auch leicht verloren gehen können, so hat der durch verschiedene mathematische und physikalische Schriften bekannte Jesuit GASPARE [Caspari] Schott in dem nach seinem Tode, im Jahr 1668 in Quarte herausgekommenen *Organum mathematicum* pag:134 eine andere Vorrichtung bekannt gemacht, wodurch zwar das Aufsuchen und Zusammenstellen der Zahlen etwas erleichtert, dabei aber wieder die Übersicht verlohren wird.

Er hat nemlich auf hölzernen Cylindern, die vermittelst kleiner Knöpfe um die Achse gedreht werden können, die Neperschen Rechenstäbe von 0 bis 9 aufgetragen, wodurch ein jeder Cylinder so viel als 10 Stäbe enthält, mithin alle Größen und Producte, welche nach dem dekadischen Rechen-System in einer Klasse vorkommen können, darstellen kann. Die Zahl der Cylinder selbst hängt übrigens von der Größe der Rechnung ab.

Da die perspective Zeichnung, welche SCHOTT von seiner Einrichtung gegeben hat, nicht deutlich ist, so habe solche auf Tab: 1. Fig: XV anders darzustellen gesucht.

Fig: XV

In Fig: XVI. sind A, A, A, die in dem Kasten angebrachten Cylinder, auf welchen, wie schon bemerkt ist, die Neperschen Stäbe aufgetragen sind; R,R, die Knöpfe, durch welche die Cylinder gedreht und gerichtet werden können, und B und C die Indexe oder die Multiplicatoren-Tafeln, auf dem Kasten unbeweglich. Damit aber bei jedem Cylinder immer nur diejenige Fläche sichtbar ist, welche bei einer gegebenen Rechnung gebraucht wird, so ist der ganze Kasten wie Fig: XV. zeigt, mit einem Deckel versehen, auf welchem über jedem Cylinder ein Ausschnitt DE befindlich ist, durch welchen eine Zahlenfläche, d. i. der 10te Theil des Cylinders gesehen werden kann. Die auch auf dem Deckel nach der Höhe der Quadrate gezogene parallele Linien sind bestimmt das Zählen der Klassen zu erleichtern.

Sonst ist der Gebrauch mit den Neperschen Stäben ganz einerlei.

So wenn z. B. 3695184629 mit 9 multiplicirt werden sollte, so werden die Cylinder so gedreht, daß der erste in der obern Abtheilung 3, der 2te 6, der 3te 9, der 4te 5, der 5te 1, der 6te 8, der 7te 4, der 8te 6, der 9te 2, der 10te 9, hat, wo sodann die Zahlen zwischen den äußern rothen Zahlen, eben so wie bei den Neperschen Stäben summiert werden; nemlich, der Triangel cbx enthält Einheiten, abc hingegen Zehner und gehört daher zum Triangel def; dfh enthält Zehner von der Klasse der Zehner und gehört daher zum Triangel gik. Eben so gehört gkl zum folgenden onm; omp aber zum nächstfolgenden. Addirt man hiernach die verschiedenen Klassen, so giebt dies das Product 33256661661.

Das Verfahren ist daher das nemliche wie bei den NEPERschen Rechenstäben.

Allein da die Zahlen nur durch Spalten oder Oeffnungen ED, welche nur in der Mitte der Cylinder seyn können, sichtbar sind, diese aber eine gewiße Dicke haben müssen, so können die Zahlen, welche zusammen gehören auch nicht so nahe an einander gerückt werden, als dies bei den Stäben möglich ist, und dies ist es eben, was die Übersicht erschwert und die *Schottische* Rechen Cylinder minder empfehlungswerth macht.

Von einer etwas bequemern Einrichtung werde ich weiter unten sprechen.

11. SCHOTT'S ADDITIONS- UND SUBTRACTIONS-TAFELN.

Ausser den Rechen-Cylindern hat SCHOTT auch in seinem ORGANO MATHEMATICO pag: 85. auch eine Additions- und pag: 92 eine Subtractions-Tafel geliefert.

Beide sind auf Tab: III. Fig: 1. und 2. theilweise vorgestellt, können aber nach Willkühr extendirt werden.

Bei der Additions-Tafel Fig: 1. ist die Einrichtung auf folgende Art gemacht. Ausser einer Tafel von Pappendeckel oder steifen Papier, deren Größe zwar willkührlich, aber doch in Verhältnis der Menge von Zahlen, welche solche enthalten soll, stehen muß, werden der Länge nach gleiche Abtheilungen gemacht und durch solche Linien, welche unter sich parallel laufen, bis ans andere Ende, wie z.B. A,B,C,D,E,F, gezogen. Eine ähnliche Abtheilung und durch solche ähnliche Linien erhält die Tafel auch der Höhe nach, wodurch die Fläche in lauter kleine Quadrate getheilt wird, und in welchen die Summe je 2er Glieder, der zur Seite befindlichen natürlichen Zahlenreihen enthalten. Die der Breite nach gehende Abtheilung enthält hier nur die Zahlen von 1 bis 20 und die der Länge nach nur von 1 bis 11, welches zur Erläuterung des Gebrauchs und Nutzens hinlänglich ist. Man sieht nun, daß auf Fig: I. die 2te Abtheilung im 2ten Fach die Zahl 4, die von der 3ten Abtheilung im 2ten hingegen die Zahl 5 hat und daß sowohl zur Seite, als hinauswärts die Zahlen immer nur um 1 steigen, mithin durch alle Abtheilungen nur in arithmetischer Progression von der Differenz 1 wachsen; Hierdurch erklärt sich auch der Gebrauch derselben.

Tab. III

Denn wenn die Summe von 2 Zahlen gefunden werden soll, so ist nichts weiter nötig, als daß man eine Zahl auf der Seite linker Hand, die andere hingegen auf der obern Linie aufsucht, wovon die Summe in derjenigen Fläche enthalten ist, wo die den gedachten 2 Zahlen zugehörige Streifen oder Spalten sich kreuzen. Wenn z. B. 17 und 11 gegeben wären, so würde das Feld S. die Summe derselben 28 enthalten. Der Beweis ist übrigens leicht zu finden. Denn die Zahlen auf der Linie AB sowie auf allen andern Linien wachsen in arithmetischer Progression immer um eine Einheit, nur mit dem Unterschied, daß die übrigen vom Anfang der 2ten Linie an um 2 Einheiten vorgerückt sind, woraus folgt, daß in der zweiten Abtheilung CD jede Zahl, welche vom Anfang gleichweit entfernt ist, immer auch um 2 Einheiten größer, als die correspondirende obere seyn müsste, und daß daher, wenn in der obersten Reihe 17 sind, die nächst untere 19 betragen werde. Weil nun aber auch die Abtheilungen herabwärts immer nur eine Einheit wachsen, so muß von 19 an gerechnet das 9te Feld 28, zur Seite hingegen 11, nemlich die zu addirende zweite Zahl enthalten seyn. Dasselbe gilt auch von allen andern Zahlen. Um aber auch den Grund einzusehen, warum nach der ersten Abtheilung alle Reihen um 2 Einheiten vorgerückt sind, so darf nur erwogen werden, daß die Abtheilung schon mit Eins anfängt, die nächstfolgende an der obern und Seitenfläche 2 ist, die Summe 4 beträgt und bei der Einrichtung der Tafel in die 2te Stelle kommen mußte, wodurch der Vorsprung von 2. Einheiten entstand.

Übersichtlicher und natürlicher würde es aber seyn, wenn, wie bei der zur Seite stehenden Tabelle nicht mit Eins sondern von Null angefangen würde, auf welche Art alle Zahlen um Eins wachsen und der Grund der Einrichtung sich deutlicher darstellt.

0	1	2	3	4	5	6
1	2	3	4	5	6	7
2	3	4	5	6	7	8
3	4	5	6	7	8	9
4	5	6	7	8	9	10

So giebt 1 und 1, 2, 1 und 3 = 4, 5 und 4 = 9. Eine solche Tafel findet sich auch noch in Schotts *Organum* pag: 134 zum addiren, auf dem Deckel seines Rechenkästchens abgebildet. Wenn eine dergleichen Tafel weit ausgedehnt wird, so lassen sich darauf allerdings die Summen einzelner Zahlen leicht finden. Indessen können so viel Zahlen auch bei den deutlichsten Unterscheidungszeichen der Fächer, doch leicht Verwirrung machen, und verursachen, wo nicht dem Gedächtnis, doch den Augen einige Anstrengung, daher der Vortheil einer solchen Tafel nicht gar groß ist. Eine jede solche Additions-Tafel läßt sich auch zum Subtrahiren gebrauchen, indem die Summe einer jeden Größe so betrachtet werden kann, als wenn sie aus zwei Größen zusammengesetzt wäre. Wenn daher eine derselben, nebst der Summe gegeben ist, darf man nur, um die Unbekannte zu finden, die bekannte auf der obern Zahlenreihe annehmen und von der Fläche, welche die Summe enthält, zur Seite bis zur äussersten Abtheilung herausfahren, welche die gesuchte Zahl enthalten wird.

Etwas von der vorigen verschieden ist die Subtraction Fig: II. in Form eines Dreiecks, die SCHOTT pag: 92 seines *Organi* beschrieben hat. Der Gebrauch ist aber mit der vorigen einerlei, mit dem Unterschied, daß die Reste nur auf der Seite der Hypotenuse durch die Zahlen 1,2,3,4 welche im vorliegenden Fall nur bis 13 gehen vorgestellt werden. Die inneren Felder enthalten die Summe, und die Abtheilung AB, entweder die bekannte, oder erst zu suchende Zahl. Tab: III

Soll nun eine Zahl von der andern z.B. 14 von 28 subtrahirt werden, so fährt man von dem Felde 14 bei E, in das Feld 28 bei C, und geht von da zur Seite B, wo 14 der Rest seyn wird. Man darf daher bei der Subtraction nur die bekannte Zahl am Rande der Hypotenuse nehmen, damit bis in das Feld, welches die Summe enthält, von welcher subtrahirt werden soll, herabfahren und von da auf die Seite AB rücken, um in dieser die gesuchte Zahl zu finden. Hieraus ist ersichtlich, daß die Einrichtung sinnreich, der Gebrauch aber doch einfach ist.

Inzwischen ist doch der Nutzen einer solchen Tafel nicht erheblich.

12. MULTIPLIKATIONS-SCHEIBE NACH HARSDÖRFER.

Aelter als die Einrichtung der SCHOTT'schen Rechentafel, wenigstens nach der Bekanntmachung ist die von HERSSDORFER* in dem zweiten Theil seiner A° 1651 in 4 herausgekommenen mathematischen und philosophischen Erquickungsstunden von Seite 47 bis 50 beschriebene Rechenscheibe eines französischen Rechenmeisters, dessen Name aber nicht angegeben wird.

---

* Schreibweise in Abschrift II Harsdörfer (Anm. d. Hrsg.)

Sie ist auf Tab:III. Fig:III, abgebildet, enthält aber hier nur 10 concentrische Ringe, oder Scheiben, statt solche, nach Herßdorfer's Angabe, aus 37 Ringen oder Kreisen bestehen soll. Die ganze Scheibe ist im Umfang wieder in 37 Theile getheilt, durch welche eben so viel Linien oder Radii gezogen sind, die die Scheiben oder Ringe in Felder theilen.

Für 37 Ringe würde die Rechenscheibe aus 1369 Felder bestehen, in welchen die Producte enthalten sind, welche entspringen, wenn die im obersten Kreis befindlichen Zahlen mit den auf dem Weiser, oder Zeiger bemerkten, multiplizirt werden. Auf diese Weise stellen die Zahlen im innern Ring, so wie die auf dem Zeiger die Factoren oder Multiplicatoren, die Zahlen in den Feldern die Producte vor. Aus diesem Grund ist der Zeiger im Mittelpunct beweglich, damit er um die ganze Scheibe gedreht, und, wo es erforderlich ist, angehalten werden kann. Bei der Eintheilung im Kreise bestehen die Multiplikatoren:

1. aus den natürlichen Zahlen von 1–9
2. aus den Decennen von 10–100
3. aus den 10 einzelnen Hunderten bis 1000, und endlich
4. aus den einzelnen Tausenden bis 10,000.

Auf eben diese Art sollten die Zahlen auch auf dem Zeiger enthalten seyn, wodurch die Größe bis zum Product von 10,000 mal 10,000 = 100,000,000 ausgedrückt werden kann. Hieraus läßt sich auch der Gebrauch für die Multiplikation leicht erklären, denn, wenn z.B. 6000 mit 7 multiplicirt werden sollte, so wird der Weiser nur unter die im innern Kreise befindliche Zahl 6000 auf die Linie GH geführt, wo das Product in der durch den Zeiger mit 7 bezeichneten Stelle = 42,000 angegeben wird. Besteht der Multiplikator aber aus andern Zahlen z.B. aus 6059, so werden die einzelnen Producte von 6000, von 50 und von 9 auf die nemliche Art gesucht, gehörig untereinander geschrieben und zusammen addirt.

Z.B. es wird das Product von 6000 mit 7 = 42.000 zur Seite geschrieben. Hierauf sucht man das Product von 50 mit 7, indem man den Zeiger auf die Linie EF rückt und zur Seite der 7 findet = 350 und auf die nemliche Art findet man auf der Linie CD das Product 9 mal 7 = 63. Diese Summe gehörig addirt giebt .... 42,413 als das Product von 6059 mit 7.

Man sieht hieraus, daß das Verfahren zwar leicht, aber doch umständlich ist, und daß man bei dem Ausschreiben aufmerksam seyn muß. Zwar kann man mit einer solchen Scheibe auch dividiren, das ist, die Quotienten einer größern Zahl finden, allein das Verfahren ist umständlich und schränkt sich doch nur auf besondere Fälle ein.

13. REYHERS SEXAGESIMAL-STÄBE.

Um das Jahr 1668 suchte man auch von der NEPERschen Erfindung seiner Rechenstäbe bei der SEXAGESIMAL-Logistik oder den Sexagesimal-Brüchen, welche in der Chronologie und der Astronomie so häufig vorkommen, Anwendung zu machen.

Die Gewohnheit die Stunden, Minuten, Sekunden der Tageszeiten, so wie die Grade, Minuten in 60 Theile zu theilen, ist sehr alt und schon von PTOLEMAEO in seinem *Almegestum* (magnam Comp.) als dem ältesten astronomischen Buch gebraucht worden. Hiervon scheint auch das Zählen nach Schocken entstanden zu sein, welches aber, seitdem die Rechnung mit Decimal-Brüchen bei mathematischen Gegenständen allgemeiner wurde, nach und nach wieder abkam, und ausser wenigen Fällen, nur noch bei den oben genannten Rechnungen gebräuchlich sind.

Sexagesimal-Tafeln mit Zahlziffern ausgedrückt kommen zuerst in Tabulis astronomicis *Alfonsi Regis* de A° 1492 in Fol., nachher aber in vielen astronomischen Büchern vor. Allein diese Tafeln zur Multiplikation und Division für die Sexagesimal-Rechnung eben so bequem, als die Neperschen Stäbe, einzurichten, davon hat D. Sam: REYHER in 2. Abhandlungen, welche beide die eine deutsch in oktav, die zweite aber in quart A° 1688. zu *Kiel* herauskamen, zuerst Nachricht gegeben.

REYHER giebt in der Vorrede den Heinrich v. Qvuden [Quoden] als Erfinder an, bei welchem er jene, auf Art der Neperschen Stäbe, eingerichtete Tafeln schon 22 Jahr früher gesehen haben will, so daß die Erfindung wenigstens auf das Jahr 1668 gesetzt werden kann.

Auf Tab: II. Fig: I. ist ein Stück einer solchen Tafel vorgestellt, welche so wie die Neperschen Stäbe der Länge nach durchschnitten werden und von solchen blos darinn verschieden sind, daß bei den Sexagesimal-Stäben 60 Theile auf ein Größeres gehen und Theile bis auf 59 immer nur als Einheiten betrachtet werden. So wenn z. B. 20 Minuten mit 8 multiplicirt werden sollten, so würde dies 160 Minuten, oder wie die Tafel bei der Zahl 8 anzeiget, 2 Ganze und 40 Theile, nemlich 2 Stunden und 40 Minuten betragen. Sollten hingegen 20 Minuten 21 Tertien und 22 Quarten mit 9 multiplicirt werden, so würden die Stäbe 20, 21 und 22 wie A B C an einander gelegt und in der untersten Abtheilung das Product, durch die Zahlen von der Rechten zur Linken nemlich für die Quarten 18, für die Sekunden 9 und 3 = 12, für die Minuten 3, und ebenso viel für die nächsthöhere Klasse nemlich der Stunden erhalten werden; das Resultat würde sonach betragen: 3 Stunden, 3 Minuten, 12 Sekunden und 8

Quarten. Der Gebrauch wäre also für solche Rechnungen sehr bequem, wenn nur nicht eine so große Anzahl von Stäben erfodert würde.

Die Division wird übrigens ebenso, wie bei den Neperschen Stäben verrichtet.

14. Perault's Abaque Rhabdologique.

Ausser den bisher beschriebenen Rechentafeln, Rechenstäben sind bis zum Schluss des 17ten Jahrhunderts keine weitere Werkzeuge der Art bekannt, als die von Perault, Doctor der Medicin und Mitglied der Pariser Akademie erfundenen Rechenstäbe, welche in seinem

> Recueil de plusiers machines de nouvelle invention, ouvrage postume
> à Paris 1700 in quart

von Seite 35 bis 39 beschrieben wurden.

Diese von Perault mit dem Namen
Abaque Rhabdologique
belegten Rechenstäbe haben schon das Ansehen einer Maschine und sind auf Tab: IV. Fig: I et II abgebildet.

Fig: I. stellt eine hölzerne Tafel vor, die ohngefähr einen schwachen Zoll stark, 1 Fuß lang und 1/2 Fuß breit seyn kann. Sie ist innerhalb a b c d ausgehölt und enthält der Länge nach kleine schmale Leisten von Messing oder Elfenbein, e e, die alle in gleicher Weite und parallel aneinander stehen und auf dem Boden befestigt sind aber nur bis an die Abtheilung der untersten Nulle reichen. Zwischen diesen Leisten befinden sich bewegliche Stäbe f f, g h, i k, l m, die der Länge nach von q bis r in 26 gleiche Theile abgetheilt sind und zwei verschiedene Zahlenreihen von den 9 natürlichen Zahlen, die durch 2 Nullen eingeschlossen sind, enthalten. Die obere Reihe fängt unter der Null von 1 an und enthält die 9 Zahlen in natürlicher Ordnung, sodann eine Null und noch 4 unausgefüllte Fächer, dann wieder eine Null; ferner die nemlichen 9 Zahlen in abnehmender Ordnung bis 1 und unter diesen wieder das Zeichen der Null. Durch diese Einrichtung müssen zwei Zahlen, welche auf einem Stab in der obern und untern Oeffnung zugleich erscheinen immer 10 betragen. Der erste Stab enthält simple Einheiten, der 2te g h Zehner, der 3te i k, Hunderter, der 4te l m, Tausender, der 5te Zehntausende.

Ein jeder dieser Stäbe, von dem Fach der Zehner an, ist wie aus Fig: III erhellet auf der entgegengesetzten Seite ausgehölt und mit sovielen Ausschnitten, in Gestalt der Zähne einer Säge versehen, als Zahlen-Ziffern auf der untern Abtheilung vorhanden sind. Ausser diesen enthält jeder Stab noch eine Falle R, die mittelst einer kleinen Feder vorwärts gedrückt, aber durch die Leisten e e, so lange zurückgehalten wird, bis gedachte Falle bei dem Herabziehen des Stabs das Ende der Leiste erreicht und nun ungehindert hervortreten kann.

Dieser Fall ereignet sich in dem Augenblick, wenn in der untern Spalte die Zahl von 8 auf 9 übergeht und der Stab nur noch um einen Theil x y, oder von 9 auf 0 gebracht wird. In dieser Lage greift die Falle R im nächstfolgenden Stabe in den Zahn des nächst dabei befindlichen Stabes bei D und zieht denselben, bei fortgesetzter Bewegung, um einen Theil herab. Würden mehrere Stäbe in einer ähnlichen Lage seyn, so würde jede Falle in einen Zahn des nächstfolgenden Stabes eingreifen und durch die Bewegung des ersten zugleich alle Stäbe um einen Theil fortrücken. Der einzige Unterschied, der bei mehrern Stäben stattfindet, kann blos darinn liegen, daß der Widerstand etwas größer ist und daher etwas mehr Gewalt beim Herabziehen angewendet werden muß.

Mittelst dieser Verrichtung geschieht nun das Übertragen von einer Klasse in die andere, wovon hiernächst noch mehrers gesagt werden wird. Diese so eingerichteten Stäbe, welche über den Rand der Tafel a b c d, nicht hervorstehen dürfen, sind nun ferner mit einem Deckel, wie Fig: 2. verschlossen, auf welchem sich neben den 2 Spalten Q Q und W W durch welche die Zahlen erscheinen auch noch 7 schmale Ausschnitte befinden die 10 Theile lang sind, gerade auf die Mitte der Stäbe passen und zu dem Ende angebracht sind, um durch solche mittelst eines Griffels die Stäbe nach Gefallen auf und abziehen zu können. Damit dies aber sicherer geschehen könne, so müssen nicht nur die innern Abtheilungen tief genug eingegraben, sondern auch die Ausschnitte auf dem Deckel selbst nach den Stäben genau abgebildet werden, um im ersten Fall den Griffel sicherer einsetzen und anhalten, im 2ten hingegen die Stäbe nach den innern Abtheilungen willkührlich fortrücken zu können.

Hieraus erhellet, daß die Zahlen zwischen den Ausschnitten S T blos dazu dienen, die Theile der darunter liegenden Stäbe zu bezeichnen, um diese darnach fortrücken zu können, wogegen die in den Spalten erscheinenden Ziffern zum Rechnen bestimmt sind. Aus der blosen Ansicht von Fig: I. wird man finden, daß, wenn alle Stäbe hinaufgeschoben werden in den beiden Spalten Q Q und W W lauter Nullen erscheinen, daß aber, wenn ein oder der andere Stab um einen, oder mehrere Theile herabgezogen würde, alsdannn die in der untern Spalte erscheinende Ziffer die Zahl der fortgerückten Theile anzeigen müsse.

Da nun, wie schon vorhin bemerkt worden, die obern Zahlen in einer den untern entgegengesetzten Ordnung folgen, so müssen solche, wenn die Zahlen in der untern Spalte wachsen oder größer werden, sich um eben so viel vermindern. Aus diesem Grunde können die obern zum Subtrahiren oder Dividiren, die untern hingegen zum Addiren und Multipliciren dienen, wie dies durch einige Beispiele gezeigt werden soll.

Wenn z. B. die Zahl 123456 gegeben wäre, wozu noch 9 addirt werden sollte, so werden zuerst jene Ziffern in den Spalt W W in eben der Ordnung gestellt; nemlich es wird ein Griffel, oder ein anderes spitziges Instrument durch den Ausschnitt a b in einen Einschnitt gebracht und dadurch der Zahlen Stab F F so weit herabgedrückt, daß die Ziffer 6 in der untern Spalte erscheint.

Eben so verfährt man mit den übrigen, bis die gegebene Zahl richtig zum Vorschein gebracht ist. Um nun 9 zu der Klasse der Einheiten zu addiren, wird der Griffel in dem Ausschnitt a b bei der Abtheilung 9 eingesetzt und mit dessen Hülfe der innere Zahlenstab so weit herabgezogen, bis entweder der Griffel bei 6 [bei b], oder der Stab selbst inwendig bei c d aufsteht. Erscheint in einem solchen Fall eine Null, so wird der Griffel in dem nemlichen Ausschnitt bis nach a zurückgeführt, wodurch alsdann die Addition vollzogen und die Summe 123465 in der Spalte W W erscheinen wird. Daß durch das beschriebene Verfahren die angegebene Zahl wirklich zum Vorschein kommen müsse, wird aus nachfolgender Betrachtung leicht zu erweisen seyn.

Die Stäbe können nur um den Abstand p d = q x in Fig: I herabgeschoben werden, der so viel als 10 Theile beträgt. Da nun nach dem gegebenen Exempel die Klasse der Einheiten auf 6 gestellt, mithin der Stab F F schon bis auf C S zu stehen kam, so blieben zwischen s und d nur noch so viel als 4 Theile, oder die Felder 7, 8, 9 und 0 übrig.

Da nun aber zu 6 noch 9 addirt werden sollte, so musste der Griffel, der bei dem Einschnitt 9 eingesetzt und womit der Stab herabgezogen wurde, schon bei der Ziffer 5 anstehen, nemlich den Boden c d erreichen, wodurch erstlich die 0 bei r in der ersten Oeffnung zum Vorschein kam, in der zweiten Klasse hingegen durch die Falle 1, Fig: 3 um einen Theil mit fortgenommen, und dadurch um eine Einheit vermehrt wurde. Weil aber in der ersten Klasse die Addition nicht vollendet werden konnte, indem der Stab nur noch um 4 statt um 9 Theile herabgeschoben werden konnte, so wird durch das Zurückführen des Griffels von der Ziffer 5 bis zum Ende des Ausschnitts a der Stab F F im Ganzen nur um eine Einheit weiter eingerückt als er anfänglich gestellt war und von 6 auf 5 zu stehen kommen, wodurch also die vorhin angegebene Zahl wirklich zum Vorschein kommen musste. Würde hingegen zu 123456 statt 9 die Zahl 3210179 zu addiren seyn, so findet für jede Zahl das vorige Verfahren statt. Man fängt nemlich nachdem die Addition für die erste Klasse vollzogen ist, bei der zweiten an, setzt den Griffel in den Einschnitt bei 7 fährt damit so weit herab bis entweder der Griffel am untern Ende des Ausschnitts, oder der Stab selbst aufstehet, wo, im Fall eine 0 in der Oeffnung erscheinen würde wieder bis an das entgegengesetzte Ende zurückgefahren werden müsste; diejenige Zahl, welche sodann in der zweiten Klasse unter der Oeffnung W W erscheint, ist die richtige Zahl, auch im Fall dies eine 0 seyn sollte. Eben so wird in der 3ten Klasse continuirt, indem der Griffel bei 1 eingesetzt und bis ans Ende herabgefahren wird. Die 4te Klasse wird aber übergangen, weil hierzu nichts zu addiren ist; dagegen erhält die 5te 1, die 6te 2, und die 7te 3. Wobei überall das nemliche Verfahren statt hat.

Sollte aber die Zahl 123456 mit 3 multiplicirt werden, so würde in jeder Klasse die Addition 3 mal zu vollenden seyn, wodurch als dann das Product 370368 zum Vorschein kommen, was aber freilich auf diesem Weg sehr umständlich ist.

Das Verfahren bei der Subtraction ist von dem der Addition nicht verschieden; nur bedient man sich dazu der Zahlen, in der obern Oeffnung, welche, wie schon bemerkt worden ist, in der entgegengesetzten Ordnung folgen. Wenn also 532 von 691 abgezogen werden soll, so wird letztere in der obern Oeffnung Q Q gestellt, als dann wie bei der Addition bei der Klasse der Einheiten der Griffel in den Einschnitt bei 2 gesetzt und darin bis an das Ende herabgefahren. Weil aber in diesem Fall der Zahlenstab F F um 1 in der obern Oeffnung zu präsentiren, ganz herabgeschoben werden müsste, und über sich nur noch das Feld der 0 enthalten würde; so kann derselbe auch nicht mehr als um einen Theil weiter gebracht werden, es muß daher, um die Subtraction zu vollenden, wieder bis an das obere Ende, zurückgefahren werden, und dadurch 9 zum Rest erscheinen. Allein durch das anfängliche Heraufschieben, da der Stab F F schon in der Lage wie Fig: 3 sich befand, wurde auch der nächstfolgende um einen Theil herabgezogen und dadurch die Ziffer 9 auf 8 gesetzt. Nun wird der Griffel in der zweiten Klasse bei der Abtheilung 3 eingesetzt und bis an das Ende herabgefahren, wodurch sich die Zahl 8 um 3 vermindern und daher sich in 5 verwandeln muß. Endlich wird auch in der 3ten Klasse der Griffel bei der Abtheilung 5 eingesetzt und herabgefahren, wodurch die Zahl 6 sich in 1 verwandelt und die Subtraction vollendet wird.

In dem vorliegenden Fall ist die Subtraction von der Addition in nichts verschieden; wenn dagegen aber in derjenigen Zahl, von welcher etwas abgezogen werden soll, ein oder mehrere Nullen vorkämen, so müsste diejenige Zahl, welche im Rest der Null voranging, nemlich die nächsthöhere Klasse um eine Einheit vermindert werden. Wenn z. B. 92 von 150 subtrahirt werden sollten, so würden die Stäbchen 68 statt 38 [58] geben, wo also 6 um eine Einheit zu vermindern ist. Das nemliche gilt, wenn mehrere Nullen vorkommen z. B. wenn 264 von 1500 subtrahirt werden sollte, so würde durch die Stäbe 1346 statt 1236 erhalten werden, wo daher die Zahlen 3 und 4, jede um einen Einheit zu vermindern ist.

Der Grund von dem verschiedenen Resultat lässt sich leicht einsehen, denn in den Fällen, wo in derjenigen Zahl von welcher subtrahirt werden soll, mehrere 0 vorkommen würden, die Stäbe der letztern sich nothwendig in der Lage wie Fig: 1 befinden.

Nimmt man nun an, daß von 1500, 99 abgezogen werden sollen, so geschieht die Subtraction wie vorhin, wenn die größere Zahl in der obern Abtheilung gestellt ist, die Klasse der Einheiten und der Zehner um 9 Theile herabgezogen wird, welches mittelst eines Griffels durch die Ausschnitte S T geschieht. In diesem Fall würde in der obern Abtheilung der Einheiten zwar richtig 1. zum Vorschein kommen; allein bei der nächstvorhergehenden Klasse wird keine Veränderung vorgehen, weil der erste Stab blos in die Lage wie Fig: 3 vorstellt gekommen ist, wo die Falle R auf die nächstfolgende Klasse noch nicht wirken konnte. Aus diesem Grund bleibt solche um eine Einheit zu groß, wodurch der Rest um eben so viel größer wird. Denn da 9 von 0 nicht abgezogen werden kann, so müßte von der nächstfolgenden Klasse eine Einheit geborgt und wenn aus dieser aus einer 0 bestände, weiter bis auf eine Zahlziffer gegangen werden. Im vorliegenden Fall würde das Exempel eigentlich auf folgende Art

$$1 \mid 4 \mid 9 \mid 10$$ gedacht werden müssen, und
$$9 \mid 9$$

zum Rest = 1 4 0 1   geben.

Allein da in einem solchen Fall die Stäbe nicht aufeinander wirken, so würden solche 1511 zum Rest geben, mithin die Zahlen 5 und 1 von der 3ten und 2ten Klasse jede um eine Einheit vermindert werden müssen.

Man sieht hier schon, daß, obgleich die Einrichtung der Stäbe, besonders für die Addition gut ausgedacht ist, ihre Anwendung beim Rechnen doch zu viel Aufmerksamkeit erfordert und daher keinen besonderen Vortheil gewähren kann.

15. Buchner's Quadrat-Tafeln.

Noch vor dem Schluß des 17ten Jahrhunderts hat Johann Paul Buchner seine Tabulas radicum quadratorum et cuborum von 1 bis 12000 in länglichst Octav zu Nürnberg 1701 herausgegeben.

Es sind solche bis jetzt zwar noch die vollständigsten, allein wegen der vielen Druckfehler nicht sicher zu gebrauchen.

16. Ludolff Tetragonometrie.

In das 1te Decennium des 18ten Jahrhunderts fällt die von Jobus Ludolff erfundene Tetragonometrie, nemlich ein besonderes Verfahren mit Hilfe der Quadratzahlen, verschiedene Rechnungsarten vorzüglich aber das Multipliciren und Dividiren, durch bloses Addiren und Subtrahiren zu verrichten.

Ludolff wurde 1649 in *Erfurth* geboren und 1683 zum Professor der Mathematik ernannt. Er bekleidete zwar nachher mehrere Ehrenstellen bei dem Magistrat, verwandte aber einen großen Theil seiner Muße, vorzüglich in seinem letzten Lebensjahre auf die fruchtlosen Bemühungen, die Quadratur des Zirkels zu finden, und kam dadurch sehr wahrscheinlich auf die oben angezeigte Rechnungs-Art, die aber doch nicht sehr bekannt wurde. Seine Rechentafeln kamen unter dem Titel:

Tetragonometria Tabularia

A° 1712 zu Jena in 4 heraus, und enthalten alle Quadratzahlen, bis 10000. Das Verfahren mit Hilfe der Quadratzahlen das Multipliciren und Dividiren, durch bloßes Addiren und Subtrahiren zu verrichten, ist nicht ganz neu, sondern beruht blos auf der Anwendung des 5ten Satzes im 11^n Buch der Elemente des Euklids, indessen verdient doch Ludolff darüber selbst nachgelesen zu werden, indem er auch ausser diesem noch von andern Sätzen aus dem Euklid manche lehrreiche Anwendung macht.

17. Leibnitz Rechen-Cylinder.

Um diese nemliche Zeit beschäftigte sich noch Leibnitz, neben seiner Rechen-Maschine, welche im 2ten Abschnitt angeführt werden wird, auch mit einem Rechen-Cylinder, auf welchem verschiedene arithmetische Operationen aufgelöst werden sollen, der aber so wenig als seine Rechen-Maschine vollkommen zu Stande gebracht wurde.

Leupold führt solchen auf Seite 37 seines Theatri Mach: Arith: Geom: zwar an, giebt darüber aber ebenfalls keine Erläuterung. Die Ausführung der Idee des J.v.Leibnitz scheint mir indessen gar wohl möglich, allein ich sehe dabei viele Arbeit aber keinen Nutzen und aus diesem Grunde halte ich es auch nicht der Mühe werth, darüber mehr Zeit zu verlieren. Die erste Nachricht davon ist, wenn ich nicht irre in Leibnitii Theodicee, der lateinischen Ausgabe gegeben worden.

Alle bisherigen Bemühungen hatten die bereits 100 Jahre früher erfundene Neperschen Rechenstäbe, weder wesentlich verbessern, noch weniger aber solche durch eine bessere Erfindung verdrängen können, sie behaupteten vielmehr immer noch den Vorzug. Alles was zu ihrer Verbesserung oder leichtern Anwendung getan wurde, betraf immer nur die Form, nicht aber das wesentliche. Auch bei den folgenden neuern Werkzeugen ist dies noch größtentheils der Fall.

Inzwischen verdienen Bemühungen der Art immer noch Dank, indem im menschlichen Leben sich öfters Fälle ereignen können, wo auch unvollkommene Werkzeuge ihren Nutzen haben. So würde jemand der das Gedächtnis verlohren hätte, schon die einfache Additions und Subtractions-Tafeln des Schott vortheilhaft gebrauchen, einem blinden hingegen fühlbare Gegenstände von gewissen Formen zum Rechnen dienen können.

18. Saundersons Verfahren durch das blosse Gefühl zu rechnen.

In diesem letzteren Fall befand sich ein großer Englischer Mathematiker, Saunderson* (Nicolaus), der schon in seiner zartesten Jugend das Gesicht durch die Blattern verlohr, aber demohngeachtet mit Hülfe einfacher Werkzeuge sehr große

---

* Schreibweise in Abschrift II Soundorson (Anm. d. Hrsg.).

Fortschritte in der Mathematik machte, daß er im Jahre 1723 als öffentlicher Lehrer derselben bei der Universität zu Cambridge angestellt wurde.

Da SAUNDERSON der Hauptsinn, nemlich das Gesicht mangelte, so konnte er Gegenstände nur durch das Gefühl unterscheiden und wählte sich daher zu seinen Rechnungen statt unserer 9 Arabischen Zahlziffern, 9 Quadrate oder Vierecke, deren jedes in 4 kleine Felder geteilt war, durch welche Eintheilung wie Fig: 1 zeigt, er 9 Puncte im größern Quadrat erhielt, wodurch er die 9 einfachen Zahlen folgender Gestalt bezeichnete.

Die Mitte des größern Quadrats bedeutete 1, gerade oben 2, zur linken der 2 weiter 3, herabwärts 4, das Ende des Quadrats unter 4 bezeichnete 5, von da zur linken in der Mitte 6, das der 5 entgegengesetzte Eck 7, die Mitte der Außenseite 8, und die oberste Ecke zur linken 9.

Um nun damit rechnen zu können, ließ er sich für die 9 Zahlzeichen 9 solche Quadrate machen, deren jedes nur in der ihm angewiesenen Stelle das für dieselbe gehörige Zahlzeichen enthält, das 10te Quadrat war eine Nulle, wo in der Mitte die

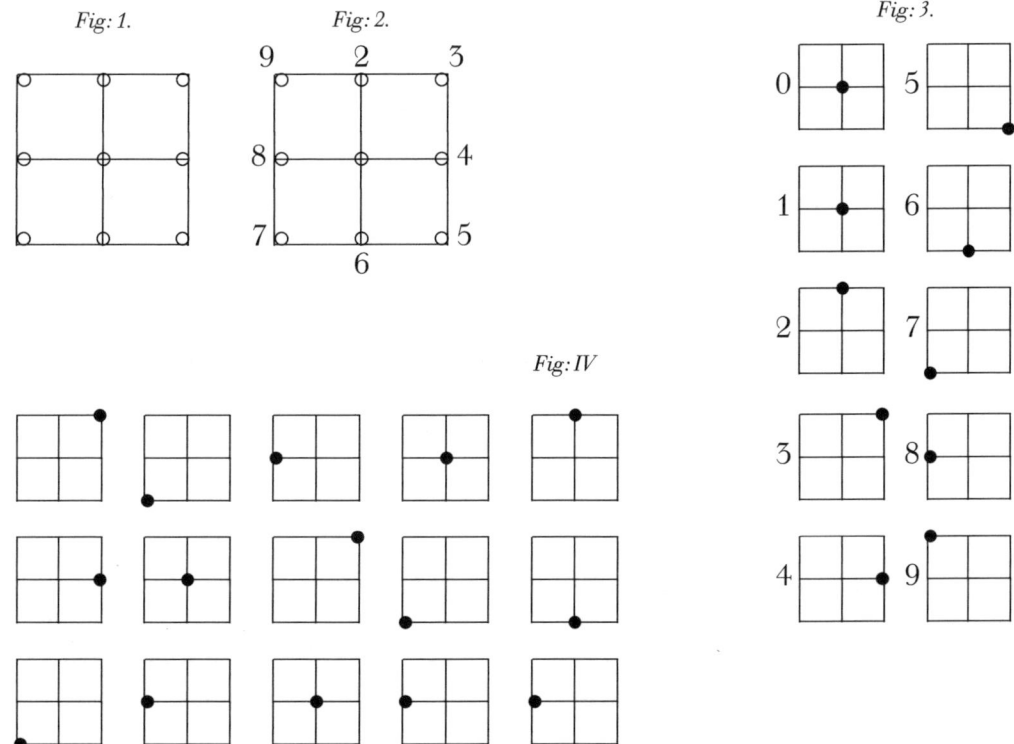

Null befindlich seyn musste. Weil er aber nur durch das Gefühl unterscheiden konnte, so ließ er in die 9 Puncte der Quadrate kleine Oeffnungen bohren, daß eine Stecknadel darinn Platz hatte; die mittelste Oeffnung für die Null, wenn kein 1 da war, ließ er etwas größer bohren, und steckte jedesmal die größte Stecknadel darinn. Die hier zur Seite befindlichen Figuren zeigen, wie auf diese Art die 10 Zahlzeichen ausgedrückt werden konnten. Wollte er nun eine Zahl durch das Gefühl lesen, oder mit mehrern rechnen, so setzte er seine Quadrate wie Fig: IV und kam damit durch die Übung so schnell zurecht, daß ihm ein anderer mit sehenden Augen kaum nachrechnen konnte. In dem angeführten Beispiel stehen die Zahlen 37812 und 40376 nebst deren Summe 78188, welche man nach den Quadraten setzen und bestimmen kann. Denn weil man nach dem Gefühl aus der größten Stecknadel, oder Oeffnung in der Mitte auf den Platz jedes Zahlzeichens schließt, so darf man die kleinern Stecknadeln [kleinere Stecknadel] jedesmal nur in ihre durchs Gefühl zu findende Stelle stecken und hernach die gefundene Zahl aus dem Gefühl ausprechen. Hiernach lassen sich alle Operationen, wie auf dem Römischen Rechentisch vornehmen und Herr Saunderson hat seine Art auch mit so viel Nutzen auf die Geometrie angewandt, daß er dadurch manchen Sehenden bei weitem übertraf.

Inzwischen ist diese Art nur für natürlich Blinde zu empfehlen, weil Sehende doch auf unsere gewöhnliche Art, mit einiger Anstrengung leichter zurecht kommen werden.

SAUNDERSON hinterließ nach seinem Tod noch eine in englischer Sprache geschriebene Abhandlung von der Algebra, welche 1741 in 2. Quartbänden herauskam. Sie gehört zwar nicht zur gegenwärtigen Geschichte der Rechnungs-Werkzeuge, kann aber doch zum Beweis dienen, wie weit es derselbe bei der Anwendung so einfacher Hülfsmittel gebracht habe.

19. LEUPOLD'S NEPERISCHE RECHENSCHEIBEN.

Von andern Werkzeugen hat LEUPOLD in seinem Theatro Machinarum Arith: Geom: Seite 25. eine andere Vorrichtung zur Anwendung der Neperschen Rechenstäbe beschrieben, die zwar nur in der Form verschieden, aber zum Gebrauch doch etwas bequemer als die SCHOTT-ischen Cylinder ist. [Auf Tab. V ist solche vorgestellt.] Es sind nemlich mehrere 10 eckigte Scheiben die alle sehr genau einerlei Größe haben müssen, in der Mitte um eine gemeinschaftliche Achse, welche auf dem

Gestell befestigt ist, beweglich. Die Zahl der Scheiben hängt zwar von der Größe der Rechnung ab, beträgt aber hier 10 und ihre Stärke ohngefähr 1/4 Zoll. Eine jede der 10. Seiten, stellt einen Neperschen Rechenstab vor und zwar so, daß eine Seite für die natürlichen Zahlen von 1 bis 9, die 2te für die Producte von der Zahl 2 mit den 9 natürlichen Zahlen, die 3te für die Producte von 3 auf die nemliche Art und so die übrigen. Die 10te Scheibe ist noch für das Zeichen 0 bestimmt. Auf ähnliche Weise sind alle andern Scheiben getheilt. Die Abtheilung zur Seite zeigt die Factoren, oder Multiplikatoren an, und ist unbeweglich.

Bei dem Gebrauch werden die Scheiben nur so gedreht, daß der Multiplikandus auf der Linie A B erscheint, wo sodann die Producte zur Seite der dem Factor oder Multiplikator bezeichnenden Ziffer auf die schon bekannte Art ausgeschrieben werden dürften.

20. Poetius Rechenscheibe.

Eine andere Einrichtung der Neperschen Rechenstäbe hat Poetius in seiner Anleitung zu den Arithmetischen Wissenschaften vermittelst einer parallelen Algebra, Frankfurt und Leipzig 1728 in 8vo Seite 495 in §.874. beschrieben, auf der dazu gehörigen Kupfertafel nur einen geringen Theil abgebildet. Es ist eine auf Papendekel mit 10 concentrischen Scheiben zusammengesetzte Rechenscheibe, die auf Tab: IV.Fig: IV. vollständig ausgezeichnet ist. Der äussere Ring B D, so wie der innere, der bei A C die 9 natürlichen Zahlen, mit rother Dinte enthält, sind unbeweglich, dagegen die zwischen denselben befindliche 10. Scheiben [befindlichen Zählscheiben] sich um den Mittelpunkt E drehen lassen. Der Umfang wird am Rande in 10 gleiche Theile und jeder derselben wieder in 10 andere Theile getheilt, durch welche eben so viele gerade Linien gegen den Mittelpunct gezogen werden. In einem jeden der 10 Haupttheile wird der Raum zwischen 2 Linien für Zahlen die den Multiplikandus anzeigen sollen, bestimmt, und ist um ihn kenntlicher zu machen etwas roth lavirt; alle dazwischen befindliche kleinere Felder hingegen werden, wie bei den Neperschen Rechenstäben, mit Transversale Linien durchschnitten, in welchen die Producte von den 9 natürlichen Zahlen eben so, wie bei den vorigen Werkzeugen, eingeschrieben werden.

Ein jeder solcher Ring enthält nemlich 10 Haupt-Abtheilungen, wovon jeder derselben wieder in eben so viele Theile getheilt ist. Der erste von einem solchen

Haupttheil enthält für den Multiplikandum 1, die 9 Producte, nemlich die 9 einfachen Zahlen. Der 2te Ring die Producte für den Multiplikandus 2, wovon das höchste 18 ist. Der 3te die Producte für den Multiplikandus 3 mit den 9 natürlichen Zahlen und so die übrigen und endlich der 10te die Producte für 0. Alle übrigen Ringe sind auf die nemliche Art gemacht, wobei die Einheiten überall in das untere, die Zehner hingegen in das höhere Feld geschrieben sind.

Wenn mit diesen Scheiben multiplicirt werden soll, so wird der Multiplikandus zwischen A B gestellt, welches da die Scheiben beweglich sind und jede Scheibe alle natürlichen Zahlen enthält, leicht geschehen kann. Das Product findet sich dann in derjenigen Spalte, welche dem Multiplikator zugehört; wäre dieser 9, so würde das Feld oder die Spalte C D das Product enthalten. Die Anwendung dieser Scheibe zum Multipliciren und Dividiren ist ganz dieselbe, wie bei den Neperschen Stäben, die Einrichtung ist dabei ganz einfach und die Verfertigung mit wenig Zeit und Kosten – Aufwand verknüpft, inzwischen scheint mir doch die vorige beim Gebrauch etwas bequemer zu seyn, erfordert dagegen auch mehr Aufwand.

21. MEAN RECHENTAFEL.

Ein Franzose namens MEAN hat im Jahre 1723 ein besonderes Maß-Instrument [Messinstrument] erfunden, welches dienen sollte verschiedene Arithmetische Operationen zu verrichten und trigonometrische Probleme zu lösen. Das Instrument selbst wurde im Jahr 1724 von der Pariser Akademie der Wissenschaften approbirt und in Tom: IV

des Machines et Inventions approuvées à Paris 1735

Seite 83–87 beschrieben, die dazu gehörige Rechentafel hingegen erst in dem nachfolgenden Theil Tom: V. Seite 165 näher angegeben und mit einem Kupferblatt erläutert.

Diese Rechentafel ist alles was an dem Instrument für die Arithmetik bestimmt war und ist auf Tab: II Fig: II. in natürlicher Größe abgebildet. Es ist solche nichts weiter als eine bis auf die Producte von 20 mal 24 erweiterte pythagorische Rechentafel, der noch eine besondere Kolonne für die Cubic-Zahlen von 1–20 angehängt ist. Damit die Quadratzahlen, welche auf der Tafel enthalten sind, leichter gefunden werden können, so sind die Felder derselben schwärzer dargestellt worden. Daß mit einer solchen Tafel verschiedene arithmetische Operationen verrichtet werden können, leidet wohl keinen Zweifel, allein die Anwendung schränkt sich immer auf solche Fälle ein, wo Producte, Summe und Reste schon in der Tafel ausgedrückt sind, mithin kann und muß ihr Gebrauch auch nur sehr beschränkt seyn.

Wenn zwei Zahlen, welche zusammen addirt werden sollen sich beide in einer der vertikalen Spalten z. B. A B, C D, E F, befinden, so ist das Feld, welches die Summe derselben enthält in der nemlichen Spalte so weit von der großen Zahl entfernt, als die eine Zahl von der obersten Abtheilung entfernt ist. Wäre z. B. die eine Zahl 6 und die andere 12, so würde ihre Summe sich in dem Felde unter 12 nemlich 18 finden.

Eben dies findet statt wenn 6 und 78 zusammen addirt werden, wo das unter der letzten Zahl befindliche Feld die Summe 84 enthalten wird. Sollten dagegen aber 18 und 78 addirt werden so müßten unter 78 so viel Felder weiter gegangen werden, als um so viel die Zahl 18 von der obersten entfernt ist. Die Zahl ist hier im 3ten Felde herabwärts, folglich die Summe von 18 und 78 auch im 3ten Feld unter der Zahl 78 nemlich 96. Eben dieses Verfahren findet auch dann statt, wenn beide Zahlen sich in einer und der nemlichen horizontalen Spalte befinden, als wenn z. B. 21 und 35 gegeben wären, wo beide in der Spalte Q R befindlich sind und das Feld, welches ihre Summe enthält eben so weit von 35, als 21 von Anfang entfernt seyn wird.

Würde nun aber die Summe von 13 und 84 verlangt, so würden diese, so wie viele andere auf der Tafel nicht gefunden werden.

Bei der Subtraction wird zwar wie bei der Addition verfahren, allein das Aufsuchen wird schon etwas beschwerlicher.

Die Anwendung der Tafel auf die Multiplikation hat in soferne die Producte die Zahl 480 nicht übersteigen, keine Schwierigkeit, allein für größere müssten sie auf dem gewöhnlichen Weg berechnet werden. Hieraus erhellet schon zur Genüge, daß der Gebrauch derselben äusserst beschränkt ist und nichts empfehlenswerthes hat.

22. Schübler's grosses Ein mal Eins.

Unter den neuern in der durch verschiedene Werke, besonders im Architektonischen Fache bekannte Joh: Jacob Schübler zu *Nürnberg* der erste, welcher 1739 ein großes Einmal Eins von 1 bis 10,000, unter dem Titel:

»die aus denen antiquen principiis naturalibus numerorum eröffnete Arithmetica copendiossissima, oder die durch bloßes Aufschlagen in einem bequemen Rechnungs-Lexikon sich selbst rechnende Rechenkunst« zu Nürnberg in 4.° herausgab.

Es ist nicht in Abrede zu stellen, daß dergleichen gut geordnete Tafeln, bei vorkommenden häufigen Multiplikationen große Erleichterung gewähren würden, wenn nur nicht das Aufschlagen, oder Aufsuchen selbst, besonders bei großen Tafeln ein unangenehmes Geschäft wäre, das doch auch einige Zeit und Aufmerksamkeit erfordert.

Wenn Zahlen nicht über 4. Ziffern betragen, geht dies noch immer an, allein bei mehrern wird das Aufsuchen weit beschwerlicher.

Da übrigens durch die Anwendung der Neperschen Rechenstäbe, die Producte von einer jeden beliebigen Größe auf eine so leichte Art erlangt werden können, so scheint mir jetzt die Verfertigung großer Ein mal Eins Tafeln weniger nötig, oder doch kein so verdienstvolles Unternehmen zu seyn. Inzwischen fehlt es doch an neuen Erzeugnissen der Art nicht, wovon ich jedoch dem Plan gemäß nur derjenigen blos erwähnen werde, welche als einfache Hilfsmittel zu Abkürzung der gewöhnlichen Rechnungs-Arten bestimmt seyn sollen.

23. Giuseppe grosse Rechentafel.

Ähnliche Tafeln sind unter andern von *Giuseppe Piyri*, Alumno del Collegio Imperiale di Pisa, unter dem Titel:

Nuove Tavole degli elementi dei numeri dall' 1 al 10000 in Pisa 1758 in 8vo.
eben so

24. Rileyt Rechentafel.

eben so von einem Engländer Namens Rileyt unter der Überschrift:

Arithmetical tables, for multiplying and dividing sums, to utmost extend of numbers with mechanical ease, and mathematical certainly designed for the use of practical accomptants surveyors, navigators, marchants, and man of business in general, London 1776 in 8vo und

25. Lober's analytische Rechnungs-Tabellen.

von Lober (Georg Michael) unter dem Titel:

Analytische Rechnungs-Tabellen, oder Anleitung zur kürzesten Auflösung der Multiplikations, Divisions und Proportional, Aufgaben in ganzen Zahlen. Memmingen 1787 in 8vo.

herausgekommen.

Diese sogenannte Analytische Tabellen, die 281 Octav-Seiten einnehmen, sind nichts weiter als die Producte der 9 natürlichen Zahlen von 1 bis 5000, folglich nur ein großes Ein mal Eins, von dem Schublerischen in nichts, als in der mindern Ausdehnung verschieden.

Alle diese Zahlen [diese Tafeln] hatten einerlei Zweck, nemlich das Multipliziren zu ersparen und dadurch zugleich auch die Division zu erleichtern, allein noch ist durch ihre Anwendung nicht gar viel gewonnen worden.

26. Von Auffindung der Factoren zusammengesetzter Zahlen durch mechanische Hilfsmittel.

Ehe ich in der Geschichte dieser Tafeln weiter gehe, muß ich zuvor noch einige Werkzeuge erwähnen, welche zur leichten Vorstellung oder Berechnung der Factoren-Tafeln erfunden worden und für solche von großem Nutzen sind. Die Wichtigkeit, die Theiler oder Factoren der Zahlen kennen zu lernen oder zu finden, hat schon die alten Mathematiker beschäftigt, inzwischen hat dieser Theil der Analyse, doch erst in dem folgenden Jahrhundert große Fortschritte gemacht. Bei der Schwierigkeit und Weitläufigkeit die das Auffinden der Theiler sonst erfordert hatte, hielt es daher auch schwer, richtige Factoren-Tafeln bis auf gewisse Größen zu erstrecken.

In den 17ten Jahrhundert hat ein Engländer Names Pell zu *London* 1666 in folio eine dergleichen bis auf 10,000 geliefert, welche bis dahin und bis in das 17te Decennium des 18ten Jahrhunderts als die vollständigste wird betrachtet werden können. Um diese Zeit beschäftigten sich aber mehrere und zum Theil große Mathematiker mit der Berechnung von Factoren-Tafeln, z. B. LAMBERT, der Hauptmann von STAMPFORD, ROSENTHAL, der Professor ANTON FELKEL zu Wien, der Professor HINDENBURG. FELKEL und HINDENBURG sind aber die ersten, welche zur leichtern Auffindung der Factoren sich mechanischer Vorrichtungen bedient haben. Wer von beiden der erste gewesen ist, läßt sich mit Gewissheit nicht bestimmen [läßt sich nicht mit Bestimmtheit sagen].

FELKEL hat, wie aus LAMBERTs deutschen gelehrten Briefwechsel [Gelehrtenbriefwechsel] Theil V, zu ersehen ist, demselben von der Anwendung gewisser Stäbe, behufs seiner Factoren-Tafel, schon in einem Schreiben aus Wien vom 15 Jänner 1776 datirt, Nachricht gegeben, eine öffentliche Nachricht hingegen hat derselbe, in der, vor der Ausgabe seiner Tafeln auf ein Querblatt [Quartblatt] gedruckten und unterm 31. Jänner 1776 datirten Anzeige, gegeben.

HINDENBURG hingegen hat eine gedruckte Nachricht von der Wirksamkeit seiner Methode in Absicht auf die Erfindung der Divisoren der zusammengesetzten Zahlen, erst unterm 24. März [Mai], mithin 3 Monate später ins Publicum gebracht. Dies widerlegt indessen die Behauptung des HINDENBURG, daß er seine Methode früher erfunden habe, keineswegs, es kann aber auch das nemliche von Felkel gelten. Inzwischen hat dies nicht viel auf sich, da, wie ich zeigen werde, jeder einen besondern Weg eingeschlagen, mithin keiner des andern Methode benutzt hat.

27. VON FELKEL'S FACTOREN-STÄBE.

FELKEL hat von seinem Verfahren, so wie HINDENBURG noch im Lauf des 1776^n Jahrs eine ziemlich undeutliche Beschreibung herausgegeben, die aber nicht sehr bekannt wurde.

Eine kurze aber deutlichere Nachricht jedoch ohne Kupfer, findet sich auf Seite 332–334 im Theil V des Lambertschen Briefwechsels, woraus das nachfolgende größtentheils entlehnt ist.

Statt Tafel, Cirkul, Cylinder gebrauchte FELKEL Stäbe. Es sind deren, wenn man alle vielfachen von allen Zahlen finden will, 30, hingegen nur 8, wenn man nur auf solche vielfache sieht, die durch 2, 3, 5 nicht theilbar sind. Die Stäbe haben die Länge eines Regalbogens. Auch hat der Verfasser die Zahlen dazu, wie Tab: VI. auf einen Bogen in 30 Columnen, wovon 8 roth sind, abdrucken lassen. Die Zahlen gehen in den 30 Stäben in natürlicher Ordnung von 1 bis 30 fort, fangen auf diese Art in der 2ten Abtheilung im ersten Stab mit 31 an und endigen am letzten mit 60. Auf diese Art müssen die Zahlen in jeder Columne um 30 zunehmen, so daß zum Beispiel der 5te Stab, die Zahlen 5, 35, 65, 95, 125, 155 der 7te hingegen die Zahlen 7, 37, 67, 97, 127 bis 977 hat. Die Tausende werden aber weggelassen, und beim Gebrauch im Sinne behalten. Die Anfangszahlen sind auf jeder Columne verschieden und gehen wie schon bemerkt worden ist von 1 bis 30, nemlich der erste Stab hat 1, der 2te 2. Jede Columne hat dagegen 100 Zahlen. Man leimt den auf diese Art gedruckten Bogen auf Pappe, und schneidet die Columnen nach den gezogenen Linien ab, so hat man die Stäbe.

Nun sind die durch 2, 3, 5 nicht theilbaren Zahlen alle von der Form $30m + 1$; $30m + 7$; $30m + 11$; 13, 17, 19, 23, 29; Eigentlich sind diese alle unter folgenden Formen begriffen: als $30m \pm 1$; $30m \pm 7$; $30m \pm 11$, $30m \pm 13$; Will man demnach nur die 8 rothen Stäbe, nemlich diejenigen gebrauchen, welche nach Tab: VII. in der obersten Abtheilung die Zahlen 1, 7, 11, 13, 17, 19, 23, 29, haben, und die durch 3, 2, 5 nicht theilbaren Vielfachen der Zahl 47 finden, so nimmt man erst den Stab, wo im obersten Drittel 47 steht. Sodann mulitplicirt man 47 mit 7, 11, 13, 17, 19, 23, 29 und erhält die Producte 329, 517, 611, 799, 893, 1081, 1363; für die 5 ersten Producte, da sie nicht über 1000 gehen, nimmt man die Stäbe, worauf sie im ersten Drittel vorkommen, und legt sie wie Tab: VII. in eben der Ordnung neben dem ersten Stab, so daß die Zahlen 47, 329, 517, 611, 799, 893, in einer quer durchgehenden Reihe nebeneinander zu liegen kommen. Die 2 letzten Producte gehen über 1000. Man behält die 1000 im Sinne oder zeichnet sie auf; die andern Ziffern 81 und 363 sucht man auf dem mittlern Drittel auf und legt die 2 Stäbe, neben die übrigen, so daß die Zahlen 81, 363 in gleiche Querreihe mit den übrigen 47 ..... 893 kommen. Die Stäbe werden, wie Tab: VII zeigt, auf ein Bretchen gelegt und bleiben nun so liegen. An die bemeldete Querreihe wird nun ein Schieber A B geschoben. Nun ist das nächste Vielfache $47 \times 31 = 1457$. Man behält hier die Tausende im Sinn, und findet auf dem ersten Stab die 457 in dem 2ten Drittel; Hieran wird ein anderer Schieber C D gezogen, und dieser wird in der Querreihe die Endigungs-Zahlen *457, *739, *927, **021, **209, **303, **491, **773, der Producte angeben, die durch die Multiplikation der Zahl 47, mit $30 + 1, 7, 11, 13, 17, 19, 23, 29$, entstehen. Die Tausende sind hier durch * angezeigt.

Wenn man in gleicher Tiefe, oder in gleichem Abstand von A C, nemlich 47

Reihen unter der 2ten Querreihe noch eine 3te Scheibe E F ansetzt, so findet sich's im gegenwärtigen Fall, daß derselbe nur auf dem ersten Stabe die Zahl **867, abschneidet, die andern Stäbe hingegen liegen um die Abstände von dem untern Schieber zu viel aufwärts. Hat man daher diese Stäbe von ganz gleicher Abtheilung doppelt, so darf nur der 2te unter dem 2ten an die Zahl 999, der 3te an 997 . . . . und der letzte an 983 angesetzt werden, so werden die neuen vielfachen an der Linie E F abgeschnitten. Auch wenn man am 2ten Stabe, den Abstand K l = 5 Fache, oben vom m nach n trägt oder fortzählt, so erhält man auf ähnliche Art, in der Querreihe n, o, die Vielfachen, wozu jedoch noch die Tausende gesetzt werden müssen. Oder man darf nur zu der Zahl, so der 2te Schieber auf dem 2ten Stabe anzeigt, 30 mal 47 = 1410 addiren und die Summe ***149, oder die Endzahlen, im 1ten Drittel des 2ten Stabs aufsuchen und den ersten Schieber A B, daran legen, so wird derselbe auf dem 2ten und den folgenden Stäben die Endzahlen der Produkte 47 (60+7, 11, 13, 17, 19, 23, 29) angeben. In gleicher Tiefe unter den Schieber legt man den 2ten an und findet die Endzahlen der Produkte 47 (90+1, 7, 11, 13, 17, 19, 23, 29). Auf diese Art geht es immer fort. Man muß nur acht haben, daß man die Tausende richtig fortzählt. Wenn man aber alle Vielfachen von 47 haben wollte, so müsste man alle Stäbe gebrauchen, und sie nach den Endzahlen der ersten 30 Vielfachen, nemlich 47, 94, 141, 188, 225 . . . . . 410, nebeneinander legen und dabei überall auf die beschriebene Art verfahren.

Man sieht hieraus, daß nach FELKEL's Verfahren die Factoren aller Zahlen auf eine sehr leichte und dabei größtentheils mechanische Art gefunden werden können, und daß dadurch die Auffindung der Factoren ungemein erleichtert wird. Nur das im Sinnebehalten der Tausend erfordert, um nicht zu irren, Aufmerksamkeit. KAESTNER bemerkt über diesen Gegenstand in seiner Fortsetzung der Rechenkunst von 1786, Seite 566, daß, als FELKEL 1784 einige Tage zu *Göttingen* war, ein Knabe aus dem Hause, wo er sich aufhielt, nach einem kurzen Unterricht in den Stand gesetzt wurde, gegebene Zahlen nach seiner Vorrichtung verlangtermaßen zu behandeln. Ob FELKEL durch die Theorie oder durch blos mechanische Versuche auf jenes Verfahren geleitet worden sei, ist noch ungewiß, letzteres jedoch wahrscheinlicher. Indessen lassen sich die Factoren und Primzahlen allerdings auch analytisch darstellen.

28. HINDEBURG* FACTOREN-PATRONEN.

HINDEBURG hat der im May [März] 1776 gemachten Anzeige von seiner Erfindung, die Theiler zusammengesetzter Zahlen, durch mechanische Verrichtungen zu finden, auch schon in dem nemlichen Jahr, eine eigene Abhandlung über das Verfahren, unter dem Titel:

Beschreibung einer ganz neuen Art, nach einem bekannten Gesetze, fortlaufende Zahlen durch Abzählen oder Abmessen bequem und sicher zu finden. Leipzig 1776, in 8.

nachfolgen lassen.

HINDEBURG hält in der unterm 25. Sept. 1776 datirten Vorerinnerung, den Gedanken die Zahlen in ihrer natürlichen Folge hintereinander, oder auch in jeder andern, nach Absicht gewählten Ordnung, nach einer dem Decimal-System angemessenen Einrichtung auf einmal, in von einander abgesonderten Fächern, darzustellen, und, statt der geforderten Zahlen selbst, die man daraus finden soll, ihre Stellen, durch Abzählen und Abmessen durch Patronen und Instrumente aufzusuchen, für ganz neu.

Dies war aber nicht ganz der Fall, indem FELKEL, der von HINDEBURGS Methode nichts wissen konnte, sich ähnlicher Mittel bei Auffindung der Factoren schon bedient hatte, und daher wo nicht früher, doch schon um die nemliche Zeit, mit einem mechanischen Verfahren bekannt war. Es bleibt daher auch immer merkwürdig, daß HINDEBURG weder in seinem Werke noch in der Vorrede des FELKEL gedenkt, da ihm doch dieser, wie aus LAMBERTS Briefwechsel, Theil V. pag: 155 erhellt, schon sehr gut bekannt war.

Eine weitere Untersuchung darüber anzustellen, halte ich für überflüssig, aber doch dieses zu bemerken für nötig, daß FELKEL sein Versprechen in Rücksicht einer Factoren-Tafel zum Theil erfüllt hat, von HINDEBURG hingegen, seiner im May 1776 gemachten Versicherung ungeachtet davon noch nichts ins Publicum gekommen ist. Es ist dies um so mehr zu bedauern, als von einem so geschickten Analytiker in Ansehung der Darstellung der Factoren etwas vorzügliches zu erwarten ist.

Hindeburgs Verfahren bei Auffindung der Factoren zusammengesetzter Zahlen ist von dem des Felkel ganz verschieden.

Statt der Stäbe bedient sich derselbe gedruckter Zahl-Bogen, in welchen die

---

* Schreibweise in Abschrift II Hindenburg (Anm. d. Hrsg.).

Zahlen, wie bei den Felkelschen Stäben, in einer gewissen nach dem Dekadischen-System [Zahlensystem] fortschreitenden Ordnung eingedruckt sind, und wovon die Vielfachen entweder durch das Abzählen der Fächer, oder durch Patronen, oder auch bei größeren Abständen durch Zirkel oder sogenannte Distanzmesser bestimmt werden können, wodurch sodann auch die untheilbaren oder Primzahlen gleichsam als isoliert dargestellt werden.

Daß hierzu eine geschickte Anordnung der Zahlen nothwendig ist, bedarf wohl keines besonderen Beweises. Dieses Lob gebührt auch Hindeburg mit allem Recht, wenn gleich übrigens seine Beschreibung nicht überall mit der gehörigen Deutlichkeit abgefaßt ist.

Seine gedruckten Zahlen-Bogen haben 3 verschiedene Formen, wie solche auf Tab: VIII. sub Lit: AB und C etwas über die Hälfte der Länge nach dargestellt sind.

Der erste enthält in 10 Columnen die Zahlen von 0 an, in ihrer natürlichen Ordnung, so daß die zweite Columne mit 1 die 3te mit 2 u.s.w. und die 10te mit 9 anfängt. Die 2te Abtheilung der ersten Columne erhält auf diese Art 10, die 2te 11, die 3te 12; so daß die nächstfolgenden untern Fächer durch alle 10 Columnen nach Dekaden zunehmen. Jede Columne hat 50 Abtheilungen oder Fächer, in welchen jedoch die Hunderte nicht ausgeschrieben, sondern blos durch Seitenstriche bezeichnet sind. Auf jedem Bogen sind auf jeder Seite 4 ganz ähnliche Tafeln abgedruckt.

Der 2te Bogen enthält die Tafel Lit: B, von allen geraden Zahlen, nemlich von 0 an, 2, 4, 6, 8, 10, 12, 14, 16 und 18, wodurch, da hier ebenfalls 10 Columnen sind, die nächst untern Fächer von 20 zu 20 wachsen. Die Hunderter werden wie bei den vorigen blos durch die Seitenstriche bezeichnet und es sind hier ebenfalls 4 Tafeln auf jeder Seite abgedruckt. Die Seitenzahlen, welche die Hunderte bezeichnen, sind bei Hindeburg weggelassen.

Der 3te Bogen endlich enthält die Tafel Lit: C, worauf in 10 Columnen alle ungerade Zahlen, nemlich 1, 3, 5, 7, 9, 11, 13, 15, 17, 19 enthalten sind. Die 2te Abtheilung der 1ten Columne fängt mit 21 an, so daß jedes tiefer liegende Fach um 20 wächst, die Hunderte sind auch hier blos durch Seitenstriche bezeichnet. Sonst gilt dabei alles, was von der vorigen bemerkt worden ist. Die erste Tafel enthält auf diese Art alle ganzen Zahlen in ihrer ununterbrochen fortlaufenden natürlichen Ordnung, und folglich auch alle Reihen der ganzen Zahlen; folglich auch alle Producte von geraden und ungeraden Zahlen von den bekannten einfachen Formen $2n$; $4m$, $2n(2m+1)$ in sich; also solche Zahlen die durch 2, und nach Umständen auch durch 5, 7, 11, u.s.w. getheilt werden können, wovon die Zahlen 10, 12, 14, 20, 22 u.s.w. Beispiele lehren.

Die 3te Tafel faßt endlich die ungeraden Zahlen von der Form 2n ± 1, in einer Reihe und daher auch alle Producte von ungeraden Zahlen (2n ± 1) (2m ± 1) mithin alle mögliche Zahlenreihen deren einzelne Glieder sich nie anders als auf eine ungerade Zahl endigen; folglich alle Potenzen der ungeraden Zahlen, alle Primzahlen und Producte der Primzahlen in einander, mit Ausschluß der Primzahl 2, durch welche keine ungerade theilbar ist.

Es ist nun noch die Anwendung zu zeigen, die Hindeburg von diesen so geeigneten [geordneten] Tafeln macht. Nach Seite 8 seiner pag: 77 angeführten Beschreibung soll ein einziger, auch nur halbverständiger Blick auf die so vorgerichtete Tafel A, zeigen, daß man durch sie die Vielfachen (Multipla) jeder Zahl, wegen der so bequemen dekadischen Fortschreitung des Ganzen, nach welcher jedes zunächst liegende Fach von dem grade drüber stehenden, um 10, und das noch um eine Reihe tiefere, um 20 Stellen oder Fächer entfernt ist, mit größter Leichtigkeit finden kann. Allein ich muß vermuthen, daß hierbei ein Irrthum zum Grunde liege, denn zu einem solchen Gebrauch ist solche aus dem Grunde nicht geschickt, weil die Zahlen in den 10 Columnen abwärts ohne Unterschied, ob es die erste, 2te, 3te, u.s.w. ist, nach Dekaden, und nicht nach den Vielfachen der Anfangszahlen, wachsen, und daher jene nur in der ersten Columne angeben können.

Die Tafel Lit: B hat zu Auffindung der Factoren keinen weiteren Nutzen, als daß solche alle mögliche gerade Zahlen darstellt, und wenn daher zusammengesetzte Zahlen von solchen Endformen vorkommen, so ist immer so viel gewiß, daß solche, wenigstens durch 2 theilbar sind.

Weit wichtiger [richtiger] ist dagegen zur Auffindung der Theiler und der Factoren, die Tafel Lit: C. Diese Tafel suchte Hindeburg zu dem vorhabenden Gebrauch noch bequemer einzurichten, und aus solcher die durch 3 und 5 theilbaren entweder ganz wegzuschaffen, oder doch die Fächer durch eine leichte, sehr kenntliche, und sogleich in die Augen fallende Bezeichnung von den übrigen Fächern zu unterscheiden.

Wenn man die verschiedenen Columnen genauer betrachtet, so wird man finden, daß nur 2 derselben nemlich die 3te, welche die Zahlen 5, 25, 45, u.s.w. und die 8te mit den solchen Zahlen 15, 35, 55, u.s.w. durch 5 theilbar sind, und daß daher eine durch die Mitte dieser beiden Columnen gezogene gerade Linie die Theilbarkeit ganz füglich bezeichnen könne. Diese Bezeichnungsart hat Hindeburg auch gewählt. Auf Tab: VIII. Fig: Lit: C sind sie daher zu mehrerer Deutlichkeit mit rother Dinte einpunctirt.

Ausser den in diesen beiden Columnen befindlichen Zahlen ist keine der 8 andern Columnen durch 5 theilbar, dagegen finden sich in jeder derselben Zahlen, die durch 3 theilbar sind, und in gleichen Abständen in jeder Columne nemlich im 3ten Fache wiederkehren.

Fängt man z. B. in der 2ten Columne, bei der im ersten Fach befindlichen Zahl 3 an und zählt 3 Fächer, wie solcher in natürlicher Ordnung auf einander folgen, herabwärts, so kommt man auf das Fach 63, welches mit 3 theilbar ist, zählt man von da wieder 3 Fächer weiter, so ist auch dieses, durch 3 theilbar. Eben so verhält sich's bei allen nachfolgenden Abständen von 3 Fächern. Dieses nemliche gilt von allen übrigen Columnen, und daß die theilbaren Zahlen mit Ausnahme der in der 5^n und 8^n Columne nicht vom Anfang an, sondern erst in der 2^n oder wie bei der 6 und 9 erst in den 3ten Fächern den Anfang mache und daher von diesen erst weiter gezählt werden könne.

Zieht man ferner durch die Fächer der durch 3 theilbaren Zahlen einer beliebigen Columne von der linken gegen die rechte Ecke Querlinien wie ab, cd, in der 2ten Columne Lit: C und verlängert solche nach rc, qf, bis an die äussere Grenze der Tafel, so werden durch diese Linien die Fächer aller durch 3 theilbaren Zahlen durchschnitten, welches auch von allen folgenden in gleichen Abständen gezogene und unter sich parallel laufende Linien, wie st, uv, wx, zz, u.s.w. gilt.

Auf diese Art können alle durch 3 theilbaren Zahlen bezeichnet und von allen übrigen abgesondert werden. Da wo eine Transversallinie eine der durch 5 theilbaren Fächer schneidet, zeigt dies an, daß solche auch mit 3 theilbar ist.

Hierdurch lassen sich also alle durch 3 und 5 theilbaren zusammengesetzten Zahlen sehr leicht finden und von den übrigen absondern. Die Zahl 5 hält bei dieser Anordnung durchgehends innerhalb der Grenzen von 50 Fächern ihre bestimmte Periode; die Zahl 3 hingegen vollendet ihren Umgang erst nach 3 mal 50 Fächern. Aus dieser harmonischen Wiederkehr, wird auch die Ursache begreiflich, warum man die Hunderte in einer Colonne oder auf einer Seite, oder auch, nachdem es die Umstände erheischen, auf einem ganzen Bogen, nach einem Vielfachen der Zahl 3 bestimmen muß, um diese Colonne, diese Seite, diesen Bogen, die man ein für alle Mal muß stehen lassen, blos durch wiederholte Abdrücke, die alsdann ununterbrochen an einander passen, so daß das nächstfolgende Stück von [an] KL anpassen muß, bis zu jeder verlangten Grenze vervielfältigen zu können.

Eine ähnliche Vorsicht wird auch Seite 13. der Beschreibung des Hindeburg in Absicht auf andere zu suchende Zahlen im Voraus empfohlen; wie dies übrigens schon aus der Natur der Zahlen-Fortschreitung selbst erhellet.

Diese so eingrichtete Tafel enthält nun schon alle durch 2, 3 und 5, nicht theilbaren Zahlen d. i. aller Zahlen, von der Form 2, 3, $5n \pm 1$, 7, 11, 13, oder $30n +$

m, wo n jede Zahl, m aber nur eine bis an 30 hinan, durch 2, 3, 5, nicht theilbare Zahl, also keine andere, als eine von den Zahlen 1, 7, 11, 13, 17, 19, 23, 29, seyn kann. Die nächste Primzahl von 5 ist 7. Wenn nun noch alle Vielfachen derselben in der Tafel gehörig bezeichnet werden, so erhält man dadurch schon alle durch 2, 3, 5 und 7 nicht theilbaren Zahlen. Da von der Zahl 07 an, ihre nächsten Vielfachen 21 und 35 schon durch 3 und 5 bezeichnet sind, so kann der neue Divisor nicht eher, als bei [bis] 49, nemlich dem Quadrat derselben angemerkt werden. Eben dieses muß auch bei dem Einschreiben der nächst höhern Primzahl erfolgen, weil jedes dieser Primzahl zugehörige Fach, dessen Zahl, durch diesen neuen Divisor dividirt, einen Quotienten giebt, welcher kleiner ist, als dieser Divisor und aus eben dem Grund schon durch den kleinen Divisor besetzt seyn muß. Hindeburg bemerkt daher, Seite 17 der Beschreibung ganz richtig, daß die in ihrer Anordnung folgende Primzahl p, mit Übergehung aller, von p an, nach der Zahl p abgezählten, in ununterbrochener Reihe auf einander folgenden Producte, 3p, 5p, 7p, 9p, wenn die Coefficienten kleiner sind als p nicht eher, als in das Fach von pp, dem Quadrat von p eingeschrieben werden; woraus zugleich deutlich erhelle, daß für jede nächste 2 Primzahlen p-π die Tafel bis $π^2$ ganz fertig seyn wird, so bald p in ihrer Ordnung, so wie alle vorhergehende Primzahlen bis dahin in die Tafel eingetragen worden sind. Bei dieser Mehtode ist es daher nötig, daß die Tafel immer erst für alle kleinere Primzahlen vollständig fertig ist, ehe die Vielfachen von einer nächsthöhern Primzahl gesucht und in der Tafel eingezeichnet werden.

Ich komme nunmehr zu der von Hindeburg gemachten Anwendung dieser Methode auf das erste Tausend, so wie zur Beschreibung der hierzu dienlichen Patronen.

Die Zahl 7 ist wie vorhin bemerkt wurde nun die erste und nächste Primzahl von der man die Vielfachen suchen muß. Man geht dabei aus den schon angezeigten Ursachen, sogleich bis auf das Quadrat derselben welches 49 ist, sucht diese Zahl in der Tafel auf und schreibt in das zugehörige Fach die Zahl 7 ein, und separirt solche

$$\boxed{\begin{array}{c} 49 \\ \hline 7 \end{array}}$$

durch einen Querstrich auf die Art, wie hier zur Seite steht. Wenn nun von diesem Fache von der linken zur rechten in natürlicher Ordnung fortgezählt wird, so erhält das 7te Fach durchgehends solche Zahlen, welche durch 7 theilbar sind, z. B. 63, 77, 91, 105, 119 u.s.w.

In diejenigen Fächer, die nicht schon durch kleinere Theile bezeichnet sind, wird die Zahl 7 als Divisor eben so wie bei 49 eingeschrieben und so durch die ganze Tafel verfahren, wo durch alle Vielfachen von 7 gefunden werden. Das 7te Fach nach 49 enthält die Zahl 63, bei welcher aber schon die Diagonal-Linie den kleinsten Divisor anzeigt daher die größte Zahl 7 nicht bemerkt wird. Das nächste 7te Fach nach 63, enthält die Zahl 77, unter welcher da noch kein kleinerer Divisor angezeigt ist die Zahl 7 als Divisor eingeschrieben wird. Auf ähnliche Art wird durchgehends verfahren. Die ersten Zahlen, unter welchen auf diese Art die Zahl 7 angemerkt werden kann und muß, sind hier 49, 77, 91, 119, 133 ... –931, 959, 973. Auf diese ist nun schon im Abschnitt auf die leere Fächer die Tafel C, wenn sie bis auf 1000 ging durch 2, 3, 5, nicht theilbaren Zahlen in eine andere, durch 2, 3, 5, und 7 nicht theilbaren Zahlen verwandelt und die Primzahlen durch die ganze Tafel bis auf 113 zugleich mit gefunden. Die nächsten Primzahlen nach 7, sind 11, 13, 17, 19, 23, 29, 31. Man verfährt nun auch hier mit einer jeden derselben, so wie vorhin mit der Zahl 7, indem man bei ihren respektiven Quadrat-Zahlen, 121, 169, 289 anfängt, unter solche die Wurzel-Zahlen, nemlich 11 unter 121, 13 unter 169, und 17 unter 289 einschreibt von da an so viel unmittelbar nebeneinander liegende Fächer, als die Zahl Einheiten hat, abzählt oder abmisst, die Zahl selbst aber, wenn das jedesmalige letzte von den so abgezählten Fächern, nicht schon mit einer bereits vorher eingetragenen kleinern Zahl besetzt ist, weiter fort einschreibt, und auf diese Art [bis zu Ende] fortfährt.

So leicht und bequem auch auf diese Art das Abzählen der jedesmaligen Factoren in den Fächern ist, wo Tafeln nicht allzuweit ausgedehnt werden sollen, so wird solches dennoch bei größern Tafeln beschwerlich und wegen des so leichten Irrens im Zählen unsicher. Dies veranlasste den H. Hindenburg als ein sehr einfaches und wirksames Mittel Patronen aus Pappe oder auch dünnen weissem Bleche vorzuschlagen, welche die Breite der Tafel haben, und nur an den Fächern Oeffnungen haben, in welchen die Theile eingeschrieben werden sollen. Es ist daher für jeden einzelnen Factor, nemlich für 7, 11, 13, 17, 19, 23, 29, und 31, eine besondere Patrone nötig.

Bei Verfertigung derselben verfährt man übrigens eben so als wenn die Vielfachen von einem gegebenen Factor aufgesucht werden sollen. Es können daher entweder schon so verfertigte Tafeln auf Pappe geleimt und darin die Felder oder Fächer der Vielfachen ausgeschnitten, oder, wenn die Patronen von Blech zu fertigen sind, so müssen solche nach den Tafeln auf das genaueste abgetheilt, die Felder gehörig gezeichnet und sodann ausgeschnitten werden.

Die Patronen können entweder die Länge eines ganzen Bogens enthalten, oder auch nur bis zur Wiederkehr der Fächer in die nemliche Ordnung, gefertigt werden. Diese Wiederkehr ist übrigens sehr leicht für alle Factoren zu bestimmen. Denn da jede Tafel hier 10 Columnen hat und die Vielfachen nach den Querreihen in Arithmetischer Progression wachsen und so auch fortgezählt werden, so muss der Factor m nach 10 mal m Fächern wiederkehren. Hieraus folgt ferner, daß die Patronen für den Factor m unter die Länge von m Querreihen enthalten darf.

Auf Tab: VIII. Lit: D ist eine solche Patrone für die Primzahlen 7, 11 und 13 vorgestellt. Für erstere, nemlich die Zahl 7 sind die Fächer schwarz gezeichnet, und kehren, der obigen Bemerkung gemäs, in der 7ten Querreihe bei b zurück, so daß das Feld oder Fach A auf das mit b bezeichnete aufgelegt werden muß oder welches gleichviel ist, die Linie gh, muß an die Linie ik anschließen, wodurch die Oeffnungen der nemlichen Patrone wieder auf die andern durch 7 theilbaren Zahlen treffen, was bei weiterer Continuation immer der Fall seyn wird. Für die Zahl 11 sind die Fächer roth gezeichnet, diese kehren von c bis d in der 11ten Querreihe auf den natürlichen Punct zurück. Die gelb bezeichneten Fächer g gehören dagegen für die Prim-Zahl 13, die von e bis f in der 13ten Querreihe zurückkehren. Um indessen Verwirrung zu vermeiden, ist es nothwendig, daß für eine jede dieser Zahlen eine besondere Patrone gefertigt wird, so wie es auch bequemer ist, wenn solche nach der Größe der Zahl-Bogen eingerichtet statt auf die Länge der Wiederkehr beschränkt zu werden.

Für die Primzahlen 17, 19, 23, 29, und 31, werden ähnliche Patronen gemacht wo bei aber wie schon vorhin bemerkt worden ist, immer nur bei ihren Quadratzahlen angefangen werden darf, indem alle vorhergehenden Zahlen schon bis dahin durch die kleinern Factoren berichtigt seyn müssen.

Man sieht hieraus, daß durch die Methode des Hindenburg die Factoren zusammengesetzter Zahlen sich leicht finden und dadurch Factoren-Tafeln, besonders, wenn sie von keinem zu großen Umfang sind, sicher fertigen lassen. Inzwischen erfordert diese Methode sehr genaue gedruckte Zahl-Bogen, die, wenn auch die Druckkosten nicht in Anschlag kommen, doch wegen der ungleichen Ausdehnung des Papiers bei großen Distanzen, nicht mehr mit der nemlichen Sicherheit und Bequemlichkeit zu gebrauchen sind.

Bei Distanzen die nicht über 2 oder 3 Zahl-Bogen betragen, mag dies zwar noch angehen; allein wenn 10 oder mehrere Bogen an einander gelegt werden, wie dies der Fall seyn würde, wenn z. B. die Primzahlen bis auf eine Million gefunden werden sollten, dann leistet diese Methode gewiß nicht mehr die erforderliche Sicherheit. In diesem Punct scheinen mir daher die Felkelschen Factoren-Stäbe Vorzüge zu besitzen, da das Schwinden oder Ausdehnen derselben keinen Einfluß auf die Richtigkeit der Resultate hat, und die Rechnungen nach Willkühr ausgedehnt werden können.

Ausser den Patronen beschreibt Hindenburg noch einen Distanzmesser, der in den Fällen gebraucht werden soll, wo Theiler zu weit entfernt liegen; da jeder Stangen-Zirkel, jeder Stab oder Ruthe den nemlichen Dienst verrichten kann, und das Instrument von einem gewöhnlichen Anschlag-Lineal wenig verschieden ist, so übergehe ich solches um so mehr ganz, als ich mich bei diesem Artikel ohnehin schon zu lange verweilt habe, und diejenigen, die davon unterrichtet seyn wollen, die Hindenburgsche Beschreibung Seite 25 nachlesen können.

Ausser diesem Distanzmesser giebt derselbe auch eine Abbildung von einer beweglichen Patrone, die aber um sie zusammen zusetzen mehr Zeit kostet, als eine aus Pappe zu fertigen, und bei der unvermeidlichen Dicke der Rahme die Unbequemlichkeit hat, daß die so zusammengesetzte Patrone nicht genau auf den Zahl-Bogen aufliegen kann, daher ich solche auch nur den Namen nach anführe und mit dieser die Beschreibung der Werkzeuge behufs der Patronen schliesse.

Ich gehe nun wieder zur Fortsetzung der Seite 73 abgebrochenen Geschichte der Rechen-Tafel und anderer einfachen Werkzeuge der Art zurück.

29. DES BUCHHÄNDLERS RÖDER ZU WESEL NACHRICHT VON RECHENMASCHINEN.

Der Buchhändler F. J. RÖDER, zu *Wesel* machte im Jahre 1781 eine Nachricht von einer vorgeblich neuen Rechenmaschine bekannt, welche ein Mathematikus im dasigen [dortigen] Lande zu erfinden so glücklich gewesen seyn sollte, und bei ihm dem RÖDER auf Pränumeration von einer alten Pistole in Gold, und eine in Mahagonyholz für 2 holländische Dukaten zu haben wäre. Diese mit unverschämter Dreistigkeit angekündigte neue Erfindung bestand indessen in nichts weiter als in einer Nachahmung der SCHOTT'schen Rechen-Cylinder, welche Seite 54 beschrieben und auf Tab: I. Fig: XV. XVI. abgebildet sind.

Der vorgebliche Erfinder war wahrscheinlich Johann Peter SCHÜRMANN, Mechanikus und Geometer im Herzogthum GELDERN, der 1782 von ähnlichen Cylindern eine Beschreibung herausgab.

30. PRAHL RECHENSCHEIBE.

Ein ähnliches Schicksal hatte die Seite 69 beschriebene und auf Tab: IV. abgebildete Rechenscheibe des Poetii die von einem gewissen PRAHL [Prahll] 1789 gleichfalls als eine neue Erfindung unter dem Titel:

Machina Arithmetica portatilis

bekannt wurde.

Der einzige Unterschied, der dabei angetroffen wird, besteht darin, daß am äussern Rande noch ein in 100 Theile getheilter Ring befindlich ist, in welchem die Zahlen von 1 bis 100 in natürlicher Ordnung eingeschrieben sind, deren Bestimmung dahin geht, mit Hilfe eines dabei noch angebrachten Indexes, der die Zahlen von 1 bis 9 in natürlicher Ordnung enthält, kleine Additions- und Subtractions-Exempel zu verrichten, aber im Grunde nichts mehr als Spielwerk zu betrachten sind.

31. GRÜSON* RECHENSCHEIBE.

Eine andere ganz neue Rechenmaschine wurde von Johann Phil. GRÜSON, Professor der Mathematik und Mitglied der Akademie der Wissenschaften zu Berlin 1790 erfunden, welche mit einer von dem verstorbenen Hofrath KÄSTNER gefertigten Beschreibung 1791 zu Magdeburg unter dem Titel:

Beschreibung und Gebrauch einer neu erfundenen Rechenmaschine

auf einem Bogen in 8, mit einem Kupferblatt und wie aus der Vorrede des Verfassers erhellet, auf Subscription herauskam.

Der Krieges- und Domänenrath KLEEWIP [Kleewiz] lieferte dazu 1792 einen Commentar von 23 Seiten in 8vo ebenfalls unter dem Titel:

Beschreibung der Grüsonschen Rechenmaschine.

Und 1795 wurden beide Stücke mit einem neuen Titelblatt, vorgeblich als 2te verbesserte Auflage zu Halle, im J.C. Handelsverlage ausgegeben. Es ist nichts als eine runde Zahlenscheibe auf Pappe mit einer um den Mittelpunkt beweglichen

---

* In Abschrift II Gruson (Anm. d. Hrsg.).

Regel, von starkem Papier oder irgend einer anderen Materie und verdient den Namen Maschine auf keine Art, dabei ist es gar nicht meine Absicht derselben irgend einen Vorzug streitig zu machen, ich werde mich vielmehr der eigenen Worte des Textes bedienen, so ungerne ich auch sonst blos abschriebe, und diesem meine Meinung mit wenig Worten, beifügen.

Die fragliche Rechenscheibe ist auf Tab: IX mit ihrer, um den Mittelpunkt beweglichen Regel, in natürlicher Größe abgebildet und überhebt mich daher, einer weitläufigen Beschreibung.

Die Scheibe ist von a nach b durch 10 concentrische Kreisbogen in eben so viele Kreisringe getheilt, und mittelst der durch dieselben gezogenen Halbmesser in 9 ungleiche Kreis-Ausschnitte abgesondert.

Eines dieser Kreis-Ausschnitte ist, wie die Überschrift enthält, für die Addition und Subtraction, alles übrige hingegen für die Multiplikation und Division bestimmt.

Addition und Subtraction.

Dieses Stück ist durch Radii oder Halbmesser in 9 Spalten wie abcd getheilt, am äusseren Rande mit 1,2,3, ... 9 bezeichnet und von der pag: 55 angeführten Additions- und Subtractions-Tafeln des Schott nur in der mindern Ausdehnung und des beweglichen Zeigers verschieden. Es findet daher alles, was dort davon gesagt ist, auch hier Anwendung.

Multiplikation und Division.

hat wie schon vorhin erwähnt worden 8 Abtheilungen, wovon jede an ihrem äusseren oberen Eck mit einer der Zahlen 2, 3, 4, 5, 6, 7, 8, 9, bezeichnet ist, und die Multiplikatoren vorstellen. Jede dieser Abtheilung hat so viel Spalten als ihre aussen stehende Zahl Einheiten enthält; mithin die erste Abtheilung für die Multiplikation und Division mit der Zahl 2; 2; die 2te 3, die 3te 4 u.s.w. und sind im äussersten Ring mit 0, 1, 2, ... 9, bezeichnet. Die erste Spalte einer jeden der 8 Abtheilungen ist mit Null bezeichnet und enthält die Producte der Seitenzahl mit der auf dem Zeiger befindlichen, in natürlicher Ordnung auf einander folgenden Zahlen 1, 2, 3, ... 9. Die übrigen Spalten hingegen enthalten die Summen von den Producten und zur Spalte im äussersten Ringe gehörigen Zahl. z.B. die 3te Abtheilung mit der Seitenzahl 4 enthält in der ersten Spalte die Zahlen 4, 8, 12, 16, 20, 24, 28, 32, 36, als die Vielfachen von 4 mit 1, 2, 3, ... 9. Die 3te Spalte dieser Abtheilung hingegen enthält die Summen der im äussern Ringe dieser Spalte befindlichen Zahl 2 und den Vielfachen der ersten; also 6, 10, 14, 18, 22, 26, 30, 34, 38, und so wachsen in der folgenden Spalte die Zahlen durchgehend um 1. Dieses nemliche findet auch bei allen übrigen Abtheilungen statt.

Ich komme nunmehr zum Gebrauch der Rechenscheibe.

1. Die Addition.

Man stellt die Scheibe so, daß man die Überschrift Addition und Subtraction horizontal vor sich hat. Um nun 2 einfache Zahlen zu addiren darf man nur eine davon auf den Weiser, die andere unter den groß geschriebenen Zahlen am äusseren Rande aufsuchen, den Weiser bis über diese Zahl drehen, so steht in dem Fache, welches unter der Zahl auf dem Weiser befindlich ist die Summe.

z.B. Es soll 7 und 4 addirt werden, so drehe man den Weiser bis über die großgeschriebene 7 am äussern Rande und gleich unter der Zahl 4 des Weisers steht die Summe 11, oder man dreht den Weiser über die Zahl 4 und findet dieselbe Summe unter der Zahl 7 des Weisers.

»Soll aber eine vielziffrigte Zahl zu einer einfachen addirt werden, z.B. 17 zu 4, so wird man die 17 nicht unter den groß gedruckten Zahlen am äussern Rande finden, man dreht daher den Weiser über der ersten Ziffer der vielziffrigten Zahl, hier über 7, denke sich über diese einfache Zahl die vielziffrigte, und bemerke dabei, daß man nun auch alle Zahlen, die sich mit gedachter einfachen in einerlei Spalten befinden, um so viel Zehner vermehrt gedenken muß, als diese einfache Zahl selbst vermehrt gedacht ist.«

In dem angenommenen Beispiel stellt die einfache Zahl 7, 17 vor, daher wird die Zahl 11 in der Spalte als 21 gelesen, und diese ist die Summe von 17 und 4. Eben so findet sich 67 + 4 = 71, und 897 + 4 = 901.

Mehr als 2 Zahlen zu addiren geschieht so: man fängt, wenn sie gehörig unter einander geschrieben sind, von der rechten Seite an, wie beim gewöhnlichen Addiren, addirt die erste und zweite Ziffer, zu dieser Summe die dritte Ziffer u.s.w.

2. die Subtraction.

Jede Ziffer des Subtrahendus findet man unter den großgedruckten Zahlen am äussern Rande; Jede Ziffer des Minuendus unter den klein gedruckten Zahlen dieser Abtheilung; die Reste selbst auf dem Weiser.

Exempel: $\begin{cases} 6 \quad 7 \quad 3 \quad \text{Minuendus} \\ \\ 3 \quad 8 \quad 2 \quad \text{Subtrahendus} \end{cases}$

$\overline{2 \quad 9 \quad 1 \quad \text{Rest}}$

Man drehe den Weiser bis über 2 am äussern Rande, suche in dieser Spalte das Fach, worinn 3 steht, über diesem Fach auf dem Weiser steht 1 als Rest, nun drehe man den Weiser auf 8 am äussern Rande, suche in dieser Spalte 7, diese findet sich aber hier nicht, daher suche man die Zahl die um 10 mehr ist, hier also 17, auf dem Weiser steht hier 9 als Rest, endlich kommt die letzte Ziffer 6 des Diminuendus, von dieser 6 ist aber 1 zu der vorhergehenden 7 geborgt worden, daher bedeutet sie nur noch 5, man drehe also den Weiser auf 5, suche 3 und findet auf dem Weiser den Rest 2, und so muss in allen andern Fällen verfahren werden. Ich habe diese Beispiele, so wie die Beschreibung grösstentheils wörtlich ausgehoben, man wird aber ohne mein Erinnern wahrnehmen können, dass diese Rechenscheibe sowohl für die Addition als Subtraktion wenig oder gar keinen Vortheil gewährt und dass derselben die einfache Additions- und Subtraktions-Tafel des Schott noch vorzuziehen ist.

3. die Multiplikation.

Wenn 5013 mit 609 multiplizirt werden sollte, so wird dieses Exempel auf gewöhnliche Art unter einander geschrieben und mit der Rechenscheibe auf folgende Art 5013
609

gerechnet 45117
30078

3052917.

Der Multiplikator 9 erfordert auf der Scheibe die Abtheilung, welche am äussern Ecke 9 hat. Man stellt nun den Weiser über dieser Abtheilung Spalte 0; unter dem Weiser 3 steht das Product 3 mal 9 = 27, davon schreibe man 7, und wegen der 2 stelle man nun den Weiser über die Spalte 2; suche auf ihm 1, als die 2te Zahl im Multiplicandus nach der Zahl 3, so findet man in dem Fache unter 1 des Weisers 11, das ist die Summe der höhern Ziffer des Products von 3 x 9 und des Products 9 x 1, also 9 x 13 = 117, davon schreibe man nun wiederum die höchste 1 nicht aus, sondern drehet nun den Weiser über die Spalte 1 und sucht auf ihm 0 als die 3te Zahl im Multiplikandus, unter des Weisers 0 steht 1, diese schreibe man auf; man hat also 013 x 9 = 117, weil hier nur eine Ziffer ist, so kann man dieselbe jedesmal so vorstellen 01, wegen dieser 0 stelle man den Weiser über die Spalte 0, suche auf dem Weiser die Ziffer 5 als die folgende Ziffer des Multiplikandus und schreibe das darunter stehende Product 5 x 9 = 45 ab. Man hat also durch dieses Verfahren gefunden 5013 x 9 = 45117. Im vorliegenden Exempel folgt der Multiplikator 0, aber 0 x etwas giebt wieder 0, daher übergeht man in der Multiplikation die Nullen im Multiplikator, und aus dieser Ursache hat auch die Rechenscheibe für sie keine Abtheilung.

Mit dem Multiplikator 6 verfährt man wie bei dem Multiplikator 9 gezeigt worden ist, nur dass man hier wie bei dem gewöhnlichen Multipliciren um so viele Nullen vorrückt, als die Stelle der 6 im Multiplikator 609 anzeigt, und die 3te von der rechten zur linken ist.

Wenn mehrere Nullen im Multiplikandus hinter einander vorkommen, so erhält man sie bei der ersten nach dem eben angezeigten Beispiel nach dem nun vorhin der Weiser über die Spalte Null gedreht war und auf ihr 5 ausgesucht wurden, so suchte man hier, da statt 5 noch Nullen folgen sollen, 0 auf, und unter dieser Null steht 0, die man abschreibt; diese Null kann man sich wieder als 00 denken, und daher musste wegen der 2ten 0, der Weiser über der Spalte 0 gedreht werden, da er aber einmal über der Spalte 0 steht, so ist diese Mühe ein für alle Mal erspart; man schreibe also im Product für jede folgende 0, im Multiplikandus allemal eine 0 nieder.

4. die Division.

Wenn z.B. 63458 durch 7 getheilt werden sollte, so wird das Exempel folgendergestalt erhalten

Divisor	Dividendus	Quotient
7	63458	9065 3/7

Der Weiser wird über die Abtheilung des Divisors 7 gestellt. Unter den Zahlen dieser Abtheilung sucht man des Dividendus höchste Zahl 6; diese ist nicht da, man nimmt daher die beiden höchsten Zahlen 63; diese stehen unter 9 des Weisers und zeigen des Quotienten erste Ziffer 9 an. Am äussern Rande dieser Spalte steht 0, zum Zeichen, daß in diesem Zeichen [diesem Teil] des Dividendus der Divisor ohne Rest aufgeht. Die nächstfolgende Ziffer des Dividendus ist 4, diese findet sich nicht in der Abtheilung, und zeigt an, daß des Quotienten nächste Ziffer 0 ist. Es wird also 45 aufgesucht, die unter 6 des Weisers in der Spalte 3 steht wodurch angezeigt wird, daß der Quotient 6 und der Rest 3 ist; dieser Rest wird wieder wie bei der gewöhnlichen Division mit der folgenden Ziffer 8 des Dividendus in Verbindung gebracht, giebt 38, diese steht unter 5 des Weisers, Spalte 3.

Wenn zu dem Rest noch Nullen hinzugesetzt werden, so kann die Division auf dem angezeigten Weg nach Willkühr fortgesetzt werden. Nach Seite 16 der Beschreibung wird aus der Erfahrung versichert, daß bei einiger Übung dieses Verfahren ungemein schnell von statten geht. Ich will und kann dies nicht widersprechen, weil die Erfahrung es täglich bestätigt, daß ohne Übung auch öfters die einfachste und leichteste Sache schwer scheint. Inzwischen entscheidet dieser Umstand noch nicht, ob und welche Vorzüge diese Rechenscheibe vor den bisher beschriebenen habe und ob bei ihrer Anwendung ein beträglicher Vortheil erlangt wird.

In Ansehung der Addition und Subtraction habe ich schon bemerkt, daß diese Rechenscheibe keine erhebliche Dienste leisten könne.

Bei der Multiplication ist indessen doch so viel erreicht, daß die Producte für jeden einzelnen Factor auf eine ganz mechanische Art erlangt und blos nach und nach von der Scheibe abgeschrieben werden dürfen. Mühsam bleibt das Verfahren aber immer, da die Producte für jede Zahl einzeln gesucht und abgeschrieben, und wenn der Multiplicator aus mehr als einer Ziffer besteht die Producte für jeden Factor gehörig untereinander gesetzt, und auf gewöhnliche Art summirt werden müssen.

Aus diesem Grund scheint mir die Grunsonsche* Rechenscheibe obgleich die Anordnung, rücksichtlich der Zahlen sinnreich ist doch keine besondere Vortheile zu gewähren. Die Neperschen Rechenstäbe werden, wie ich glaube, vor ihr immer den Vorzug behaupten. Denn das wenige Addiren kann hier nicht in Betrachtung kommen, da auch bei der Grünsonschen Rechenscheibe in den Fällen wo der Multiplikator aus mehreren Ziffern besteht, die Producte gleichfalls zusammen addirt werden müssen.

Hierzu kommt noch, daß die Anwendung der Neperschen Rechenstäbe leichter zu fassen und weniger umständlich ist; daß ferner, sobald solche nur nach dem Multiplikandus gelegt sind, die Producte aller Factoren, auf einmal vor Augen liegen.

Daß dergleichen Rechenscheiben auch auf genannte Zahlen eingerichtet werden können, leidet keinen Zweifel, allein der Gewinn ist nicht groß, und aus diesem Grunde will ich mich auch nicht länger dabei verweilen.

* Schreibweise in Abschrift II Gruson (Anm. d. Hrsg.).

32. Additions- und Subtractions-Maasstäbe.

Der Kr. und Dom. Rath Klewip [Klewig] gedenkt Seite 14 seiner Beschreibung der Grünsonschen Rechenscheibe, noch Verbesserung die solche erhalten haben soll, und führt noch Rechenstäbe für die Addition und Subtraction an. Ich habe dergleichen ebenfalls auf Tab IX. Fig: 2 abgebildet.

Die Stäbe können eine willkührliche Länge haben, werden aber in gleiche Theile getheilt, und in solche die Zahlen von 1 an in natürlicher Ordnung eingeschrieben. Da auf diese Art die Zahlen auf den beiden Stäben in Arithmetischer Progression mit der Differenz 1 wachsen, so müssen gleiche Theile um gleich viel zunehmen oder auf der entgegengesetzten Seite um eben so viel abnehmen.

Zählt man nemlich einmal 11, und nimmt dazu noch 23 Theile, so muß die Summe 23 + 11 = 34 betragen, oder das 34te Fach muß die Zahl 34 enthalten. Hierauf gründet sich die Anwendung der Stäbe bei der Addition und Subtraction, wozu sie allerdings mit Nutzen zu gebrauchen sind. Soll nun z. B. 26 und 9 addirt werden, so werden beide Stäbe nur so aneinander gelegt, daß von dem einen Null an 26 zu stehen kommt, so wird 9 neben dem Fache 35 stehen, welches ihre Summe anzeigt. Soll dagegen 9 von 35 subtrahirt werden, so wird 9 an 35 angelegt und das Fach neben Null den Rest 26 anzeigen. Der eine Stab ist hier nur von 0 auf 9 getheilt kann aber nach Willkühr weiter ausgedehnt werden.

Diese Erfindung ist nicht ganz neu, und schon früher bei der Rechenscheibe deren Seite 85 gedacht ist, angewendet worden.

33. Grüson's Pinakothek.

Unter den Zahlentafeln, welche bis jetzt zur Erleichterung der gewöhnlichen Rechnungs-Arten erfunden und bekannt gemacht worden sind, verdienen diejenigen die von dem Professor Grüson unter dem Titel:

Pinakothek, oder Sammlung allgemein nützlicher Tafeln für Jedermann zum Multipliziren und Dividiren.

1798 zu Berlin in groß 8 herausgegeben worden sind, den ersten Rang, wegen ihrer schönen und sinnreichen Anordnung und gewiß zu kleinen Rechnungen allgemein empfohlen zu werden. Für Multiplikationen und Divisionen wo mehr als 3 Zahlen vorkommen werden, aber schon beschwerlicher, obgleich von dem Verfasser umständlich gezeigt wird, wie man sich bei größern Zahlen zu benehmen habe.

Die Tafeln von denen hier die Rede ist, enthalten von den 9 natürlichen Zahlen die Producte von 2 bis 99 inclusive mit ihren Summen, die zwischen fallende Zehner ausgenommen, ferner von 99 bis 400 nur die von den Primzahlen in der nemlichen Art.

Die Zahlen enthalten 404 Oktav-Seiten, und am Ende ist noch eine Factoren-Tafel von 1 bis 10500 der durch 2, 3, und 5 nicht theilbaren Zahlen beigefügt.

Da die Anwendung dieser Tafel mich zu weit führen würde, und dabei doch ohne solche abzuschreiben nicht ganz verständlich seyn würde, so muß ich mich auf die derselben vorgesetzte Einleitung beziehen, und blos begnügen die Einrichtung der Tafeln zu zeigen. Ich wähle dazu Seite 88 und 89, die Zahl 82, wovon ein Stück der Tafel hier nach stehet.

a	0	1	2	3	4	5	6	7	8	9	b
f	0	82	164	246	328	410	492	574	656	738	g
	1	83	165	247	329	411	493	575	657	739	
	2	84	166	248	330	415	494	576	658	740	
	3	85	167	249	331	413	495	577	659	741	
	.										
	.										
	.										
	.										
	.										
	.										
d	81	163	245	327	409	491	573	655	737	819	e

Oben und zur Seite befinden sich die Grundzahlen der Tafel z. B. im vorliegenden Fall 82, in der obersten Spalte a b hingegen, von 0 an die 9 Zahlziffern in natürlicher Ordnung und unter derselben von f nach g ihre Grundzahl 82. Die nachfolgenden Zahlen wachsen durch alle Columnen um eine Einheit. Die Zahl der Reihen werden durch die, in der äussersten Columne in natürlicher Ordnung aufeinander folgenden Seiten-Zahlen angezeigt und betragen durchgehends 1 weniger als die Grundzahl;

hier also 81. Durch diese Einrichtung erhält die Tafel für eine gegebene Zahl alle Vielfachen von 1 bis 9, so wie alle Summen mit den natürlichen Zahlen von 1 bis auf die Größe der Grundzahl weniger eins. Es ist nicht zu leugnen, daß diese Tafeln in vielen Fällen sehr vortheilhaft zu gebrauchen wären, wenn nur die weitere Ausdehnung derselben nach diesem Plane nicht zu weitläufig werden und dadurch vorzüglich das Aufsuchen mühsam würde.

34. Grüson's grosses Ein mal Eins.

Ausser dieser Tafel ist von Grüson noch

Ein großes Ein mal Eins, von Eins bis Hundert-Tausend. Erstes Heft von Eins bis 10,000, auf Regal Folio 1799 in Berlin herausgekommen.

Das große Format macht den Gebrauch etwas unbequem, wenn gleich sonst das andere übersichtlich gemacht ist.

Hiermit schließen sich die Tafeln welche zur Erleichterung der gewöhnlichen Rechnungs-Arten bis zum Schluß des 18ten Jahrhunderts erfunden worden.

Mir sind wenigstens keine wichtigern bekannt; ausser Logarithmen, die ohnehin dem Plan gemäs davon ausgeschlossen bleiben.

35. Jordan's Multiplikations-Tafeln.

Dagegen hat der M. Theod. Ludw. Jordan, Präceptor der lateinischen Schule zu Schorndorf im Würtembergischen 1789 [1798] zu Stuttgart, auch etwas über neue Rechentafeln unter dem Titel:

Beschreibung mehrerer von ihm erfundenen Rechenmaschinen, erster Teil Maschine ohne Räderwerk und Rechentafel, mit 3 Tabellen und 4 Figuren in Kupfer, in 8.

herausgegeben, was zum Schluß dieser Materie erwähnt zu werden verdient.

Von eigentlichen Maschinen, die der Verfasser noch in einem zweiten Theil beschreiben will, kommt in der oben angezeigten Abhandlung nichts vor, wenn nicht allenfalls dasjenige, was derselbe Seite 15 anführt, schon mit dem Namen Maschine belegt werden will, was jedoch diesen Namen noch nicht verdient.

Der Verfasser führt unter andern verschiedenes über die Anwendung der Neperschen Rechenstäbe an und beschreibt auch ihre Anwendung auf Cylinder, nach Art der Schottischen Rechen-Cylinder, die er gar nicht zu kennen scheint. Übrigens enthält dieser Artikel nichts neues, daher ich mich auch dabei nicht aufhalten und nur dasjeniges anführen will, was dem Verfasser bei seinen Tafeln eigen ist.

Sie sind auf Tab: X. abgebildet und wie die Neperschen Rechenstäbe für die Multiplikation und Division bestimmt, wobei aber das bei diesen nöthige Addiren zu vermeiden gesucht wurde.

Die Einrichtung ist folgende:

ab; cd; cd; ef; sind Täfelchen von Karten-Papier oder dünnen lakirten Blech, welche alle genau einander gleich sind, und die auf Tab: X. gezeichnete Größe haben können. Ein jedes solcher Täfelchen enthält die Producte nur von einer Zahl; es sind daher, wie bei den Neperschen Stäben, von jeder Ziffer mehrere Täfelchen nötig.

Die Täfelchen werden nun der Länge nach in 12, der Breite nach aber in 16 gleiche Theile getheilt und durch diese Theilungspuncte gerade Linien gezogen, wovon jedoch oben 2 unten hingegen 1 Linie leer bleiben.

Nach dieser Eintheilung behält jedes Täfelchen 162 kleine längliche Vierecke, in welchen die Zahlen in folgender Ordnung eingeschrieben werden.

Es werden auf jeder Seite von x nach y, 9 Columnen leer gelassen, in die zehnte Columne aber die Zahlen mit ihren Vielfachen, wie bei den NEPERschen Stäben, jedoch immer nur die letzte Ziffer derselben, welche blos Einheiten enthält. So erhält das Täfelchen für die Zahl 2 für die Producte 2 mal 8, nur die Zahl 6 und für 2 mal 9 nur 8.

Sind auf diese Art die Täfelchen 0, 1, 2, 3, ... 9 mit den Endzahlen ihrer Vielfachen eingeschrieben, so nimmt man sie aufs neue zur Hand und schreibt von der linken zur rechten Hand, von der schon dastehenden vielfachen Zahl, die nächsthöheren Zahlen in natürlicher Ordnung bis an das Ende des Täfelchens fort. Es ist dies jedoch nicht bei allen sondern nur den untersten Vielfachen, wie die erste Tafel zeigt nötig, und können die andern in Form eines Dreiecks eingeschrieben werden.

Bei dem Täfelchen 0 sind alle Vielfachen 0.

Es werden aber doch auf solchen die natürlichen Zahlen auf die angezeigte Art eingeschrieben und bei der 2ten 0 rechter Hand mit der Zahl 1 als der nächsten angefangen. Nach der obigen Angabe müssten die Zahlen auf dieser Spalte in natürlicher Ordnung nemlich 1, 2, 3, 4, 5, ... 9 fortgeschrieben werden, welches aber für die obern Zahlen nicht erforderlich ist, da die ganze 10te Columne 0 hat, so fangen die natürlichen Zahlen alle mit 1, gehen aber in jeder neuen Reihe um eine Zahl weiter.

Bei dem Täfelchen 2 ist die nächste Vielfache 4 und die nächsthöhere Ziffer 5, welche ihr zur Seite geschrieben wird. Mehr in natürlicher Ordnung auf einander folgende Zahlen sind auf dieser Reihe nicht nötig, die 2te Vielfache Zahl ist 6, welcher also die nächsthöhern natürlichen Zahlen 7 und 8 folgen. Die dritte Vielfache ist 8, und die nächsthöhere 9. Man fängt nun hier von neuem mit 0 an und fügt zu Vollendung des Dreiecks noch die nächsthöhere ganze Zahl 1 bey. Hierbei ist zu merken, daß man bei diesem Einschreiben so oft man über 9 weggehen muß, die folgende 0 und übrigen Zahlen, zur besonderen Bezeichnung mit rother Dinte schreiben muß, wie die auf Tab: X. befindlichen Täfelchen deutlich zeigen.

Ist man auf diese Art mit dem Zahleneinschreiben ganz fertig, so werden aus dem zur linken Hand leer gelassenen Raum alle diejenigen kleinen Vierecke rein ausgeschnitten, die in der Figur schwarz getuscht sind. Sie sind bei jeder Zahl anders, wo von der Grund sich beim Gebrauch leicht erklären läßt.

Man hat nun nichts weiter nötig, als daß man sich kleine Brettchen von glattem Holz verfertigt, welche genau so lang als die Täfelchen aber nur halb so breit sind. Die Dicke ist zwar willkürlich gemacht, indessen sind 2 Linien dazu hinreichend, nur müssen sie alle gleiche Stärke haben. Auf diese Brettchen leimt oder befestigt man die beschriebenen Täfelchen so, daß gerade die Hälfte worauf die Zahlen stehen, genau auf das Brettchen zu liegen kommt.

Ihr Gebrauch ist nun folgender: Wenn z. B. 7238 mit 5 multiplizirt werden sollte, so nimmt man zuerst das Täfelchen Fig: 2 welches vorne den Index mit den 9 natürlichen Zahlen enthält, bedeckt solches wie Fig: III zeigt mit dem Täfelchen der Zahl 7 als den ersten im Dividendus so daß die Seite e f an die Linie k k, das unten auf dem Täfelchen aufgeleimte Brettchen aber an die Seite u w zu stehen kommt; Hierdurch werden auf der Tafel Fig: II alle Zahlen bedeckt und aus solcher, durch die Ausschnitte z z z des Täfelchens 7 nur die Endzahlen von den Vielfachen 1, 2, 3, 4, ... 9 mit 7 zum Vorschein kommen.

Fig: 2

Dieses Täfelchen, welches Fig: III von k bis l reicht, wird nun weiter mit dem Täfelchen der Zahl 2 bedeckt, wobei das unten befindliche Brettchen an die Seite l l einzurücken ist. Eben so verfährt man auch den übrigen Zahlen-Täfelchen 3 und 8 und bedeckt endlich das letzte auf ähnliche Art, mit dem Täfelchen Fig: IV, welches nur immer bis an die Columnen der Vielfachen m n reicht, welche Zahlen-Tafeln auch die letzte seyn muss.

Wenn nun die Täfelchen auf die beschriebene Art nach dem Multiplikandus gelegt sind, so werden durch die Ausschnitte nur die Vielfachen dieser zusammengesetzter Zahlen in den horizontalen Spalten erscheinen, alle andern aber bedeckt seyn. Auf diese Art wird für den Multiplikandus 7238 das 4fache durch diejenigen Oeffnungen erscheinen, welche sich auf der Spalte des Multiplikators 4 befinden und im vorliegenden Fall 28952 betragen. Eben so sind die Vielfachen von den übrigen Zahlen als 2, 3, 4, 6, 7, 8 und 9 in den diesen Zahlen zugehörigen Spalten enthalten; wobei aber zu bemerken ist, daß so oft eine rothe Ziffer zum Vorschein kommt, die nächste Zahl zur linken Hand eine Einheit größer gedacht oder, welches allgemein gilt, daß zu jeder rothen Zahl 10 addirt werden müsse. Dies ereignet sich in der 3ten, 6ten, 7ten, 8ten und 9ten Spalte, wo rothe Zahlen vorkommen.

Statt daß also in den Tafeln das dreifache von 7238 gleich 21614 angegeben wird, muß die Zahl vor 1, welche hier 6 ist, um eine Einheit größer, nemlich als 7 gelesen und dadurch das Product auf 21714 berichtigt werden.

Hiernach wird das 6fache von der Zahl 7238 statt 43328 auf 43428, die 7fache statt 40666 auf 50666; das 8fache statt 57804 auf 57904 und endlich das 9fache statt 64042 auf 65142, berichtigt. In dem letzten Beispiel wird nach dem obigen Satz zu jeder rothen Zahl 10 addirt, wodurch die nachfolgenden Zahlen um 1 vermehrt werden. Es wird nemlich gesetzt

```
     64042   aus der Tafel und
        10
        10   die hinzuzusetzende Zehner
     ─────
Sa   65142   als das richtige Product.
```

Wenn aber die erste Zahl zur linken eine Null wäre, so müsste solcher noch die Zahl 1 vorgesetzt, mithin 0 in 10 verwandelt werden.

Wenn z. B. 9 mit 12 multiplizirt werden sollte, so würden die Tafeln nur 08 geben, welches in 108 zu verwandeln ist.

Auf ähnliche Weise verfährt man in allen andern Fällen. Es kann sich aber dabei fügen, dass durch dergleichen Ergänzungen der Zehner mehr Zahlen Veränderungen leiden, und dies muss immer erfolgen sobald die Zahl 1 der Zehner, im Product unter 9 zu stehen käme, weil in diesem Fall die 9 in 0 verwandelt, die nächste höhere Klasse hingegen um eine Einheit vermehrt werden müsste.

JORDAN hat diesen Fall auf Seite 41 und 42 zwar angeführt, aber nicht deutlich genug auseinander gesetzt. Denn nach demjenigen was dort davon gesagt wird, scheint die Anwendung der Tafel, oder vielmehr die Bestimmung einiger andern Fälle, wo die vorangehende Zahl um 1 grösser gesetzt werden musste, sehr schwierig zu sein. Allein die ganze Schwierigkeit wird gehoben, indem zur rothen 10 addirt und das Product nach der gewöhnlichen Addition abgeändert wird.

So wenn z. B. 2718 mit 7 multiplizirt werden sollte, so würden die Tafeln geben

18926, da 2 eine rothe Zahl ist, so muss
10 dazu addirt werden, wodurch nach
———
19026 erfolgter Addition, das richtige Product

= 19026 erhalten wird.
In diesem Fall ist nicht nur 9 sondern auch die vorhergehende Ziffer 8 verändert worden. Allein der obige Satz gilt allgemein dass zu jeder rothen Zahl 10 addirt werden müssen. Die Anwendung dieser Tafel kann also nicht die geringste Schwierigkeit haben. Besteht der Multiplikator aus mehr als einer Zahl, so wird für jede das Produkt, auf die angezeigte Art besonders gefunden, alles auf die gewöhnliche Art unter einander geschrieben und zusammen addirt.

Diese Tafeln haben im gewissen Betracht noch einige Vorzüge von den Neperschen Rechenstäben, erfordern aber bei großen Multiplikationen einen weit größern Raum. Für solche Fälle ist es alsdann gut, wenn unter die Spalte der Multiplikatoren ein Lineal angelegt wird, wodurch die Zahlen leichter übersehen und richtiger ausgeschrieben werden können.

Auf der Tafel X. sind nur für die Zahlen 1, 2, 3, 7, und 8 und der Zeichen der Nulle die Zahl-Täfelchen befindlich, weil zu den gegebenen Beispielen keine andere nötig waren, und die Verfertigung der noch fehlenden 4, 5, 6, und 9 nach dem Seite 94 beschriebenen Verfahren keine Schwierigkeiten haben kann.

Das einzige Unbequeme an diesen Tafeln ist, daß bei großen Zahlen die Zahlen, welche das Vielfache anzeigen, etwas weit und in ungleichen Distanzen von einander entfernt sind und daß zu jeder rothen Zahl noch 10 addirt werden müsse. Da indessen der Gebrauch sehr einfach ist und mit Hilfe eines Lineals die Spalte auf welchem die jedesmaligen Vielfachen ausgeschrieben werden sollen, gar leicht von andern bezeichnet werden kann, so wird auch die größere Entfernung bei einiger Aufmerksamkeit nichts schaden, auch die geringe Addition nicht sehr in Betrachtung kommen können.

Diese Tafeln können also immer als eine nützliche und sinnreiche Erfindung betrachtet werden. Der Verfasser hat inzwischen auch diesen Mängeln abzuhelfen gesucht und in dieser Absicht noch andere Tafeln geschrieben, bei welchen die Addition zwar vermieden, der Gebrauch hingegen dadurch beschwerlich wird, daß man öfters zwischen 2 verschiedenen Zahlen wählen, und dabei größere Aufmerksamkeit anwenden muß.

In diesem Betracht verdienen jene Vorzug, indessen will ich da der Vortrag des Verfassers so undeutlich ist, auch ihre Einrichtung beschreiben, auf Tab: XI. sind solche verbesserte Täfelchen für die Zahlen 0, 1, 3, 5, 7, und 8, mit 2 andern, welche die Aufschrift

Vornen und hinten

haben, abgebildet; und Fig: 2 zeigt wie diese Täfelchen für den Multiplikandus 35718 zusammen gelegt sind. Bei dem Zusammenlegen verfährt man eben so wie bei den vorigen und die Producte oder Vielfachen finden sich auch in den Oeffnungen zwischen den Spalten, der ihnen zugehörigen Seiten-Zahlen, welche grösser und roth geschrieben sind. Allein, da eine jede solche Spalte 2 Abtheilungen hat und darinn bald in der untern bald in der obern Zahlen erscheinen, so ist dabei folgendes zu bemerken:

1. Wenn in den zu einer Spalte gehörigen 2 Abtheilungen lauter schwarze Zahlen vorkommen und keine unmittelbar über der andern steht, wie dies der Fall in der 3ten Spalte, bei dem Vielfachen von 3 ist, so werden die Zahlen in der gewöhnlichen Art genommen und betrachtet als wenn sie in einer Linie wären. Das 3fache von 35718 wird daher von den Tafeln = 107154 richtig angegeben, wenn aber

2. in einer Abtheilung 2 verschiedene Zahlen über einander stehen, wie z. B. in der 7ten Spalte, so gilt das Gesetz dass wenn die zur rechten Hand stehende Zahl schwarz ist, die von der linken Hand vorangehende Zahl wo 2 übereinander stehen, wie $\frac{2}{3}$ die obere, wenn aber die zur rechten stehende roth ist, die untere genommen wird; in der 7ten Abtheilung sind beide Fälle; es stehen nemlich daselbst die Zahlen in folgender Ordnung

$$2 \cdot \underline{4} \ \underline{9} \ \underline{2} \ 6$$
$$5 \ 00 \ \ 3$$

da die erste Zahl rechter Hand nemlich 6 eine schwarze Zahl ist, so gilt die nachfolgende obere 2, nach ihr folgt 0, daher die nachfolgende untere welche wieder 0 ist, genommen wird. Aus diesen Grund muß auch die folgende untere Zahl gewählt werden, so daß das 7te Fach von 35718 = 250026 seyn wird.

Man wird aus diesem Beispiel schon ersehen können, daß bei diesen Tafeln zwar keine Addition erfordert wird, daß dabei aber größere Aufmerksamkeit nötig ist.

Was nun ihre Verfertigung betrifft, so liegen dabei die vorigen zum Grund, wenn dies gleich bei dem ersten Anblick nicht scheinen möchte. Die Zahlen-Täfelchen ungefähr von der Größe wie solche auf Tab: XI abgebildet sind, werden der Länge nach in 18 der Breite nach aber in 30 gleiche Theile getheilt. Oben bleibt jedoch ein kleiner Raum von 1 bis 2 Theilen leer, um so viel daher die Eintheilung weiter unten angefangen wird. Es ist aber durchaus nötig, daß dieser Raum in allen Täfelchen gleich groß gelassen wäre, damit alle Linien genau auf einander passen. Durch alle Theilungspuncte werden nunmehr gerade Linien gezogen, die alle unter sich parallel sind. Von den durch die Theilungspuncte nach der Länge gezogenen Linien wird wie auf Tab: XI. zu sehen ist die erste stark die 2te ganz fein, die 3te wieder stark, die 4te schwach und so abwechselnd fortgefahren. Auf diese Art werden die Täfelchen durch die ganze Länge in 18 Streifen oder 9 Haupt-Spalten getheilt, welche den 9 natürlichen Zahlen zugehören. Bei den durch die Breite gezogenen Linien ist eine dergleichen Abzeichnung nicht nötig. Es bilden sich also auch der Breite nach 30 gleiche Abtheilungen, durch eben so viele Columnen in welche die Zahlen auf folgende Art geschrieben werden. Von der linken zur rechten bleiben durchgehends $\frac{2}{3}$ nemlich 20 Columnen leer, die übrigen 10 hingegen sind für die Zahlen bestimmt.

In die erste dieser Zahlen-Columnen, welches die 21te von vornen an gerechnet ist, werden die Vielfachen von der dem Täfelchen zugehörigen Zahl in eben der Art eingeschrieben wie dies Seite 94 von den vorigen angegeben worden ist, nur mit dem Unterschiede, daß da hier jede Columne 18 Vierecke enthält und nur 9 Zahlen einzuschreiben sind, diese in gehöriger Ordnung in diejenigen Vierecke gesetzt werden, welche sich unmittelbar unter den stark gezogenen Linien befinden. Auf diese erst kommt die erste Zahl in das erste Viereck, das 2te bleibt leer, das dritte enthält die 2te Zahl und so das 18te Viereck die 9te Zahl.

So enthält das Täfelchen von dem Zeichen Null in der Columne von a nach b 9 Nulle, weil alle Vielfachen derselben Null sind; das Täfelchen 1 hingegen von b nach c, die Zahlen 1, 2, 3, 4, ... 9; das Täfelchen 3 von d nach e die Zahlen 3, 6, 9, 2, 5, 8, 1, 4, 7, welches die Vielfachen derselben mit Weglassung der Zehner sind. Auf ähnliche Art enthält das Täfelchen 8 von k nach l, die Zahlen 8, 6, 4, 2, 0, 8, 6, 4, 2, welches in allem mit den vorigen auf Tab: X. abgebildeten Täfelchen übereinkommt.

Wenn auf diese Art die ersten Columnen aller Zahlen-Täfelchen fertig sind, so werden auch die übrigen Columnen ausgefüllt, wozu aber die Zahlen-Täfelchen von Tab: X. nötig sind.

Nach dieser Vorbereitung werden sie nemlich von 1 an nach und nach in natürlicher Ordnung auf einander gelegt und die auf diese Art durch die Oeffnungen oder Ausschnitte erscheinende Zahlen in die Columnen der gleichziffrigten neuen Täfelchen eingetragen wobei folgende Anordnung bemerkt werden kann.

Wenn alle Täfelchen nach und nach mit dem Täfelchen der Zeichen Nulle bedeckt werden, so werden durch den in diesem Fach befindlichen Ausschnitt die Zahlen der ersten Columne zum Vorschein kommen, die aber, da sie schon eingetragen sind, übergangen werden. Die Zahlen der 2ten Columne werden in allen Täfelchen der ersten gleich, indem auf dem Täfelchen 1 der nemliche Ausschnitt vorhanden ist. Man kann daher sogleich zur dritten Kolonne schreiten und alle Täfelchen mit dem Täfelchen der Zahl 2 bedecken, wodurch die Zahlen für die 3te Columne erhalten werden. Auf ähnliche Art findet man die Zahlen für die 4, 5, 6, 7, 8 und 9 Columnen, wenn alle Täfelchen nach und nach mit dem Täfelchen der Zahlen 3, 4, 5, 6, 7, und 8 bedeckt und die zum Vorschein kommende Zahlen in eben der Ordnung in die respectiven Columnen übertragen werden. Man bemerkt hiebei, dass das Täfelchen, von der Zahl m, immer die Zahlen für die Columne m + 1 giebt. Nimmt man z.B. die Täfelchen, wie solche auf Tab: X. Fig: III aneinanderliegen so geben die Ausschnitte des Täfelchen 7 die Zahlen für die 8te Columne des Täfelchen Null auf Tab: XI weil das unterliegende mit der der Null einerlei ist. Das Täfelchen enthält die Zahlen für die 3te Columne des neuen Täfelchen 7, und das Täfelchen 3 giebt die Zahlen für die 4te Columne des Täfelchens 2; endlich das Täfelchen 8, die Zahlen der 9ten Columne für das 3te neue Täfelchen.

Hierbei ist aber noch zu merken, dass bei dem Eintragen dieser Zahlen auch das nemliche gilt, was von der ersten Columne bemerkt wurde, dass nemlich die Zahlen nur in die unter der stärkeren Linie befindlichen Vierecke zu stehen kommen, und bei dem Einschreiben diejenige Ziffern kenntlich bezeichnen müsste, welche auf den vorigen Täfelchen roth geschrieben sind, weil dies bei Bestimmung der auszuschneidenden Quadrate nötig ist. Nun werden auch die anderen Vierecke eingeschrieben. Ein jedes solches Viereck bekommt eine Zahl die um Eins größer als diejenige ist, die unmittelbar ober ihr steht. Ist daher die Zahl im oberen Fach 0, so kommt in das untere Viereck, welches von dem obigen nur durch eine feine Linie abgeschnitten ist, die Zahl 1, und 2, 3, 4, wenn die obern Zahlen 1, 2, 3, betragen.

Es ist aber nicht nötig, dass auf diese Art alle untere Vierecke mit Zahlen versehen werden, weil, wie die Erfahrung lehrt solche nur da erforderlich sind, wo sich dergleichen in den Täfelchen 0, 1, 3, 5, 8 auf Tab: X wirklich eingezeichnet finden. Alle diese Zahlen werden schwarz und blos die unter die Ziffer 9 kommende Nullen werden roth geschrieben. Der Grund, warum die Zahlen in den unteren Fächern oder Vierecken immer um eine Einheit grösser als die zunächst ober ihnen stehende Zahlen seyn müssen, liegt in der Veränderung welche die Zahlen bei dem Übertragen der Zehner als Einheiten in die nächsthöhere Klassen manchmal leiden, wenn nach und nach höhere Zahlen im Multiplikandus vorgesetzt werden.

Wenn z. B. 91 mit 8 multiplizirt werden wollte, so wird das Product 728 betragen, wobei das Produkt 9 mal 8 durch dasjenige was unmittelbar vorhergeht, nicht hat verändert werden können, weil letzteres die höchste Zahl der Einheiten noch nicht übersteigt; würde nun aber der Zahl 91 noch eine andere z. B. noch 3 vorgesetzt, und die Zahl 913 wieder mit 8 multiplizirt, so würde hier das neue Produkt 7304 betragen, wo das Product von 9 mal 8 durch die Addition eines Zehners um eine Einheit vermehrt worden ist. Mehr als um eine Einheit kann dies aber in keinem Falle geschehen. Aus dieser Ursache sind für die möglichen Fälle 2 Zahlen, die kleinere und nächstgrössere untereinander geschrieben, um aus den beiden die Richtige zu wählen.

Wenn die Täfelchen auf die vorgeschriebene Art eingeschrieben sind, so müssen nur noch die nötigen Vierecke bezeichnet und ausgeschnitten werden. Ehe dies aber geschieht, wird wie bei den vorigen Täfelchen unter ein jedes ein dünnes Brettchen geleimt, welches, aber nur bis an das Ende der 10ten Columne, oder der ersten Zahlenreihe reichen, mithin nur den 3ten Theil des Täfelchens der Breite nach ausfüllen darf. Auch hier ist es nötig, daß die Brettchen durchaus eine Stärke erhalten, damit die Täfelchen beim Gebrauch sich gleich aneinander legen. Da jedes Täfelchen ausser den 10 Zahlen-Columnen noch 20 andere Columnen enthält, wovon 10 das nächstvorangehende und 10 das zweite vorangehende erreichen und die Zahlen bedecken, so müssen durch successives Aufeinanderlegen der Täfelchen diejenigen Vierecke bezeichnet und richtig ausgeschnitten werden, unter welchen sich die Zahlen von einer gegebenen Vielfachen finden. Die auszuschneidenden Vierecke sind auf dem Täfelchen Tab: XI. durchgehends schwärzer gezeichnet, man kann sie aber auf die obenangezeigte Art leicht finden. Sonst ist nur noch zu merken, daß von den 10 Columnen, die zunächst an den Zahlen also in der Mitte liegen folgende Quadratchen unter den stark gezogenen Linien auszuschneiden sind. Bei dem Täfelchen 0 ist es die erste von den 10 mittelsten, mithin vom Anfang gerechnet die 11te. Beym Täfelchen 1, die 2te, beim Täfelchen 2, die 3te u.s.w. beim Täfelchen 7 die 8te. Die übrigen innerhalb dieser 10 mittlern Columnen auszuschneidenden Quadratchen finden sich auch leicht, denn in jedem Hauptfache wo 2 Zahlen wie z. B.

$$\boxed{\dfrac{4}{5}}$$

in welchem blos schwarze Zahlen vorkommen, wird das obere Quadrätchen, kommen aber schwarze und zugleich rothe vor, so werden beide ausgeschnitten, dies ist der Fall bei

$$\boxed{\dfrac{9}{0}}$$

Von den vordersten 10 Columnen hat jede eine bestimmte Anzahl Ausschnitte, man findet sie nach Seite 101 z. B. für das Täfelchen 9, wenn solches nach und nach auf die Täfelchen 0, 1 .... 9 gelegt und bemerkt wird, ob durch die mittleren Vierecke lauter schwarze oder ob auch solche die nach Seite 100. als roth bezeichnet würden zum Vorschein kommen. Im ersten Fall werden blos die obern Quadrate, im zweiten hingegen auch die treffenden unten ausgeschnitten, wird das Täfelchen 9 hinter das Täfelchen 0 gelegt, so werden lauter schwarze Zahlen zum Vorschein kommen, daher von der ersten Columne auf dem Täfelchen 9 die 9 obersten Quadrate ausgeschnitten werden; legt man dagegen das Täfelchen 9 hinter das Täfelchen 1, so werden die 5 ersten Zahlen als 1, 3, 5, 7, 9, welche sich durch den mittelsten Ausschnitt zeigen schwarz geschrieben, die übrigen 4, nemlich 1, 3, 5, 7, hingegen mit rothen Zeichen versehen seyn.

Es müssen daher in der 2ten Columne des Täfelchen 9 auch nur die 5 obern Quadrate und wegen der 4 rothen Zeichen die nachfolgenden 4 untern Quadrate ausgeschnitten werden. Auf ähnliche Art verfährt man nach und nach mit allen Täfelchen. Ausserdem ist dabei noch zu bemerken, daß, wenn durch die mittlere Columne in irgend einem Hauptfache im obern Quadrätchen $\boxed{9}$ vorkäme, am gehörigen Platz in den 10 vordern Columnen sowohl das obere als untere Quadrätchen ausgeschnitten werden müsste. Endlich verfertigt man sich noch ein Täfelchen, um es ganz vornen zu gebrauchen, vid. Tab. XI. Es ist mit dem der Null einerlei, nur daß dort die 0 weggelassen sind. Ein ähnliches Täfelchen jedoch ohne Zahlen, wird auch für die entgegengesetzte Seite, mit der Aufschrift:

hinten

gebraucht.

Von dem Gebrauch sind schon im Anfang einige Beispiele gegeben worden. Man wird hiernach, so wie aus der gegebenen Beschreibung sich genugsam überzeugen können, daß so wol ihre Verfertigung als ihre Anwendung zum Rechnen weit umständlicher als die ersten sind, und diese daher mit Recht den Vorzug behaupte. Der Verfasser zeigt zwar noch, wie solche auf schmalen Streifen oder auf Rollen zu bringen sind, allein der Gebrauch gewinnt dabei nicht das geringste. Aus diesem Grund will ich mich dabei nicht länger aufhalten.

Der Mechanikus Johann Conrad GÜTLE, zu *Nürnberg*, hat 1799 unter dem Titel:

> Beschreibung einiger universal und partikular Rechnungs-Maschinen, eine kleine piece zu Nürnberg herausgegeben.

Es ist, wie auch auf dem Titelblatt steht blos ein besonderer Abdruck aus dem 2ten Theil seiner früheren herausgekommenen Magischen Belustigungen, enthält aber keine Beschreibung, einer eigentlichen Maschine, sondern blos die Neperschen Rechenstäbe, die Schottschen Rechen-Cylinder, die Rechenscheibe des Poetii, mithin nichts neues.

Dies sind die Fortschritte, die diese Werkzeuge bis zum Schluß des 18ten Jahrhunderts unserer Zeitrechnung gemacht hatten; folglich die Resultate von mehr als 2000 jährigen Bemühungen der größten Weltweisen Gelehrten und Künstler vieler Nationen, in der Absicht, dem Gedächtnis beim Zählen und Rechnen durch sinnliche Darstellung zu Hilfe zu kommen. Man wird bei genauer Prüfung dieser Werkzeuge gewiß viel sinnreiches finden, was dem menschlichen Verstand Ehre macht, aber dabei doch noch manche Unvollkommenheiten entdecken welche zu verbessern, dem jetzigen Jahrhundert vorbehalten zu seyn scheint.

Zusätze zum ersten Theil

Ich hatte diesen ersten Theil schon vollendet als mir noch ein von dem Professor MANNERT [Mahnert] zu ALTDORF im Jahre 1801 herausgegebenes Programm:

> de Numerorum quos arabicos vocant, vera origine

zu Gesicht bekam, wozu ihm ein in der Altdorfer Universitäts-Bibliothek befindliches Manuscript, von Boethii Geometrie, Veranlassung gab.

Dem Titelblatt ist eine Abbildung von der dabei befindlichen pytagorischen Tafel beigefügt, welche derjenigen die Seite 27 aus TENZEL's monatlichen Unterredungen, entlehnt wurde, ganz ähnlich ist. Nur mit dem Unterschiede, daß dem Zeichen 9 noch ⊘ nachfolgt oder eigentlich vorgesetzt ist. Das Manuscript wird übrigens Seite

7 des MANNERT'schen Programm, mit aller Wahrscheinlichkeit in das XI Seculum gesetzt.

Es kann indessen dieses über die ursprüngliche Form des sogenannten kleinen Ein mal Eins nichts weiter entscheiden, da auch hier nur die oberste Zeile 10 einfache Zahlenzeichen enthält, der übrige Raum hingegen mit andern Zeichen ausgefüllt ist. Sonst enthält diese kleine Schrift verschiedene interessante Bemerkungen, über den Ursprung der Zahlziffern, und verdient daher selbst gelesen zu werden.

Übrigens findet man die sogenannte pytagorische Rechentafel auch in anderer als der Quadrat Form, z.B. Bey ORONTIUS

1								
2	4							
3	6	9						
4	8	12	16					
5	10	15	20	25				
6	12	18	24	30	36			
7	14	21	28	35	42	49		
8	16	24	32	40	48	56	64	
9	18	27	36	45	54	63	72	81
1	2	3	4	5	6	7	8	9

Bey Jo. Buteo

1	2	3	4	5	6	7	8	9	
1	2	3	4	5	6	7	8	9	1
		4	6	8	10	12	14	16	18	2
			9	12	15	18	21	24	27	3
				16	20	24	28	32	36	4
					25	30	35	40	45	5
						36	42	48	54	6
							49	56	63	7
								64	72	8
									81	9

Bey Gemma Frisius

	9	8	7	6	5	4	3	2	1
1	9	8	7	6	5	4	3	2	1
2	18	16	14	12	10	8	6	4	
3	27	24	21	18	15	12	9		
4	36	32	28	24	20	16			
5	45	40	35	30	25				
6	54	48	42	36					
7	63	56	49						
8	72	64							
9	81								

Diese 3 Formen sind blos in der Anordnung der Wurzel- oder Grundzahlen von einander verschieden und die Producte oder Vielfachen von 2 Zahlen immer in demjenigen Feld enthalten, wo die den beiden Zahlen zugehörigen Spalten sich durchkreuzen.

GILBERT TUNSTALL, gewesener Erzbischoff zu Cambridge, hat in der von ihm herausgekommenen Arte supputandi, libri quattuor, unter andern auch verschiedene neue Tafeln zur Erleichterung der Addition, Subtraction und Division, geliefert, die mit zur Geschichte der einfachen Rechnungs-Werkzeuge gehören und im gegenwärtigen Nachtrag noch eine Stelle verdienen.

Ich bediene mich hierzu der lateinischen Ausgabe von Johann Sturm, welche 1544 zu Strassburg unter dem Titel: De Arte supputandi libri quatuor Cateberti Tunstalli in Octav herauskam, und unter die seltenen mathematischen Bücher gerechnet werden kann.

Für die Addition hat die Seite 25. befindliche Tafel, folgende Gestalt.

	9	8	7	6	5	4	3	2	1	
	9	9	9	9	9	9	9	9	9	
9	9	8	7	6	5	4	3	2	1	9
	18	17	16	15	14	13	12	11	10	
		8	8	8	8	8	8	8	8	
	8	8	7	6	5	4	3	2	1	8
		16	15	14	13	12	11	10	9	
			7	7	7	7	7	7	7	
		7	7	6	5	4	3	2	1	7
			14	13	12	11	10	9	8	
				6	6	6	6	6	6	
			6	6	5	4	3	2	1	6
				12	11	10	9	8	7	
					5	5	5	5	5	
				5	5	4	3	2	1	5
					10	9	8	7	6	
						4	4	4	4	
					4	4	3	2	1	4
						8	7	6	5	
							3	3	3	
						3	3	2	1	3
							6	5	4	
								2	2	
							2	2	1	2
								4	3	

Für die Subtraction Seite 39.

9	19 10	18 9	17 9	16 9	15 9	14 9	13 9	12 9	11 9	9
	9	9	8	7	6	5	4	3	2	
		8	17 8	16 8	15 8	14 8	13 8	12 8	11 8	8
			9	8	7	6	5	4	3	
			7	16 7	15 7	14 7	13 7	12 7	11 7	7
				9	8	7	6	5	4	
				6	15 6	14 6	13 6	12 6	11 6	6
					9	8	7	6	5	
					5	14 5	13 5	12 5	11 5	5
						9	8	7	6	
						4	13 4	12 4	11 4	4
							9	8	7	
							3	12 3	11 3	3
								9	8	
								2	11 2	2
									9	

und für die Division Seite 67.

100	90	80	70	60	50	40	30	20	10
90	81	72	63	54	45	36	27	18	9
80	72	64	56	48	40	32	24	16	8
70	63	56	49	42	35	28	21	14	7
60	54	48	42	36	30	24	18	12	6
50	45	40	35	30	25	20	15	10	5
40	36	32	28	24	20	16	12	8	4
30	27	24	21	18	15	12	9	6	3
20	18	16	14	12	10	8	6	4	2
10	9	8	7	6	5	4	3	2	1

Diese letztere ist das gewöhnliche Ein mal Eins nur in verkehrter Ordnung und etwas mehr erweitert, und soll bestimmt seyn mit einiger Übung geschwinder aus dem Kopf dividiren zu lernen.

Eine gleiche Bestimmung haben die obern für die Addition und Subtraction. Es ist nicht zu miskennen, daß wenn solche, gleich dem Ein mal Eins, auswendig gelernt würden, das Addiren und Subtrahiren dadurch ungemein erleichtert würde, und daß es daher gut wäre, wenn dergleichen Tafeln auch in Schulen eingeführt würden.

Der Baron NEPER wird wie auch Seite 43 dieser Abhandlung bemerkt ist noch immer für den ersten gehalten, welcher das gewöhnliche Ein mal Eins durch Trennung der Zehner von den Einheiten, für die Multiplikation zusammengesetzte Zahlen bequemer eingerichtet, und zu diesem Gebrauch die Rechenstäbe, welche seinen Namen führen erfunden hat.

Allein ich finde in einer zu *Freiburg* 1543. von ULRICH REGIUS herausgekommenen Abhandlung, welche den Titel führt

Utriusque arithmetices epitome ex variis autoribus concinnata
auf der 2ten Seite des 64^n Blattes schon folgende Einrichtung:

Multiplicandus

			4.	6.	8.	
			⁸\8	¹\2	¹\6	2
		¹\6	²\4	²\4	³\2	4
	\	²\4	³\6	⁴\8		6
1	1	5	1	2	8	

welche ganz die Form der Neperschen Stäbe hat, und daher den Neper, wenn er dieses Buch, das aber 60 Jahre älter als seine Erfindung ist, gekannt haben sollte, leicht darauf führen konnte.

2ter Theil.
Von den Rechen – Maschinen mit Rädern.

Bis zum Anfang des 4ten Decennium des 17ten Jahrhunderts scheinen noch keine Versuche gemacht worden zu seyn, Räder und Getriebe zu Rechenmaschinen anzuwenden. Alles was bis dahin versucht und bekannt gemacht wurde, bestund blos in Tafeln, Rechenstäben, Cylinder und andern Werkzeugen, die diesen im Gebrauch gleich zu achten sind.

1. Pascal's Rechenmaschine.

Blasius PASCAL gebohren zu *Clermont* in Auvergne im Jahre 1623 und bekannt durch seine philosophische Schriften war der erste, welcher in den Jahren 1642–44 eine Rechenmaschine mit Rädern auszuführen versucht hat. Ob sie damals schon so zu Stande kam, wie sie später beschrieben wurde, lässt sich nicht genau mehr ausmitteln. So viel ich finden konnte, wurde die Erfindung des Pascal, zwar bald bekannt aber erst in Tom: IV. des Descriptions des Machines et Inventions approuvées par l'academie des Sciences a Paris 1735. pag: 138–139 sehr unvollständig beschrieben. Etwas umständlicher ist die Nachricht in der Encyclopaedie Francaise, in Folio unter dem Titel Machine Arithmetique. Allein es ist aus mehreren Stellen zu vermuthen, daß der Verfasser derselben den Mechanismus, besonders die Vorrichtung zum Übertragen in die höhern Klassen, nicht ganz verstanden habe. Die Maschine des Pascal, ob sie gleich noch unvollkommen ist, zeigt nichts desto weniger von dem großen Scharfsinn ihres Urhebers, und bleibt in dieser Rücksicht merkwürdig.

Sie ist auf Tab: XII Fig: 1 abgebildet und hat die Form eines länglichten viereckigten Kästchens, dessen obere Seite mit einem messingen Deckel A.A. versehen ist, worauf als Haupttheile die mit Ziffern versehenen 8. Scheiben B, B. befestigt sind.

Die erste, von der rechten gegen die linke Seite ist in 12. getheilt enthält die natürlichen Zahlen von 1 bis 11. und ist zum Rechnen für altfranzösische Deniers bestimmt, wovon 12 einen Sols ausmachen. Die 2te Scheibe enthält dagegen 20 Theile mit den natürlichen Zahlen von 0, 1 bis 19 und dient die einzelnen Sols, wovon 20 einen Livre machen zu bezeichnen. Die übrigen 6 Zahlen-Scheiben sind in 10 Theile getheilt und mit den 9 natürlichen Zahlen und der Null versehen. Die Werthe wechseln von der rechten zur linken nach dem dekadischen Rechensystem, und werden sonst durch die ober den Scheiben befindlichen Täfelein angezeigt.

Auf der schmalen Schiene oder Regel x x, welche blos dient durch das Verschieben von v v nach w w die Oeffnungen t t zu bedecken und dagegen bedeckte zu öffnen, enthält ebenfalls 8 Zahlscheiben die aber nur bestimmt sind, die Zahlen, mit welchen gerechnet werden soll, zu bezeichnen, und stehen daher mit der innern Einrichtung in gar keiner Verbindung.

Innerhalb der untern und größern Zahlenscheiben A, die, wie schon oben bemerkt wurde auf dem Deckel befestigt sind, befinden sich dagegen bewegliche Scheiben E E, wo von jede mit so vielen Einschnitten versehen ist als die dazu gehörige größere Zahlenscheibe Theile hat; sonach hat die erste rechter Hand 12, die 2te 20. und jede der übrigen 10 Einschnitte, wodurch eben so viele Zähne gebildet werden. Diese Einschnitte, die den Ziffern gerade gegenüberstehen, sind bestimmt mit Hülfe eines in solche einzusetzenden Griffels oder eines andern ähnlichen Instruments die Scheibe E um ihren Mittelpunct zu drehen.

Damit jedoch dieses Drehen oder Fortrücken bis zu einem bestimmten Punct sicher verrichtet werden könne, so sind auf dem Deckel die Kloben H H befestigt, welche über die Zahlenscheiben noch etwas vorstehen, und das Instrument, mit welchem die gezahnte Scheibe gedreht werden soll, anhalten. Die auf den Scheiben befindlichen Zahlen geben, da sie unbeweglich sind, immer die Zahl der Ausschnitte von dem Puncte der Kloben r r [Kloben s s] gerechnet an und ersparen dadurch das Zählen; dies ist im Grunde auch ihre einzige Bestimmung. Dagegen stehen die Zahlen in den Oeffnungen t, t in Verbindung mit den Scheiben E und verändern sich je nach dem von solcher mehr oder weniger Ausschnitte an die Kloben H vorgerückt werden. Die Bewegung geschieht vermittelst einer Vorrichtung mit Rädern, die, wie Fig: II darstellt, unter einer jeden der Scheiben nach der Linie H′ H^b befindlich ist. Hierdurch wird durch das Umdrehen der Scheibe E die Bewegung dem Rade g und durch das, an einerlei Welle befestigte Rad b auch dem Cylinder auf welchen die Zahlen befindlich sind, mitgetheilt. Da ein jedes dieser so in einander greifenden Räder ebenso viele Zapfen oder Zähne haben muß, als sich Einschnitte auf der dazu gehörigen Scheibe befinden, so müssen die Cylinder, da diese auf gleiche Art getheilt sind, auch immer um gleich viel Theile vorrücken.

Fig: II. III. IV. & V.

Die erste Zahlenscheibe ist, für französische Deniers wovon 12 Stück einen Sols machen bestimmt, erfordert daher lauter Räder mit 12 Zapfen und der Cylinder 12 Abtheilungen oder Felder, welche die Zahlen von 1 bis 11 und in der 12ten das Zeichen der 0 enthalten. Mehr als 11 Einheiten sind nicht erforderlich, weil eine mehr schon einen Sols betrage, der seine Stelle, als eine Einheit, in der Klasse der Sols einnehmen würde. Bei der 2ten Scheibe liegt hingegen die Eintheilung nach 20 und bei den übrigen nach der, der Zehner zum Grunde; daher auch die zu jeder

Klasse gehörigen Räder und Cylinder auf gleiche Art getheilt seyn müssen. Sonst ist die Vorrichtung einer Klasse von der andern unabhängig.

Weil aber bei jeder Rechnung eigentlich nur ein Vermehren oder vermindern vorkommen kann, und das Vermindern das entgegengesetzte von dem Vermehren ist, so wurde in dieser Absicht der Cylinder von Pascal in 2 Abschnitte getheilt, wovon der eine für die Addition die Ziffer von 0 an von der linken zur rechten und der für die Subtraction von der Rechten zur Linken enthält, so daß beide Klassen addirt 10 oder eigentlich Null machen.

Diese so einfache als sinnreiche Einrichtung macht für die Addition und Subtraction nur einerlei Verfahren nothwendig, und ist daher auch bei allen Rechenmaschinen mit Rädern angewandt worden.

Diese Einrichtung ist dem Pascal eigen und mit Recht als das Vorzüglichste der ganzen Maschine zu betrachten. Um den Grund einzusehen, wie bei einer so einfachen Einrichtung die Addition und Subtraction auf ein Verfahren reduzirt werden könne, darf man nur die hier neben befindliche Figur zu Hülfe nehmen, bei

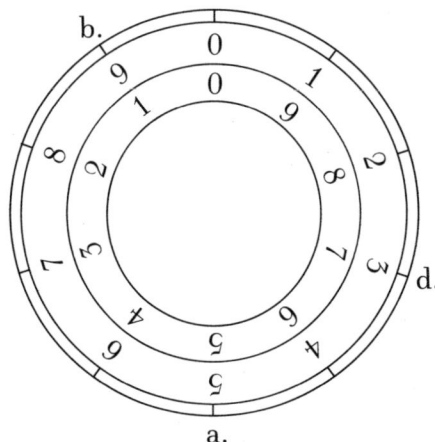

welcher man bemerken wird, daß bei dieser Anordnung sich beide Zahlenreihen, von Null an, um gleich viel entfernen und daß daher, wenn die der Addition um eine oder mehrere Einheiten vermehrt wird, sich die der Subtraction um so viel vermindern muß. Noch deutlicher wird der Mechanismus dieses Verfahrens sich einsehen und begreifen lassen, wenn um diese abgetheilte Scheibe noch ein Kreis gezogen und solcher ebenfalls in 10 Theile getheilt wird, die einzelne Einheiten irgend einer Klasse vorstellen können, und wodurch man sehen wird, daß, wenn zu einer Zahl eine andere addirt oder von ihr subtrahirt werden sollte, man in beiden Fällen nötig hat von einer Zahl so viele Theile fortzuzählen, als die 2te Einheiten enthält. Sollte z. B. zu 5 noch 4 addirt werden, so werden von der für die Addition bestimmten zweiten Ziffer 5 von a nach b noch 4 Theile fortgezählt und bei der 9ten Abtheilung zur Summe 9, im Fall der Subtraction dagegen 1 zum Rest erscheinen. Eben dieses Verfahren findet statt, wenn von irgend einer Zahl z. B. 7 von 7 subtrahirt werden sollte, wo nun von der Ziffer 7 nemlich von d an, 7 Theile fortzuzählen sind, und Null zum Rest gegeben.

Größere Zahlen als 9 können bei dem dekadischen Rechensystem in einer Klasse nicht vorkommen, wenn daher z. B. 9 von 17 abgezogen werden sollten, so würde 1 auf die Klasse der Zehner kommen, sonst aber das vorige Verfahren statthaben. Es dürfen nemlich von 7 nur 9 Theile fortgezählt werden, wo bei dem 9ten Theil 8 als Rest befindlich seyn wird. Hiernach wird die übrige Einrichtung sowie der Gebrauch dieser Rechenmaschine selbst sich leichter erklären lassen. Unter einer jeden der 8 Zahlenscheiben B ist, wie schon bemerkt wurde, zur Bewegung der unter den Oeffnungen t befindlichen Zahlencylinder eine Vorrichtung wie Fig: II darstellt, wobei m die Stelle eines Kegels vertritt und zu dem Ende angebracht ist, damit die Räder nur nach einer Seite gedreht werden können, wobei aber jedes für sich wirkt und mit der nächstfolgenden Klasse nicht weiter in Verbindung steht als daß in den Fällen, wo die Einheiten einer Klasse die Zahl 9 übersteigen in die nächsthöhere Klasse eine Einheit übertragen wird.

Fig: II und Fig: III nach dem Durchschnitt H' H^b in^1 Fig: 1 und Fig: IV und V perspektivisch.

Dieses Übertragen oder Fortrücken geschieht mittelst einer Art Hebel wie Fig: VI und VII vorstellt und nachher umständlicher beschrieben werden wird, wenn ich zuerst die Anwendung dieser Maschine werde gezeigt haben.

1. *Die Addition.*

Hierzu bedient man sich der untern Zahlen in den Oeffnungen t wenn z. B. 15 Sols und 10 Deniers angegeben wären und dazu noch 10 Sols und 6 Deniers addirt werden sollten, so wird erstlich die Zahl 10 unter die Oeffnung t der ersten Abtheilung, die Zahl 15 auf gleiche Art in der zweiten Oeffnung vermittelst der Scheibe E gestellt, welche, wie bekannt, mit dem Cylinder in Verbindung steht. Weil zu den Deniers 6, zu den Sols hingegen 10 addirt werden sollen, so wird auf der Scheibe der Deniers der Griffel oder ein anderes Werkzeug in denjenigen Ausschnitt der Scheibe E eingesetzt und welcher der Zahl 6 gegenübersteht und derselbe bis an den Kloben H geführt, wodurch der Cylinder sich um eben so viele Theile weiterbewegen und daher von zehn auf 4 fortrücken wird. Der Grund davon ist leicht einzusehen, indem der Cylinder, für die Deniers in 12 Theile geteilt ist, die Zahl 10 schon unter der Oeffnung gestellt war und durch die gemachte Bewegung noch um 6 Stellen weiter geschoben wurde.

Da nun aber nach der 12ten Abtheilung die Zahlen wieder von 1. anfangen und von 10 bis 12 nur 2 Theile nöthig waren, so blieben noch 4 Stellen weiter zu rücken, woraus folgt, dass die Ziffer 4 zum Vorschein kommen musste. Ebenso verfährt man bei der Abtheilung der Sols, setzt das Instrument in der Abtheilung bei 10 ein und führt damit die Scheibe E bis an den Kloben H, wodurch der Cylinder im Fach der Sols sich ebenfalls um 10 Theile fortschieben und statt 15 nur 5 zeigen wird. Hierbei ist zu bemerken, dass die Klasse der Deniers schon durch das vorige Verfahren die höchste Zahl der Einheiten überstiegen hatte, dass folglich in die nächsthöhere Klasse, nemlich in die der Sols, ein Ganzes hätte übertragen werden sollen; welches auch von der Klasse der Sols der Fall ist, wodurch die Summe von 15 + 10 und 1 = 26 entstehen wird, 20 Sols hingegen schon einen Livre betragen, der daher in die Klasse der Livre als eine Einheit eingeschoben oder eingetragen werden muss, wozu die Vorrichtung hiernächst umständlich beschrieben werden wird.

Auf eben diese Art verfährt man auch wenn Zahlen von höhern Klassen vorkommen, wobei jedoch bemerkt werden muß, daß die Werthe jetzt nach Dekaden immer nur 10 steigen und aus diesem Grund auf der Maschine die Größen nach den verschiedenen Klassen sorgfältig unterscheiden muß. Sollte z. B. zu 436809 noch 555555 addirt werden, so werden jene zuerst in den Öffnungen t, t nach den Klassen nemlich 9 in die Klasse der Einheiten, 0 in die Zehner, 8 in die Hunderter, 6 in die der Tausende gestellt, dies geschieht vermittelst der, jeder Klasse zukommenden Scheibe b die solang herumgedreht werden, bis die rechte Zahl in der Öffnung erscheint. Die zu addirende Zahl 555555 wird entweder aufgeschrieben oder auf den Zeigern der Regel x x gestellt, hierauf fängt man bei den Einheiten an, setzt das Instrument in die Abtheilung bei 5 und führt solche bis an den Kloben H; eben dies geschieht in der Klasse der Hundert, Tausend, wodurch ohne das Übertragen in der Klasse der Einheiten 4, in der der Zehner 5, in der der Hunderter 3, in den Tausenden 1 zum Vorschein kommen wird. Auf diese nemliche Weise verfährt man auch bei der Subtraction, wobei aber die Regel x x von v v nach w w vorgezogen wird, wodurch die andere Abtheilung, welche der vorigen entgegengesetzt ist, zum Vorschein kommt.

2. Die Subtraction.

Die größere Zahl wird in die Öffnungen tt auf eben die Art wie bei der Addition gestellt, die kleinere hingegen auf Papier notirt oder aber auf den kleinern Scheiben x x bemerkt. Weil auf den Cylindern die Zahlen für die Subtraction in einer der Addition entgegengesetzten Ordnung aufgeschrieben sind, und der Cylinder nur auf eine und die nemliche Art durch die Scheiben E gedreht werden kann, so müssen in diesem Fall die Zahlen abnehmen statt daß sie bei der Addition nach der natürlichen Zahlenreihe wachsen.

Wenn z. B. von 15 Sols 10 Deniers 10 Sols und 6 Deniers abgezogen werden sollen, so wird die größere Summe in die respektiven Öffnungen der Deniers und Sols gestellt, hiernächst das Instrument in den Einschnitt bei der Zahl 6 in die Scheibe der Deniers gesetzt und solche bis an den Kloben H geführt wodurch der Cylinder sich zwar auch um 6 Theile weiter bewegen muß, allein da die Zahlen hier in entgegengesetzter Ordnung folgen, so nehmen solche bei jedem Einschnitt um einen Theil ab und bleiben daher 4 zum Rest.

Eben dies wird auch bei der Scheibe der Sols verrichtet, wo das Instrument in dem Ausschnitt bei 10 eingesetzt und bis an den Kloben H geführt wird. In welchem Fall sich 15 um 10 Einheiten vermindern und nur 5 zum Rest lassen wird, die Verminderung geschieht hier aus der nemlichen Ursache, denn um so viel Theile die Scheibe E von der Abtheilung der Sols fortgerückt wird, um eben so viele Einheiten muß sich auch die Zahl 15 vermindern.

Alles dieses folgt übrigens schon aus der Seite 116 gegebenen Erklärung. Sollte die Subtraction aus mehreren Zahlen bestehen, so macht dies bei dem Verfahren keine Schwierigkeit indem jede Klasse für sich behandelt aber immer auf einerlei Art verfahren wird.

3. Die Multiplikation.

Sie wird blos durch ein wiederholtes Addiren verrichtet.

Wenn z. B. 373 mit 5 multiplicirt werden sollte, so werden zuerst die Zahlen in den für die Addition bestimmten Öffnungen t t alle auf 0 gestellt die Zahlen des Dividendus hingegen entweder blos notirt oder auf der Scheibe x mit Beobachtung der Klassen bemerkt. Man setzt nun das Instrument bei den untern Zahlenscheiben der Einheiten in den Ausschnitt bei 3, führt solchen bis and den Kloben H und wiederholt dies noch 4 mal; mithin in allem 5 mal, nemlich so oft, als der Multiplicator Einheiten enthält. Eben so setzt man das Instrument auf der Scheibe der Zehner bei 7 ein, führt solche an den Kloben und wiederholt dies noch 4 mal. Ein gleiches geschieht nun auch in der Klasse der Hunderter.

4. Division.

Sie besteht aus dem wiederholten Abziehen des Divisors, bis dieser kleiner als der Dividendus geworden ist. Der Dividendus wird in den Oeffnungen t t, auf der für die Subtraction bestimmten Zahlen-Reihe gestellt, da dieser aber besonders notirt. Man fängt nun bei der höchsten Zahl im Dividendus an, setzt den Griffel in der dieser Zahl zugehörigen Klasse in denjenigen Ausschnitt der Scheibe E welchen den Divisor anzeigt und führt solchen bis an den Kloben H und wiederholt dies in jeder Klasse so lang, bis der Dividendus kleiner geworden ist als der Divisor und geht so von der linken zur rechten weiter.

Die Zahl bis auf welche in jeder Klasse abgezogen werden konnte muss genau bemerkt werden weil dies den Quotienten, und dasjenige was allenfalls in den Oeffnungen t t geblieben ist, den Rest anzeigt.

Dasjenige was nun bei der Ausführung die meiste Schwierigkeit findet und noch zu erklären ist, ist die Vorrichtung zum Übertragen von einer Klasse in die andere, wenn etwas in der nächstvorhergehenden niedrigern geblieben ist.

Wenn nemlich eine Klasse schon auf die höchste Zahl ihrer Theile oder Einheiten, aus welcher solche bestehen kann, angewachsen ist und noch 1. oder mehrere Theile hinzugefügt werden sollen, so entsteht dadurch ein Ganzes für die nächstfolgende Klasse, dagegen dasjenige was noch nicht die volle Zahl eines solchen Ganzen erreicht hat noch als Theile in der niedrigern Klasse bleibet.

Für altfranzösische Deniers ist 11. die höchste Zahl der ersten Klasse, weil 12 schon ein Ganzes nemlich einen Sols machen, für Sols hingegen ist 19 die höchste Zahl der Einheiten, da 20 einen Livre betragen. Wenn daher in der ersten Klasse die Zahl bis 12 und in der zweiten auf 20 steigt, so entsteht dadurch für beide Fälle eine Größe für die nächsthöhern Klassen; nemlich statt 12 Deniers ein Sols in der Klasse der Sols und statt 20 Sols ein Livre in der Klasse der Livre. Aus diesem Grund ist auf dem Cylinder der Deniers die 12te und auf dem der Sols die 20te mit dem Zeichen einer Null ausgefüllt. Bei dem Rechnen mit ungenannten Zahlen besteht jede Klasse nur aus 9 Einheiten und der Ziffer Null, die blos dient die Stelle der Klasse anzudeuten, welche sonst durch jedes andere Zeichen vertreten werden könnte. Zu dem Übertragen ist daher für alle Klassen, nur die erste nicht, eine Vorrichtung erforderlich, wodurch, so oft die nächstvorhergehende Klasse von der höchsten Zahl derselben auf das Zeichen Null verrückt wird, eine Einheit in der nächst höhern Klasse eingeschoben wird. In Fig. II ist die Vorrichtung in der Verbindung mit der Welle g, Fig: VII hingegen zeigt diese Vorrichtung von der Seite und zwar umgekehrt, nach dem Durchschnitt von n h Fig: VIII aber den Hebel Q perspektivisch. Der Hebel Q der auf der Welle T aufgesteckt ist, kann sich frei in solcher bewegen und durch einen Stift oder Zapfen p der auf der Scheibe N befindlich ist in die Höhe gehoben werden. An dem Hebel Q befindet sich noch ein anderer Theil R der durch einen Stift t gehalten und durch die kleine Feder y aber gegen S, und folglich auch gegen den Zapfen k gedrückt wird. Wird nun die Scheibe N weiter gedreht, so wird vermittelst des Zapfens p der Hebel in die Höhe gehoben und mit diesem auch der Theil R von dem Nagel k hervorgezogen, am Ende frei werden und vermöge des Drucks der Feder in die Lage wie Fig: VII kommen. In einer solchen Stellung findet sich die Vorrichtung in jeder Klasse, wenn in solcher die höchste Zahl der Einheiten voll ist und durch Hinzufügung von noch einer Einheit ein Theil in die nächsthöhere Klasse eingeschoben werden soll. In diesem Fall wird wenn die Scheibe E um einen Theil weiter rückt, auch die *Scheibe* M [Scheibe N] um einen Theil fortgezogen und am Ende der schon gespannte Hebel Q von dem Nagel oder *Zapfen* p [Zapfen t] wieder freigemacht werden. Der Hebel, welcher durch nichts mehr aufgehalten wird, wird herabfallen, durch den Theil R an den Zapfen k anstoßen und dadurch die Scheibe T und mit solcher auch den Cylinder um einen Theil fortrücken. Auf diese Art geschieht das Einschieben oder Übertragen in allen andern Abtheilungen, wovon jede sonst für sich wirkt. Wenn man die auf Tab: XII. befindliche Abbildungen II bis VIII mit denjenigen, welche auf N$\underline{°}$ 263 des Theils IV des Descriptions des Machines et Inventions approuvées par l'Academie Paris 1735 so wol als wie mit der Encyclopaedie francaise, in folio, in Vergleichung stellt, so wird man wohl die Ursache leicht begreifen können, warum selbst dem Verfasser derselben der Mechanismus des Einschiebens so schwer zu begreifen geschienen habe.

Da wie ich glaube derselbe deutlich genug beschrieben seyn wird, so wird es mir noch auf die Erörterung der Frage ankommen, ob diese Maschine auch den auf Seite 19 gemachten Forderungen einer Rechenmaschine entspricht oder nicht.

Wenn man die verschiedenen Theile derselben einzeln betrachtet, so wird man allerdings manches noch immer bewundern können. Betrachtet man dagegen die Maschine als Werkzeug, das bestimmt seyn soll, das Rechnen entweder abzukürzen oder zu erleichtern, so wird man solche im Gebrauch theils zu umständlich, theils aber auch für gewisse Fälle unzuverlässig und endlich auch zu beschränkt finden.

Was bei der Maschine am meisten Beifall verdient, ist die einfache Einrichtung der Zahlen-Tafel und die Art, wie die Zahlen auf dem Cylinder abgetheilt sind, wodurch wie ich bereits Seite 115 bemerkt habe, für die Addition und Subtraction nur ein Verfahren nötig wird.

Selbst die Art wie das Übertragen von einer Klasse in die andere geschieht, ist gut ausgedacht, obgleich noch unvollkommen. Dagegen ist aber die Anwendung der Maschine beim Rechnen

1. zu umständlich weil jede Zahlen-Scheibe von der andern unabhängig ist, eine jede gestellt und auf einer jeden besonders operirt werden muß.

2. Sind zur Bewegung der Cylinder, welche mit den Scheiben E immer gleichen Gang halten sollen und müssen, die Räder ohne Noth vervielfältigt, wodurch der Spielraum um so größer wird, und am Cylinder leicht den 3ten Theil einer Abtheilung bei der 2ten Klasse hingegen beinahe ein Theil betragen kann, wodurch die Zahlen bald mehr bald weniger, ausser dem Mittel erscheinen werden. Dies hätte im Grunde noch nicht viel zu sagen, wenn nur dieser Umstand nicht auch auf die Vorrichtung beim Übertragen Einfluß hätte. Für 2 oder 3 Klassen würde dies noch angehen, allein für mehrere geht es nicht an.

Da dieser Punct noch von Niemand berührt worden ist, so werde ich ihn näher auseinandersetzen. Es ist nun schon bekannt, daß die Bewegung der Cylinder durch die Scheiben E mittelst eines in die Einschnitte einzusetzenden Griffels, oder eines ähnlichen Instruments verrichtet und das Übertragen bei einem jedesmaligen vollendeten Umgang vermittelst der besondern Vorrichtung Fig: VI geschieht. Da in diesem Ende der Hebel Q schon eine gewisse Schwere haben muß, wenn durch das Herabfallen seine Bestimmung, einen Theil an der Scheibe T fortzurücken, erreicht werden soll; so wird in dem Augenblick wo dies geschieht sich nothwendig auch ein größerer Widerstand bei dem Fortrücken der Scheibe E bemerken lassen.

Für einen einfachen Fall gehet es immer noch an. Wenn aber zu 19 Sols und 11 Deniers noch ein Denier addirt werden sollte, so würde, wenn die Addition auf der Scheibe der Deniers auf die angezeigte Art verrichtet wird, das Fortrücken in der Klasse der Sols und von da auch zugleich in die der Livres erfolgen müssen. Hierdurch müsste die Bewegung von der ersten Scheibe an, auch auf die Vorrichtung zum Übertragen bis in die 3. Klasse fortgepflanzt, mithin eine zweifache Kraft erfordert werden. Ausserdem würde der Spielraum schon merklicher werden und daher in diesem Fall die Scheibe E in der Abtheilung der Klasse der Deniers schon etwas fortgerückt werden müssen, ehe noch eine Bewegung in der zweiten Abtheilung bemerkt werden kann. Sagt man nun ferner daß zu 999 Livres 19 Sols und 11

Deniers noch ein Denier addirt werden sollte, so würde nach vollzogener Addition 1000 Livres, 0 Sols, 0 Deniers erscheinen müssen. In diesem Fall würde in der Klasse der 1000, 9, in der der Hundert 9, in der Klasse der Zehner auch 9, in der der Sols hingegen 19 und bei den Deniers 11 gesetzt und blos in der Abtheilung dieser letztern zu addiren seyn, wodurch, ohne die übrigen Scheiben zu berühren das Übertragen durch alle Klassen bis in die Klasse der 1000 bewirkt werden müsste. Es müsste sich also, wenn in der Klasse der Deniers nur ein Theil gerückt würde, und die Bewegung durch Hülfe des Hebels, bis in die Klasse der 100000 erstrecken. Allein nicht zu gedenken, daß hier der Widerstand schon 6 mal größer, als bei einem einfachen Fall ist, so ist der Spielraum schon zu beträchtlich, als daß das Fortrücken von einer Klasse in die andere pünctlich von sich gehen könnte. Hierzu kommt noch ferner, daß für den gegebenen Fall, die Vorrichtung von der Klasse der Tausende bis auf die Deniers sich in der Stellung wie Fig: VII befinden, mithin durchgängig etwas gespannt sind, und daß, wenn der erste Hebel nicht mit einer beträchtlichen Kraft wirken kann, das Fortrücken entweder gar nicht geschieht oder doch sehr unsicher bleiben müsste.

Aus diesen Gründen wird die Rechenmaschine der Approbation der Academie ohngeachtet, als eine unbrauchbare Maschine zu betrachten seyn, die auf dem angefangenen Weg auch nie zur Vollkommenheit wird gebracht werden können.

2TE RECHENMASCHINE.

Ein Engländer Samuel MORLAND, der nemliche, welcher durch die Wiedererfindung der Sprachröhre schon bekannt ist, soll ebenfalls eine Rechenmaschine erfunden und A° 1671 in London bekannt gemacht haben. LEIBNITZ erwähnt derselben in seinen Briefen an BERNOUILLE [Bernoulli] vom 15 Juny 1691 [1697] und bemerkt, daß Morland eine Rechentafel aus Stäben auf Cylinder aufgetragen und die Additions-Hülfsmittel mit Anwendung der Pascal'schen Rechenmaschine zu Stande gebracht habe.

Eine bestimmtere Nachricht habe ich von ihr nicht erlangen können.

3te Rechenmaschine.

Im Jahre 1678 wurde eine andere Rechen-Maschine von einem französischen Uhrmacher namens Grillet erfunden und von ihm in einer eigenen Abhandlung unter dem Titel:

Description d'une nouvelle Machine d'Arithmetique, par le Mr Grillet, horlog: in 4 à Paris 1678.

bekannt gemacht. Das Journal des Savans von dem nemlichen Jahr giebt davon pag: 170 ebenfalls Nachricht. Sie ist auf Tab: XII unter der Rechen-Maschine des Pascal von der Aussenseite abgebildet und von dieser in der Form sowohl als der innern Einrichtung etwas verschieden, sonst aber nach den nemlichen Grundsätzen gefertigt. Statt der Cylinder sind hier Zahlenscheiben mit A bezeichnet, welche 2 Zahlenreihen, die eine für die Addition die 2te aber, für die Subtraction, enthalten, und auf dem Deckel befestigt sind. Unter jeder dieser Scheiben ist eine andere, dieser ähnlich, mit dem schmalen Ring c befestigt, doch so, dass sie mittelst diesem im Kreis herumgedreht werden kann. Die auf dem Deckel befestigten Zahlenscheiben A haben bei D einen Ausschnitt, durch welchen die Zahlen von dem untern Zahlenringe erscheinen. Die Scheiben B sind sowol für sich, als mit dem Ring c beweglich und dienen den daran befindlichen runden Oeffnungen zum Abzählen. Die Menge der Zahlentafeln richtet sich nach der Größe der Rechnungen; es ist aber jede Tafel eben so, wie bei der Maschine des Pascal, von einander unabhängig. Blos bei dem Einschieben sollen die Hebel von der ersten bis auf die letzte wirken, welches aber so wenig, als bei jener angeht. Da die innere Einrichtung mit der nachfolgenden Rechenmaschine im Ganzen übereinkommt, so halte ich eine specielle Beschreibung um so mehr für überflüssig, als nach solchen Grundsätzen eine vollkommene Rechen-Maschine nie wird zu Stande gebracht werden können. Ich werde daher blos den Gebrauch derselben durch ein Beispiel erläutern.

Wenn z.B. zu 356 noch 356 addirt werden sollte, so wird in der Klasse der Einheiten in dem Ausschnitt D die Zahl 6 mit Hülfe des Ringes C gestellt. Ein gleiches geschieht in der Klasse der Zehner, wo auf den äusseren Ring 5 und endlich in der Klasse der 100, 3 erscheinen muß. Ist dies geschehen, so wird die Scheibe B für sich allein so weit herumgeführt, bis das Zeichen Null unter der schwarzen Ziffer 6 zu stehen kommt. Hierauf setzt man den Griffel in irgend eine von den Oeffnungen des Ringes C ein, führt solche mit der Zahlentafel D so weit herum, bis die Zahl 6 unter der andern auf dem äussern Rande zu stehen kommt. Da die innerhalb befindliche

Zahlen-Scheibe mit dem Ring befestigt ist, so muß solche mit diesem um gleich viele Theile fortgerückt werden. Das Fortrücken soll 6 Theile, welches nach dem Verfahren auch nothwendig erfolgen müsste, betragen. Denn da die Zahlenscheibe B zuvor so gestellt war, daß das Zeichen Null unter die Zahl 6 zu stehen kam und jene Scheibe B mit dem Ringe C wieder um 6 Theile vorwärtsgeschoben oder gedreht wurde; so musste natürlich die untere Zahlenscheibe um eben so viele Theile fortrücken und von 6 auf 12 zu stehen kommen, wovon jedoch nur die letzte Ziffer, nemlich 2 in der Klasse der Einheiten, 1 hingegen schon in die nächst höhere Klasse erscheinen wird.

Eben so wird bei der 2ten und 3ten Klasse verfahren.

Man sieht hieraus schon, daß obgleich der Mechanismus dieser Maschine von der vorigen etwas verschieden, das Verfahren bei beiden ein und das Nemliche ist. Wenn man auch zugibt, daß die Einrichtung der Zahlenscheibe bei der Rechenmaschine des GRILLET, gut ausgedacht ist, so wird der Gebrauch derselben, da jede Scheibe für sich behandelt werden muß, zu umständlich und selbst in dem Fall, daß das Übertragen in die höhern Klassen sicher geschehe, die Anwendung beim Rechnen keine größern Vortheile, als die des römischen Rechentisches gewähren. Allein auch das Übertragen der aus den Niedern für die höhern Klassen bestimmten Größen, kann bei dem vorgeschlagenen Mechanismus nie sicher erfolgen.

Unter solchen Umständen, kann die fragliche Rechenmaschine so wenig als die vorige als ein zum Rechnen nützliches und fehlerfreies Werkzeug betrachtet werden.

Ausser dieser eben beschriebenen Rechenmaschine hat GRILLET auch eine Anwendung der Neperschen Rechenstäbe auf Cylinder gemacht, die aber von den pag: 54 Th.I. beschriebenen Schottischen Rechen-Cylindern wenig verschieden ist.

DIE 4TE RECHENMASCHINE.

Der Herr von LEIBNIZ hat ebenfalls eine Rechen-Maschine erfunden, die aber, ob er gleich mehr als 20000 Thaler auf die Ausführung verwenden haben soll, doch nie vollkommen zu Stande gebracht wurde.

Die Erfindung, oder vielmehr die Zeit, wo LEIBNITZ die erste Idee von seiner Rechen-Maschine gefasst hat, scheint, nach seinen eigenen Äusserungen in die Jahre 1672– 1676 zu fallen. Von der versuchten wirklichen Ausführung hingegen den Herrn von SCHIRRNNHAUS die erste Nachricht gegeben worden zu seyn.

Leibniz bemerkt dies in einem an Joh. BERNOULLI unterm 26. May 1697 erlassenen Schreiben selbst, glaubte auch damals mit der innern Einrichtung seiner Maschine schon ganz im reinen zu seyn, und das Gelingen oder die vollkommene Wirkung nur lediglich in der guten Ausführung seiner Ideen erwarten zu dürfen. In einem neuern Schreiben an Bernoulli vom 15. Juny 1697 bemerkt derselbe zwar, daß seine Maschine mehr curiose als nützlich sey, fügte diesem aber eine so vortheilhafte Schilderung derselben bei, wodurch nothwendig großes Aufsehen erregt werden musste. So sollte bei der Multiplication, wenn z.B. der Multiplicator aus 6 Zahlen bestünde, das Product, ohne irgend eine Rechnung, blos durch ein 6 maliges Umdrehen des Rades oder der Scheibe erhalten werden und dabei nicht einmal das Addiren nötig seyn. Eben so leicht sollte auch das Dividiren, ohne die Subtraction dabei nötig zu haben, verrichtet werden können. Allein dies leistete die Maschine nie. Es scheint dass Leibniz die Ursache blos der fehlerhaften Ausführung zuschrieb und die Möglichkeit des guten Erfolges auch nur von geschickteren [von geschulterten] und fleissigern Arbeitern erwartete.

Es mag wohl seyn dass in der Arbeit ebenfalls gefehlt wurde, inzwischen dünkt mich doch, dass die Schuld mehr in der Anordnung der Theile selbst, als in der Ausführung lag, und dass die Maschine dies nicht leisten konnte, was Leibniz sich von ihr versprochen hatte.

Wenn man die davon in den Miscellaneis Berolin: Tom:I Part 3. Pag: 317. gegebene Beschreibung ob sie gleich nur auf das Äussere [äußerste] beschränkt ist, mit Aufmerksamkeit liest, so wird man finden, dass die Bewegung nur durch die Anwendung vieler Räder erlangt werden kann. Nun ist aber bekannt genug, dass wenn mehrere Räder in einandergreifen, der Spielraum im Verhältnis der Anzahl derselben wächst, und dass daher, wenn das erste um einen gewissen Theil fortgerückt wird, das 2te sich schon um etwas weniger, das 3te wieder etwas weniger fortbewegen wird, wodurch Mangel an Übereinstimmung erfolgen muss.

Bei Uhren, ist der Spielraum aus dem Grund weniger schädlich, weil die Räder sich gewöhnlich nur in einerlei Richtung bewegen und durch das Gewicht, oder die Feder beständig gespannt sind, was bei einer Rechemaschine der Fall nicht ist. Mehrere Nachrichten von der Leibnizschen Rechenmaschine finden sich in dessen Theodicae der lateinischen Ausgabe von 1726;

> in gleichen in LEUPOLD's Theatrum Machinarum Arith: Geom: von 1727 Seite 35–38 und in PÜTTNERS [Büttners] Versuch einer Akademischen Gelehrten Geschichte der Universität Göttingen vom Jahre 1765 § 135.

KÄSTNER gedenkt auf Seite 570 § 79 der Fortsetzung der Rechenkunst 2. Abtheilung von 1786 auch daß eine von den Leibnizschen Rechenmaschinen sich jetzt zu Göttingen befinde, welche aber, nach der von ihm gegebenen Nachricht aber von denjenigen Rechenmaschinen etwas verschieden ist, von welchen Leibniz dem Joh: Bernoulli in dem Schreiben von 26. May [März] 1697 Nachricht gegeben hatte. Man sehe deren Commercium Philosophicum et Mathematicum von den Jahren 1694–1699 Lausannae et Genevae 1745 in 4°. Seite 279 und 288–289. Da ich diese Maschine nicht selbst gesehen habe, von der innern Einrichtung aber bis jetzt weder eine Zeichnung noch Beschreibung herausgegeben worden ist, so muß ich mich hier auch blos auf das äussere beschränken. Auf Tab: XIII ist diese Maschine, von der äussern Seite, nach davon vorhandenen Abbildung und Nachrichten vorgestellt.

LEUPOLD hat in seinem Theatrum Arithmeticum Mathematicum, auf Tab: VIII Fig: 1 zwar auch noch eine Zeichnung geliefert, allein sie ist nicht nur sehr fehlerhaft, sondern es sind auch auf derselben die Buchstaben auf die sich Seite 35 in der Beschreibung bezogen größtentheils ausgelassen, wodurch diese selbst sehr undeutlich wird.

An der Maschine ist der Theil A B C in der Art beweglich, daß solcher zwar auf den Unterlagen H J K durch die Oeffnung L M vorgezogen und das letzte Zahlentäfelchen x noch unter die Oeffnung bei b [bei w] gebracht aber sonst nicht von H nach J gerückt werden könne. Der übrige Theil des Kastens D E F G auf welchem sich oberhalb von D nach E 16 Oeffnungen befinden, ist aber ganz unbeweglich. Unter diesen Oeffnungen sind wie bei der Pascalschen Rechenmaschine Cylinder oder auch Scheiben, welche mit den Zahlenscheiben auf A C in Verbindung stehen.

Sonst sind auf dem beweglichen Theil der Maschine noch folgende 3 Stücke zu merken:

1. die 12 kleinen Zahlen-Scheiben d, d welche an der Rückwand feststehen, oben eine runde Oeffnung haben und am Rande mit den 9 natürlichen Zahlen und der Nulle in gleichen Abständen versehen sind. Unter diesen Scheiben befinden sich andere auf welchen die Zeiger feststehen und mit diesen nach Willkühr herum gedreht werden können. Die auf diesen Scheiben befindlichen Zahlen werden indessen durch die obern so bedeckt, daß nur immer diejenige Zahl durch die Oeffnung gesehen wird, welche der Zeiger auf der äussern Scheibe anzeigt. Auf diese Weise stellen so wohl die Zeiger als die Oeffnungen folgende Zahlen 57710284 vor. Diese Scheiben sollen bei der Multiplikation den Multiplicator bei der Division hingegen den Divisor vorstellen.

Bei dieser Einrichtung scheint die innere Zahlenscheibe ganz überflüssig zu sein.

2. die größere Zahlenscheibe bei N wo die 2 Zahlenringe p r, sowie die Kloben Q feststehen und blos der untere q mit dem Zeiger s beweglich sind. Die Einrichtung ist ganz dieselbe wie bei den Zahlenscheiben der Seite 123 beschriebenen Rechenmaschine des Grillet.

3. die größte Scheibe R, welche mit einer Kurbel versehen ist, ist derjenige Theil, durch welchen die Maschine in Bewegung gesetzt wird. Sie soll sich mit dem Griff ebenfalls herumdrehen, wovon ich jedoch den Nutzen nicht sehe, indem schon durch die Kurbel allein, das Innere in Bewegung versetzt werden könnte.

Auf dem unbeweglichen Theile der Maschine sind von D bis E 16 Oeffnungen, unter welchen sich entweder Zahlenscheiben oder Cylinder befinden, welche mit 0 oder den 9 natürlichen Zahlen beschrieben sind, wovon durch jede Oeffnung immer nur eine einzige gesehen werden kann. Auf der vorliegenden Zeichnung sind es die Zahlen 0000103205 die daraus zum Vorschein kommen. Die Zahl in der ersten Oeffnung rechter Hand stellt die Einheiten, die der 2ten die Zehner, die der 3ten Hunderte vor. Eben dies gilt auch von den weiter unten stehenden Zahlenscheiben. Was nun den Gebrauch derselben betrifft, so wird derselbe auf folgende Art angegeben. Wenn eine Zahl z. B. 57710284 mit einer andern 537 multiplicirt werden sollte, so wird jene auf die Scheibe wie geschehen ist, vorgestellt, die Zahlen in den Oeffnungen des unbeweglichen Theils D E hingegen, mittelst eines Griffels alle auf Null gebracht. Der bewegliche Theil A C wird nunmehr zum Anfang so gerichtet, daß die erste Zahlenscheibe Z rechter Hand genau unter die erste Oeffnung W zu stehen kommt und hiernächst auch der Zeiger S von der Scheibe N auf die am äussern Ring befindliche Zahl 7 als die erste Ziffer im Multiplicator geführt. In die, im Ringe q neben 7, befindliche Oeffnung wird nunmehr ein hierzu besonders vorhandener Stift gesteckt, um hierauf die Scheibe R vermittelst des Handgriffes so weit von der rechten zur linken im Kreise herumgedreht, bis dieser Stift, der mit seinem Ring gleichfalls in Bewegung kommt, bei t an den Kloben q ansteht. Wo sodann die erste Multiplikation vollendet und etwas stille gehalten werden muß.

Das Product von 57710284 mit 7 wird nun durch die Oeffnungen D E erscheinen. Hieraus muß die Multiplikation mit der 2. Ziffer 3 auf ähnliche Art vorgenommen werden, indem der bewegliche Theil A C weiter gerückt, die Scheibe q unter die

Oeffnung W gebracht, der Zeiger S hingegen auf die Zahl 3 am äussern Ring geführt, an dieser der Stift eingesetzt und die Scheibe R aufs neue, so weit herumgedreht wird, bis der Stift wieder an den Kloben Q bei t ansteht. Diese nemliche Operation wird auch für die 3. Zahl 5 vorgenommen. Der bewegliche Theil A C wird nemlich weiter gerückt, die 3te Zahlenscheibe unter die Oeffnung W gebracht, der Stift in die Oeffnung 5 am äussern Rand eingestellt und mit der Scheibe R von neuem so weit umgedreht, bis der Stift wieder am Kloben Q anstehen wird. Wenn der Multiplicator aus noch mehreren Zahlen besteht, so wird auf ähnliche Art verfahren. Nach dieser 3ten Operation, soll das Product, ohne dass ein weiteres Verfahren nötig wäre, in den oberen Oeffnungen des unbeweglichen Theils D E erlangt werden.

Bei der Addition soll die eine zusammengesetzte Zahl in den oberen Oeffnungen die andere aber auf den Zahlenscheiben gestellt und so verfahren werden, als ob mit Eins multiplizirt wird.

Bei der Division wird der Dividendus in den Oeffnungen D E, der Divisor hingegen auf die äussern Zahlenscheiben vorgestellt und der Quotient durch die einzelnen Ziffern im innern Ring der Scheibe N angezeigt werden.

Eine mehr detaillirte Beschreibung zu geben halte ich um so mehr für überflüssig, als diese Maschine das nie geleistet hat, was sie der Absicht und Bestimmung nach leisten sollte.

Tab: XIV.

Die 5te Rechen-Maschine

Joh: Polenus, ehemals Professor der Mathematik zu Padua und bekannt durch viele mathematische Schriften, hat auch eine Rechenmaschine erfunden und solche in dem zu Venedig, 1709 in 4° 8 Bogen stark mit 9 Kupfern herausgegebenen Miscellaneis beschrieben.

Polenus bemerkt in seiner Beschreibung, dass er auf die Nachricht, welcher der sowohl in Briefen als auch Schriften einiger Gelehrten von der Rechenmaschine des Pascal und des H. von LEIBNITZ erhalten habe, auf den Gedanken geraten seye, eine ähnliche Maschine zu erfinden, daß er aber die seiner Vorgänger nicht weiter kenne. Dies scheint auch seine Maschine zu bestätigen, indem sie rücksichtlich der Bauart von den vorigen zwar ganz verschieden ist, aber nichtsdestoweniger alle Mängel und Unvollkommenheiten mit den vorigen gemein hat. Man hat sie noch immer für eine sehr sinnreiche Erfindung gehalten; aber wahrscheinlich nur aus dem Grunde weil sie sehr zusammengesetzt ist und ihre Einrichtung nie ganz verstanden worden ist. Leupold hat davon in seinem Theatrum Arithmetico Geometricum Seite 27 bis 35 die Beschreibung mit einer Copie geliefert. Allein letztere ist deshalb sehr schlecht und fehlerhaft abgebildet, so daß sich daraus wohl niemand so leicht wird finden können. Dieses veranlasst mich auf Tab: XIV davon eine andere Zeichnung zu fertigen, die ungefähr den 4ten Theil von der natürlichen Größe betragen kann. Die Maschine ist sonach von beträchtlichem Umfang und hat die äussere Form einer viereckigten Laterne, in einer hölzernen Rahme. Fig 1 ist die äussere vordere Fig: 2 hingegen die hintere innere Seite. Auf Fig: 1 befinden sich in gleicher Entfernung von einem gemeinschaftlichen Mittelpunct C die sechs Zahlenscheiben a, b, c, d, e und f, welche mit den kleinen Handgriffen g g im Kreise herumgedreht werden können, aber durch Deckel bis auf die Ausschnitte bedeckt sind. Auf den Zahlenscheiben befinden sich auf 2 Ringen, wie bei der Pascalschen Rechenmaschine, die natürlichen Zahlen mit Inbegriff der Nulle, wovon die eine in einer der andern entgegengesetzten Ordnung so geschrieben ist, daß ihre Summe immer 9 beträgt.

Auf dem untern Theil A befindet sich ferner die Scheibe D mit den auf ihr in gleichem Abstande geschriebenen Zahlen 1, 2, 3, ... 9, auf welche auch die ausserhalb befindlichen kleinen Löcher in welche nach Erfordern der Stift F gesteckt werden kann, korrespondiren. Diese Scheibe ist auf dem Theil A befestigt und darauf blos der Zeiger E mit dem Rad Q ... Fig: 2 beweglich. Die Kurbel B Fig: 1 ist hingegen mit der Achse K Fig: II verbunden, und bestimmt durch Hülfe einiger Räder K, L und X Fig: IV die Scheibe Z zu bewegen und dadurch die Hülse oder Mutter y vor- oder rückwärts zu schieben und mit ihr auch die Welle p fortzurücken, wovon die Bestimmung hiernächst angegeben werden soll. Fig: III ist eine Scheibe, welche auf der Axe des Rades R befestigt ist, und 3 über einander hervorstehende Segmente hat, wovon jedes mit 9 Zähnen versehen ist, welche aber nach Willkühr hervor oder zurückgeschoben werden können, jenachdem es die Rechnung erfordert. Diese Zähne greifen in die Räder h, i, k und nehmen dadurch bald mehr, bald weniger Zähne mit. Das Rad Q Fig: 2 hat 72 Zähne und ist das Hauptrad welches die ganze Maschine bewegt; die Axe desselben geht durch den vordern Theil A und ist wie schon bemerkt worden mit dem Arm oder Zeiger E befestigt. Dieses Rad Q greift in das Getriebe p des Rades R womit auch das Rad S bewegt wird. Da das Getriebe p nur 8 Zähne hat, das Rad Q hingegen 72 dergleichen hat; so wird jenes, bei einem ganzen Umgang des Rades Q so oftmal umgetrieben als 8 in 72 enthalten ist. Das Rad S hat bei dieser Maschine nur die Bestimmung, die Bewegung langsamer zu machen und zu verhindern, daß das Rad R nicht allzu schnell herumgetrieben werden könne.

Zu diesem Endzweck greift das Rad S noch in das Getriebe des Kronrades T und bewegt solches, wird aber durch die Unruhe u oder Perpendikel in der Bewegung aufgehalten. W ist ein Sternrad, und um dessen Welle eine Schnur mit dem Gewicht Z gewunden ist. Es wird durch den Sperrkegel aufgehalten, wodurch das Rad S und mit diesem, die übrigen Räder herumgetrieben werden.

Auf der Axe des Rades R ist wie schon bekannt, das unter Fig: III abgebildete Rad P, welches bis an die punctirte Grenze reicht, in die Sternräder h, i, k, greift und solche in Bewegung setzt. Diese letzteren haben 10 Zähne, als so viel auch jede der 6 Zahlenscheiben, mit welchen solche in Verbindung stehen, Theile hat.

Noch ist dabei zu merken, daß das Rad R, welches in Fig: IV. in Profil, mit gleichen Buchstaben vorgestellt ist, beträchtlich stärker seyn muß, weil solches mit der Hülße y, vor und rückwärts geschoben wird und dabei immer noch in das Rad S eingreifen muß.

Das Vor- und Zurückschieben des Rades R, welchem auch das auf der nemlichen Welle befestigte Rad P folgen muß, geschieht durch die Räder K, L, welche in das Fig: IV von der Seite vorgestellte Rad bei W eingreifen. Die Bewegung selbst aber wird durch die Kurbel B Fig: 1 verrichtet. Mit einem ganzen Umgang werden auch gedachte 3 Räder einmal umgetrieben und dadurch die Hülße y, um die Schrauben Weite 0, 1, fortgeschoben, welches auf 3 Umgänge, als auf so viel diese Maschine nur eingerichtet ist, die Distanz von 0 bis 3 beträgt, und so stark auch das Rad R seyn muß.

Das Rad P Fig: III das mit dem Rade R auf einer Welle feststeht, hat auf der einen Hälfte a b c nur den dritten Theil der Stärke des Rades R und keine Zähne, auf der andern Seite aber 3 gleiche Ausschnitte, wovon der erste c d so stark als die halbe leere Seite, der zweite e d zweimal und der 3te a e dreimal so stark seyn muß. Die Zähne haben in dessen durchgehends nur einerlei Breite und sind auf diese versetzt. Jeder dieser 3 Ausschnitte hat übrigens 9 Zähne die mittelst einer besonderen Vorrichtung hervorgeschoben oder zurückgehalten werden können.

Durch diese Zähne dieser 3 Segmente werden bei den 4 gemeinen Rechnungs-Arten die Zahlen, womit gerechnet werden soll, vorgestellt. Bei der Addition stellen solche die zu addirende Zahl, bei der Multiplikation den Multiplikandus und bei der Division den Divisor vor. Das erste Segment c d enthält in dieser Absicht die Einheiten, das zweite Segment d e die Zehner und das 3te e a die Hunderter. Bei der Multiplikation kann folglich der Multiplikandus nur aus 3 Ziffern bestehen, so wie auch Producte über 6 Ziffern nicht auf der Maschine ausgedrückt werden können. Übrigens ist noch zu merken, daß die Räder h, i, k, l, m, n, Fig: II. nicht in einer Ebene liegen, sondern immer um die Mitte [Weite] des Schrauben-Umgangs auf Fig: IV, das ist, um den 3te Theil von der Dicke des Rads höher liegen. Das Rad h, welches auf die Zahlenscheibe der Einheiten korrespondirt, steht am niedrigsten und so steigen sie der Ordnung nach.

Wenn nun das Rad P auf der Welle bei p gehörig aufsitzt, so greift das Segment c d, als das niedrigste nur in das Rädchen h, das Segment d e, in das Rädchen i und endlich das Segment a e in das Rädchen k, die übrigen Rädchen l m und n, die wieder höher liegen, werden dadurch noch nicht berührt, bleiben also in der Ruhe.

Wenn man z.B. im ersten Segment 6 Zähne, im 2ten 3 und im 3ten 5 Zähne herauszöge, so würden die Zähne c d in das Rad h eingreifen, und von diesen 6 Zähnen oder Theile fortrücken; überdies würde von dem Segment d e in dem Rade l, nur von dem Segment a e in K geschehen und von diesen beiden Räderchen ebenfalls so viel Zähne oder Theile fortgerückt werden, als Zähne aus den correspondirenden Segmenten hervorgezogen sind; d. i. im 2ten 3 und im 3ten 5. Um eben so viele Theile mussten auch die ersten 3 Zahlen-Täfelchen auch der [auf der] 2ten Zahlenreihe fortrücken und wenn sie anfänglich auf 0 gestellt worden wären, die Zahl 536 vorstellen. Bei einem 2 maligen Umgang müsste auf diese Art das doppelte, bei einem dreimaligen Umgang das dreifache zum Vorschein kommen, wobei aber noch die Einrichtung zum Übertragen in höhere Klassen fehlt, so oft eine Klasse die höchste Zahl der Einheiten übersteigt. Dies soll durch eine Vorrichtung wie Fig: II bei α vorstellt, zu Wege gebracht werden. Hierzu sind jedoch für jede Zahlenscheibe noch 2 Räder wie bei m Fig: III. vorgestellt sind nötig, die aber, um Verwirrung zu vermeiden, nicht alle auf Fig: II. angebracht werden konnten. Man darf sich aber nur unter n und o ein Paar solcher Räder denken, so wird die Verbindung und ihre Wirkung leicht eingesehen werden können. Hiernach wird sich auch die Wirkung und der Gebrauch der Maschine geschwinder einsehen und beurtheilen lassen.

Durch das Gewicht Z wird nemlich das Rad S von b nach a, das Rad R von c nach d, und endlich Q durch das Getriebe p von f nach e gezogen, aber durch den Stift F Fig: I angehalten. Da nun das Getriebe p nur 8, das Rad Q hingegen 72 Zähne hat, und 8 in 72 neunmal enthalten ist, so muß auch jenes mit dem Rade R und P, neun Umgänge machen, während Q einmal herumkommt; oder, welches gleichviel ist: ein ganzer Umgang von den Rädern S und R bewirkt am Rade Q nur den 9ten Theil, und so auch umgekehrt 1/9 von Q, die ganze Vollendung von R mit dem auf ihm befestigten Rade P. Der Zeiger E Fig: I, welcher, wie ich schon bemerkt habe, auf der Axe des Rades Q festsitzt, dient die Zahl der Umgänge zu bestimmen, welche das Rad R machen soll. Denn da das Gewicht Z das Rad von f nach e zieht, der Zeiger E auf demselben festsitzt, und 1/9 des Umfangs immer einen ganzen Umgang von R bewirkt, so darf der Zeiger E nur auf die Zahl, die die Umgänge bezeichnet gesetzt und darauf der Stift F in die Öffnung bei der Zahl 9 gestellt werden, wo nach das Rad R eben so viele Umgänge machen wird, als Theile zwischen 9 und dem Ort des Stiftes befindlich sind; so z. B. wenn der Stift F Fig: I von 3 nach 9 gebracht wird, so würde das Rad Q um 3/9 des ganzen Umfangs weiter rücken und dadurch R 3 Umgänge machen.

Bei diesem Richten oder Stellen des Zeigers E ist aber zu merken, daß weil dadurch die Räder R S und T in entgegengesetzter Richtung in Bewegung kommen, zuvor der Perpendikel oder die Unruhe u ausgehoben, so wie auch die Zähne im Rade P zurückgeschoben werden müssen. Bei diesem Richten wird das Gewicht Z, wenn es allenfalls abgelaufen seyn sollte, wieder in die Höhe gezogen.

Ich komme nunmehr zu der Anwendung der 4 Rechnungs-Arten selbst.

1. die Addition.

Wenn 2 Zahlen zusammen z. B. 9521 und 536 addirt werden sollen; so wird die größere auf dem Zahlentäfelchen in die 2te Reihe gestellt, nemlich so, daß auf dem ersten rechter Hand 1, auf dem 2ten 2, auf dem 3ten 5 und auf dem 4ten 9 unter die Ausschnitte in der 2ten Reihe durch die Öffnungen erscheinen; die andere Zahl [die anderen Zahlen] hingegen in den 3 Segmenten durch die Zähne vorgestellt. In dieser Absicht werden im ersten Segment c d, 6 Zähne im 2ten 3, und im 3ten 5 herausgezogen. Ist dies geschehen, so wird der Zeiger E von 9 auf 1 geführt, in 9 der Stift gesetzt und die Maschine der Bewegung überlassen, die, so wie der Zeiger an den Stift zurückgekommen ist, aufhört. Während dieser Bewegung rücken die Zähne im Segment c d auf dem ersten Täfelchen 6 Theile im 2ten durch das Segment d e, 3 Theile, und auf dem 3ten 5 Theile fort. Wonach 7487 als die Summe auf den ersten 4 Täfelchen zum Vorschein kommen wird. Die Zähne im Rade P geben jedoch nur 6784, indem die von q s [9 und 5] gebliebene Zehn durch die Vorrichtung bei α in die 4te Klasse eingeschoben und dadurch 6 und 7 [6 in 7] verwandelt wird.

2. die Subtraction

geschieht auf die nemliche Art, nur mit dem Unterschied, daß man sich hierzu auf den Täfelchen h, i, k, der Zahlen im größern Kreis bedient.

3. die Multiplikation.

Vor allem ist zu merken, daß die Producte über 6 Zahlen nicht ausgedrückt werden können, der Multiplikandus und Multiplikator zusammen genommen nicht über 6 in manchen Fällen auch nur 5 Ziffern betragen dürfen.

Wenn z. B. 536 mit 3 multiplicirt werden sollte, so würden die Zähne im Rade P so gestellt wie solches bei der Addition schon gezeigt wurde, und auf Fig: III vorgestellt ist. Nun werden die Zahlen-Täfelchen h i und k so gestellt, daß durch den Ausschnitt in der 2ten Reihe lauter Null stehen. Ist dies geschehen, so wird der Zeiger E von 9 auf 3 geführt, in 9 der Stift gesetzt und die Wirkung dem Gewicht Z überlassen, wodurch die Maschine so lange in Bewegung bleibt, bis der Zeiger E auf die Zahl 9 zurückgekommen, und durch den Stift F weiter zu gehen gehemmt wird. Da auf diese Art das Rad Q 3/9 und das Rad R mit dem Rade P, 3 ganze Umgänge vollendet hat, so werden während dieser Bewegung die Zähne im Segment c d auf dem ersten Zahlen-Täfelchen 3 mal 6 Theile, die des 2ten Segments auf dem 2ten Täfelchen 3 mal 9 und das 3te Segment [und die des 3ten Segments] 3 mal 5 Theile fortgeschoben haben. Geschieht dabei das Übertragen der gebliebenen Zehner richtig, so werden die Täfelchen zum Producte 1608 vorstellen müssen. Bestünde aber der Multiplicator aus mehrern Zahlen z. B. aus 593 so wird nach der ersten Operation mit der Kurbel B einmal herum gedreht, wo durch aus der schon vorhin erklärten Einrichtung das Rad R um einen Theil vorgewunden, hierauf der Zeiger von 9 bis wieder dahin zurückgeführt, der Stift in 9 versetzt und die Maschine der freien Bewegung überlassen. Da durch das Hervorwinden des Rades R auch das Rad P seine Lage um 1/3 der Dicke von R Fig: IV verändert hat, so greift bei dieser zweiten Bewegung das Segment c d nicht mehr in das Rad h, sondern in das Rad i. Das 2te hingegen in k und das dritte in l wo jedes, bei dem ganzen Umgang von Q 9 Umgänge machen muß.

Nach dieser 2ten Operation wird mit der Kurbel B wieder einmal herumgedreht, wo bei das R abermal um einen Theil in die Höhe gewunden und dadurch auch das Rad P die vorige Lage verändern wird. Da die 3te Zahl im Multiplikator 5 ist, so wird der Zeiger E von 9 auf 5 zurückgeführt, der Stift hingegen in 9 gestellt, und auf diese Art die Maschine wieder in Gang gebracht. Das Segment c d greift nun nicht mehr in das Rad i sondern in k das 2te aber in l, und das dritte in m.

4. die Division.

Bei dieser wird der Dividendus durch die oberen Zähler in den Zahlen-Täfelchen h, i, k, l der Divisor hingegen durch die Zähne des Rades P vorgestellt.

Der Dividendus kann aber nur aus 6, der Divisor hingegen höchstens aus 3 Ziffern bestehen. Wenn beide, Dividendus und Divisor gehörig gestellt sind, so wird die Maschine so gerichtet, daß die Zähne im Segment, welche die erste Zahl von der linken zur rechten im Divisor vorstellt, in das auf die erste Zahl im Dividendus correspondirende Rädchen eingreift, und nachdem der Weiser oder Zeiger E zuvor auf 9 gebracht worden ist, die Maschine so lange im Gange gelassen, bis die Zahlen auf den Zahlen-Täfelchen kleiner als der Divisor werden, in welchem Fall der Zeiger durch Vorsteckung des Stifts F aufgehalten und dadurch die Maschine gehemmt wird. Die von der Zahl 9 an durchgelaufenen Theile zeigen die erste Zahl im Quotient an, ist die im Dividendus verbleibende Zahl noch größer als der Divisor, so wird die Division in die nächsten Zahlen fortgesetzt. Es wird nemlich das Rad R, vermittelst einer ganzen Umdrehung der Kurbel B um einen Theil zurück gerückt, statt daß solches bei der Multiplication vorgerückt wurde und wie vorhin verfahren. Die von dem Zeiger E auf der Scheibe D durchgelaufenen Theile zeigen die 2te Zahl im Quotienten. Ist der Rest mit der allenfalls noch vorhandenen Zahl noch größer als der Divisor, so wird das Rad R wie vorhin wieder um einen Theil zurückgerückt, hierauf die Maschine aufs neue so lange im Gange gelassen, bis die Zahl entweder kleiner als der Divisor werden, oder ganz aufgehen. d. i. im letzten Fall lauter Nullen erscheinen. Die aufs neue von dem Weiser E auf der Scheibe D durchlaufene Theile geben die dritte und letzte Zahl im Quotienten, die in dem Täfelchen gebliebene Zahlen hingegen den Rest an.

Wenn der Divisor nur aus einer oder 2 Zahlen bestünde, so kann der Quotient auch auf der dem Dividendus nächst vorhergehenden Scheibe ausgedrückt werden, denn es ist in diesem Fall nur nöthig, daß im 3. Segment 1 Zahn hervorgeschoben werde, um dadurch die Zahl der Umgänge anzumerken, in dem die Division nichts als eine wiederholte Subtraction ist, und durch einen jedesmaligen Umgang der Dividendus um so viele Theile vermindert wird, als der Divisor Einheiten durch alle Klassen enthält.

Sind auf diese Art z. B. 5 Umgänge vollendet worden, ehe die Zahl im Dividendus entweder ohne Rest aufgeht oder kleiner wird; so zeigt dies an, daß der Quotient 5 seye.

So viel von der Einrichtung und dem Gebrauch dieser Maschine.

Ich glaube, daß es hinreichen wird, davon eine richtigere Idee zu erlangen. Sie ist in manchen Stücken sehr sinnreich, hat aber doch auch folgende Mängel:
1. ist ihr Gebrauch nur auf kleine Zahlen beschränkt.
2. Erfordert solche nichtsdestoweniger einen beträchtlichen Umfang, wodurch ihre Anwendung unbequem wird.
3. Geht die Operation ziemlich langsam von Statten, und endlich ist
4. die Vorrichtung für das Übertragen der Zehner eben den Mängeln wie die Pascalsche Rechen-Maschine unterworfen, indem solches immer von den nächstvorhergehenden Rädern abhängig gewesen ist; wodurch aber der Gebrauch unzuverlässig wird.

Man wird dies leicht einsehen können, wenn man sich nur den Fall denkt, wo zu 99999 noch 1 addirt, die Summe 100000 herauskommen soll. Denn da hier nur unter die Ziffern der Einheiten 1 zu addiren ist, so würde die Einrichtung so beschaffen seyn müssen, daß wenn die 5 Zahlen-Täfelchen auf 9 gestellt sind und das der Einheiten um eine Stelle weiterrückt auch die folgenden 4 augenblicklich von 9 auf Null übergehen. Allein dies leistet diese Rechen-Maschine so wenig als die vorigen und muß aus diesem Grunde ihrer sinnreichen Einrichtung ungeachtet, immer noch als ein unvollkommenes und unbrauchbares Werkzeug betrachtet werden.

Die 6te Rechenmaschine.

Ein Franzose, namens LEPINE hat auch eine Rechen-Maschine erfunden, welche von der vormaligen Königlichen Academie der Wissenschaften zu Paris, im Jahre 1725 approbirt und von Seite 131– 136 in Theil IV des Machines et Inventions von 1735 beschrieben und abgebildet wurde.

Sie ist auf Tab: XV. von der äussern Seite ganz, von der innern Einrichtung aber nur auf zwei Zahlenscheiben vorgestellt und kommt mit der von Seite 123 bis 124 beschriebenen Rechen-Maschine des *Grillet* im wesentlichen überein. Auf der Aussenseite befinden sich 12 verschiedene Zahlen-Scheiben, welche nach der Ordnung der auf Fig: I beigesetzten Buchstaben A, B, C, --- N auf einander folgen.

Die 2 ersten A B sind zur genannten Rechnung für französische Deniers und Sols bestimmt und daher in resp: 12 und 20 Theile, die übrigen 10 hingegen in 10 Theile getheilt. Die äussern Zahlenringe sind durchgängig auf dem Deckel der Maschine befestigt und blos die innerhalb befindliche Zahlscheibe A A um ihre Achse beweglich. Die Bewegung geschieht hier mit dem auf Fig: I sub lit: R abgebildeten Werkzeug in dem einige der Spitzen in die runden Löcher der Scheiben A A eingesetzt, und solche bis an die Zeiger b herumgeführt werden. Mit diesen Zahlenscheiben sind unterhalb größere verbunden, auf welchen 2 Reihen Zahlen befindlich sind, wo von die eine wie bei der vorigen Maschine in entgegengesetzter Ordnung geschrieben ist. Die Zahl der Theile ist übrigens den äussern ganz gleich. Auf und in einer jeden Zahlen-Scheibe befinden sich bei A, B, C, D, längliche Ausschnitte, wodurch die Zahlen von den untern Scheiben gesehen werden können, wovon aber, um Verwirrung zu vermeiden, die eine Reihe nach Willkühr bedeckt werden kann. Dies geschieht durch die in Fig: II unterhalb angebrachten Regeln A B, welche mit

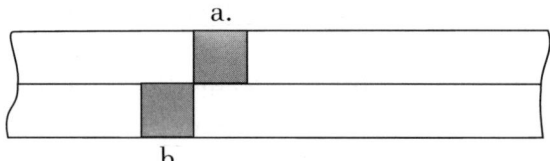

dem Hebel D bey A B verbunden und um den Punct C beweglich sind. Diese Regeln haben über jede Scheibe, wie die zur Seite stehende Figur zeigt, viereckigte Ausschnitte a, b und können durch den Handgriff S auf Fig: 1 rückwärts und vorwärts geschoben werden und dadurch eine oder die andere Reihe bedecken oder öffnen.

Unter einer jeden Zahlenscheibe befinden sich zur Bezeichnung der Quotienten noch andere dergleichen Scheiben, wovon die Zahlen durch die Oeffnungen bei P erscheinen. Sie haben nur eine Zahlen-Reihe und werden durch die Arme c, d, e, und durch die längere Spitze des Instruments R bewegt. Es geschieht dies in den Fällen, wenn der Divisor nur aus einer Ziffer besteht, und auf diese Art durch ein wiederholtes Spiel oder Abziehen die längere Spitze den Arm c d jedesmal in der Gegend von K ergreift und bei nach i zieht [bei i zieht], wodurch in der Scheibe E ein Zahn vorgeschoben wird. Wenn dagegen der Multiplikator aus mehrern Ziffern bestünde, so können diese Täfelchen nicht gebraucht werden, weil dadurch unrichtige Resultate entstehen würden. Man muß daher in diesem Fall die Quotienten wie bei der Pascalschen Rechen-Maschine anmerken.

Die übrige Einrichtung ist auf E, Fig: II zu sehen und für folgende Scheiben die nemliche. Die Arme x, sind auf die Räder E befestigt und bestimmt, die Scheiben zu stellen.

Ausser diesen sind zwischen Q,R noch 12 Scheiben unterhalb dem Deckel, die durch die Arme v,v,v, gerichtet werden können. Ihre einzige Bestimmung ist die Zahlen, mit welchen gerechnet werden soll, zu bezeichnen, und stehen daher in gar keiner Verbindung mit der Maschine.

Übrigens ist die Einrichtung auf Fig: II durch die Buchstaben F, F dargestellt. Von der innern Einrichtung ist blos zu merken, daß unter einer jeden Zahlen-Tafel, runde Scheiben, wie p, q, r, s, mit Zapfen oder Stiften, in Form der Kammräder befindlich sind.

Eine jede solche Scheibe hat am Umfang eben so viele Zapfen, als Theile, wie, mit ihr in Verbindung stehenden Zahlen-Tafeln Ziffern hat, d. i. die erste für die Deniers 12, die 2te für Sols 20 und alle übrigen 10. Auf den 11 ersten Scheiben ist einer der Zapfen länger wodurch bei dem jedesmaligen ganzen Umgang eine Einheit in die nächsthöhere Klasse übertragen wird. Allein, da auf diese Weise das Übertragen von den vorangehenden abhängig gemacht wird, so wird dies in Fällen, wo die Vermehrung von einer Einheit auf mehrere Zahlen-Tafeln zugleich wirken soll, z.B. bei 999999 ganz unzuverlässig. Der Mechanismus des Übertragens besteht aus den Hebeln u,w, die durch die ganze Maschine einander ähnlich sind. Schon aus der blosen Abbildung wird man sehen, daß solcher noch sehr mangelhaft ist.

Bei der Anwendung dieser Maschine zum Rechnen, wird übrigens auf folgende Art verfahren:

1. bei der Addition.

Wenn 2 Zahlen z.B. 9312 und 1141 addirt werden sollen, so wird eine derselben in der obern Oeffnung der Zahlentafeln C, D, E, und F vorgestellt, wie dies hier mit 1141 geschehen. Nun wird, um die Addition mit den andern Zahlen 9312 zu verrichten, die kurze Spitze des Werkzeugs R in die am äussern Rand der Ziffer 2 gegenüberstehende kleine Oeffnung der Scheibe c eingesetzt und dadurch die mittlere Scheibe von a bis b geführt. Ein gleiches geschieht auf der Zahlenscheibe der Zehner bei der Zahl 1, wo die Scheibe von c bis d geführt, ferner auf der Scheibe der Hunderter von der Zahl 3 am äussern Rande bis b und endlich auch auf der 4. Scheibe von 9 bis 0 in der Richtung von 9, 8, 7, 6, …0. Hiernach wäre die Addition vollzogen, wenn das Übertragen der Zehner mit der erforderlichen Sicherheit geschehen könnte. Bei mehreren Zahlen folgt die nächsthöhere auf der Scheibe H, von da an die übrigen, gegen die eingeführte Ordnung, von der linken zur rechten bis M wachsen.

2. Die Subtraction.

Das Verfahren ist der Addition ähnlich und bedient man sich hierzu der Zahlen der zweiten jetzt bedeckten Reihe, auf welche immer die größern vorgestellt werden müssen, und roth geschrieben sind.

3. Die Multiplikation

ist auf der Maschine eine wiederholte Addition. Wenn nemlich 1141 mit 5 multiplicirt werden sollte, so wird der Multiplicandus zuerst entweder notiert oder auf den zum Anschreiben bestimmten Täfelchen angemerkt, sodann werden die größern Zahlenscheiben in schwarzen Zahlen auf Null gerichtet. Man setzt nun die ganze Spitze [kurze Spitze] des Werkzeugs R in die Klasse der Einheiten bei 1. ein, führt die Scheibe bis b und wiederholt die Operation 5 mal. Eben dies geschieht bei der Klasse der Zehner in der folgenden Tafel bei der Zahl 4, von wo die Scheibe 5 mal bis an den Zeiger geführt; endlich auch auf der 3ten von der Zahl ebenfalls 5 mal, und so auch auf der vierten. Das Product wird nach dieser wiederholten Operation in den Oeffnungen C,D,E, und F mit 5605 erscheinen. Wenn der Multiplicator aus mehrern Zahlen bestünde, so müsste für eine jede einzelne Zahl das Product gefunden und am Ende auf die gewöhnliche Art addirt werden.

4. die Division.

Sie wird wie die Subtraction verrichtet.

Wenn der Divisor nur aus einer Zahl bestehet, so bedient man sich, bei dem Instrument R, der längern, sonst aber nur der kürzern Spitze.

Die Quotiententafeln oder Scheibe werden zuvor auf Null, die Zahlen des Dividendus aber, wie des Subtrahendus auf der 2ten Zahlen-Reihe in den Oeffnungen C,D,E vorgestellt, wobei die Klassen gehörig beobachtet werden müssen. Man fängt nach Seite 119 bei der höchsten Ziffer im Dividendus an, zieht von solcher den Divisor so oft mal ab, als der Divisor ist, und notirt, wie oft dies hat geschehen können. Man rückt nunmehr um eine Zahl weiter, und verfährt mit dem Divisor eben so.

Man sieht dass sich hiebei alles auf ein wiederholtes Abziehen des Divisors reduzirt, und dass das Verfahren eben so umständlich wie das bei der Multiplication wird. Wenn diese Maschine auch in Ansehung des Mechanismus zum Übertragen der Zehner fehlerfrei wäre, was sie jedoch nicht ist, so würde sie dennoch weder bei der Multiplication noch der Division je mit Nutzen gebraucht werden können.

Die 7te Rechenmaschine.

Leupold, der bekannte Autor des Theatrum machinarum, hat eine Rechenmaschine erfunden, die sowol in der Form, als der innern Einrichtung von den bis jetzt beschriebenen abweicht, aber immer noch als ein unvollkommenes Werkzeug zu betrachten ist. Er hat auf Seite 38–41 in seinem Theatrum Arithmetico – Geometricum eine kurze Nachricht gegeben und derselben noch eine Abbildung beigefügt. Sie ist auf Tab: XVI und XVII abgebildet, woraus jedoch dasjenige, was im Original unrichtig ausgedrückt oder vorgestellt ist, gehörig abgeändert wurde.

Schon Leibniz und Polenus suchten die verschiedenen Zahlen-Tafeln unter sich so zu verbinden, damit nicht auf einer jeden Zahlen-Tafel besonders operirt und bei der Multiplikation und Division so häufige Wiederholungen gemacht werden dürfen. Was sie hierin geleistet haben, ist schon gehörigen Orts bemerkt worden.

Leupold suchte dies ebenfalls. Seine Idee ist in der That sehr sinnreich, allein nicht so auszuführen möglich, daß dadurch gleiche und immer richtige Resultate erlangt werden können. Der Stein des Anstosses liegt auch hier in dem Übertragen der Zehner, als Einheiten in die nächsthöhern Klassen, was durch den eingeschlagenen Mechanismus, durch ineinandergreifende Räder, wo eines auf das andere wirken soll, platterdings unmöglich ist.

Da diese Maschine auf dem angefangenen Weg nie zur Vollkommenheit gebracht werden kann, so werde ich auch keine spezielle Beschreibung liefern, sondern mich blos auf die Haupttheile und ihren Zusammenhang beschränken.

Die Maschine ist auf Tab: XVI in natürlicher Größe vorgestellt und in Form einer Trommel 5 bis 6 Zoll hoch, hat im äussern Ringe A, 9 darauf feststehende Zahlen-Tafeln und 6 dergleichen auf der um ihren Mittelpunct beweglichen Scheibe B. Die Axen der Zeiger sind zwischen dem Boden und dem obern Theile der Maschine befestigt und ihre verschiedenen Verbindungen auf Tab: XVII dargestellt.

Unter einer jeden der auf dem äussern Ringe befestigten 9 Scheiben befinden sich ähnliche, wovon die Zahlen aber nur durch die Ausschnitte erscheinen und an der Axe der Zeiger befestigt sind. Die äussere Zahlenreihe ist für die Addition und Multiplikation, die innere roth geschriebene hingegen für die Subtraction und Division bestimmt. Die 6 Täfelchen auf der innern Scheibe haben nur eine Zahlen-Abtheilung, aber eine mehrfache Bestimmung wie hier noch gezeigt werden wird.

Innerhalb dieser Täfelchen befindet sich ferner ein in 10 Theile abgetheilter Ring mit den 9 natürlichen Zahlen samt dem Zeichen der Nulle, und bei jeder Zahl ein kleines rundes Loch.

Das übrige zeigt die Figur und wird bei dem Gebrauch erläutert, wenn zuvor noch die innern Theile etwas genauer beschrieben seyn werden. An den Axen der auf dem Ringe A befindlichen 9 Zahlen-Täfelchen sind nahe am Boden, Räder wie E, F, G, H, Fig: 3 angebracht, wodurch die Zeiger und mit diesen auch die verdeckten Zahlen-Täfelchen fortgerückt werden. Da die Fig: 3 nur zur Hälfte gezeichnet ist, so haben auf solcher nur 4 Rädchen vorgestellt werden können, welche zur Einsicht hinreichend seyn werden, da sie alle einander ähnlich sind.

Ein jedes solches Rädchen hat 10 Zähne, als so viel die dazu gehörigen Zahlen-Scheiben Theile haben; ausser diesen sind an der entgegengesetzten Seite, und zunächst unter dem Deckel, andere Räder angebracht, welche, wie auf Fig: II; und im Profil Fig: I, zu sehen ist, ineinander greifen und blos zu dem Ende angebracht sind, damit bei einem jedesmaligen Umgang der Welle, oder Zahlen-Axe E,F,G,H, eine Einheit in die nächstfolgende Klasse übertragen werde. Zu diesem Ende sind Zwischenräder nötig, welche in Fig I und II mit a,b, und c gezeichnet sind. Es greifen aber immer nur 2 Räder wie z. B. K a L b und M c ineinander. Aus dieser Ursache sind sie wie Fig: I zeigt, nur paarweise, nemlich diejenigen, welche ineinander greifen in gleicher Höhe, damit blos die Arme x,y,z, der Zwischenräder in die Zähne der nachfolgenden Räder eingreifen und dadurch bei jedem ganzen Umgang einen Zahn fortrücken können.

Die Arme x,y,z, sind noch um die Zapfen u beweglich und bei w mit Federn versehen, damit solche, wenn man die hinter denselben befindlichen Räder rückwärts dreht und stellen will, das vorstehende nicht zugleich mit gerückt wird, sondern ausweichen könne, vorwärts ist dies aber nicht möglich, weil in diesem Falle x,y,z an die vorstehenden Stifte o anstehen.

Die Bewegung der Maschine geschieht durch Umdrehung der Kurbel, welche Fig: 3 mit dem Rade A das Rad B, und durch dieses den gezahnten Ring J, K, L mit allen was an denselben befindlich ist, herumtreibt und durch das gezahnte Blech D, in die Räder E, F, G, H eingreift und solche im Kreise herumführt. Die Platte S mit den Theilen Q ingleichen d, e, f, und g gehören nicht dazu und bleiben folglich bei dieser Kreisbewegung in Ruhe. Das gezahnte Blech D, ist um den Punct a beweglich und kann vermittelst der Theile Q, Q, d, e, f, g und R so gestellt werden, daß nach Willkühr mehr oder weniger Zähne in die Räder E,F,G,H, eingreifen, und diese nur um eben so viele Theile fortrücken. Dies geschieht auf folgende Art: Q,Q sind runde Ringe, die nach Fig: IV wie Schnecken gearbeitet sind, nur eine Revolution machen und immer um gleich viel abnehmen. Die Axen oder Wellen m dieser Schnecken sind die nemlichen auf welchen die

Fig: 3

Zeiger oder Zahlen-Tafeln c, c, c Tab: XVI befestigt sind, womit solche nach Willkühr gestellt und gedreht werden können.

Die Höhe der Schnecke oder des Ausschnitts n, o richtet sich nach einem andern Stück Fig: V, mit welchem solche correspondiren müssen, und welches auf dem gezahnten Blech D, bei R mit 2 Schrauben befestigt ist. Ferner sind die Theile oder Arme e, f, g um die Schrauben h in der Art beweglich, daß sich solche zwar bei y in die Höhe heben, aber nicht von x nach y vorschieben lassen. Da nun diese mit ihren Schenkeln q auf die Schnecken Q aufliegen, so müssen solche, je nachdem diese mehr oder weniger gerückt werden auch immer eine andere Lage erhalten.

Den höchsten Stand erlangen solche auf dem Puncte n, und den niedrigsten bei o. Nun ist das gezahnte Stück D um den Nagel a beweglich, welches durch die Feder J, x so weit hereingedrückt wird, als es der Ausschnitt bei S gestattet, und so viel beträgt, daß solches von den Rädern, E, F, G, H ohne solche zu berühren, vorbeigehen kann. Allein, da bei der Bewegung des gezahnten Ringes J, K, L die Theile d, e, f, und g auf dem Boden S unbeweglich bleiben, so muß D, wenn es in die Lage von x kommt, hinausgedrückt werden, und in diesem Falle so lange in das vorstehende Rädchen greifen, als D durch die Theile d, e, f, g vorgedrückt bleibt. Dies hängt nun von der jedesmaligen Stellung der Schnecken Q ab, ist solche so gestellt, daß q auf den Punct n zu stehen kommt, so geht der Theil x, y, über R ganz weg. Findet sich dagegen q in der Lage von o so wird R auf die ganze Länge hervorgehalten und muß daher auf dem Rädchen q Zähne fortschieben; mithin auf der correspondirenden Zahlen-Tafel 9 Theile weiterrücken. In diesem Fall durchläuft x auf R, Fig: V, die ganze Länge, t, t, t, welches auf dem Täfelchen der beweglichen Scheibe B Tab: XVI 9 Theile macht. Diese Theile correspondiren daher mit der Abtheilung Fig: V Tab: XVII dergestalt, daß wenn die Klasse der Einheiten auf 5 gestellt wird, das gezahnte Stück 5 Theile mitnimmt. Ebenso verhält sich's auch mit den übrigen; in Ansehung der Räder A, B und des gezahnten Ringes S, ist noch zu merken, daß in Ansehung der Zähne die Verhältnisse so beschaffen seyn müssten, daß bei jedem ganzen Umgang der Kurbel, oder des Rads A, Fig: III. der gezahnte Ring S mit dem was auf ihm befindlich ist, sich 9 mal herum bewegen müsste. Es müsste sonach den Rädern eine andere Einrichtung gegeben werden, was zwar für sich wohl möglich, aber bei der Rechenmaschine, mit der erforderlichen Genauigkeit auszuführen, nicht zu erwarten ist. In der Voraussetzung nun, daß dies mit aller Schärfe möglich wäre, würde mit dieser Maschine auf folgende Art gerechnet werden.

1. bei der Addition.

Wenn 2 Zahlen z. B. 1727 und 9321 addirt werden sollten, so werden die Zeiger der innern 6 Täfelchen auf eine dieser Zahlen, und die der äussern nach den andern gerichtet. Hierauf wird die Kurbel bis an A A zurückgeführt in das erste Loch nach 1 nemlich vor 2 der Stift gesetzt und die Kurbel bis dahin vorgerückt, wo ihre Summe gleich 11048 in den Oeffnungen der äussern Zahlen-Tafeln in schwarzen Zahlen erscheinen soll.

2. bei der Subtraction.

Hier wird die größere Zahl auf die innern Täfelchen, die abzuziehende hingegen nach den rothen Zahlen auf den äussern Ring gestellt und wie bei der Addition verfahren, d. i. die Kurbel von 1 bis 2 nach dem innern Ringe geführt, wornach der Rest in rothen Zahlen durch die Oeffnungen erscheinen wird.

3. die Multiplikation.

Wenn z. B. 1727 mit 365 multiplicirt werden sollte, so werden zuerst alle Scheiben auf dem äussern Ringe vor den schwarzen Zahlen auf 0 gestellt; die innere hingegen richtet man nach der Zahl des Multiplikandus, nemlich auf der ersten Tafel rechter Hand wird der Zeiger auf 7, auf der zweiten auf 2, auf der dritten auf 7 und endlich auf der 4ten auf 1 gestellt. Der Multiplikator wird blos notirt. Ist nun die Kurbel zuvor auf A, A geführt worden, so wird, da die erste Zahl in Multiplikator 5 ist, der Stift in die nächste Oeffnung nach 5 gesteckt und die Kurbel, bis sie an den Stift anstößt vorgerückt. Nach dieser Operation soll die Multiplikation mit der ersten Ziffer vollendet seyn. Man schreitet nun zu der 2ten. Es wird zu diesem Ende die Scheibe B, so weit herumgerückt, bis die innere Zehner-Tafel gerade auf die Tafel der Einheiten im äußern Ringe zu stehen kommt, und führt die Kurbel von A A bis zum ersten Loch nach 6 auf dem innern Zahlen-Ring.

Hiernach wird die Scheibe B aufs neue sogerückt, daß das Täfelchen der Hunderte gerade auf das Täfelchen der Einheiten im äußern Ringe zu stehen kommt und führt die Kurbel da die dritte Zahl im Multiplikator 1 ist um einen Theil vorwärts, wodurch die Operation vollendet ist.

4. Bei der Division.

Hierzu bedient man sich der rothen Zahlen, sonst ist das Verfahren von der Subtraction wenig verschieden. Es wird nemlich der Dividendus durch die rothen Zahlen der Divisor hingegen auf den 6 kleinen Täfelchen vorgestellt. Die übrigen Täfelchen, welche bei dem Dividendus und dem Divisor, mit keiner Zahl besetzt werden, werden alle auf 0 gebracht. Nun wird die Zahlen-Tafel, welche die höchste Zahl im Divisor anzeigt, d. i. die erste zur Linken, unter die erste im Dividendus wenn solche größer ist, sonst aber unter die nächstfolgende geführt und darauf die Kurbel von dem Ruhepunct A A an, so lang vorwärts bewegt, bis die Zahlen im Dividendus kleiner als der Divisor ist. Die von der Kurbel im Ringe durchgelaufene Theile geben den ersten Quotient. Ist der Rest mit den allenfalls [ebenfalls] noch vorhandenen Zahlen größer, als der Divisor, so wird die Operation fortgesetzt, wobei die Tafel des Divisors wieder von einer Stelle nachgerückt werden muß, und alle Regeln der gewöhnlichen Division stattfinden.

Der Gebrauch dieser Maschine wäre in der That bequem und einfach, wenn sie das nur leisten würde, was hier vorausgesetzt wird; allein dies lässt sich auch bei der vollkommensten Ausführung aller Theile nicht erreichen; das fehlerhafte besteht hier vorzüglich aus 2 Puncten:

1. daß der Ring S bei Fig:III sich zu oft im Kreise herumbewegen soll, während die Kurbel nur einmal herumkommt, und
2. daß das Übertragen der Zehner zu viel Räder erfordert und von der Einheit an, abhängig gemacht wird.

Das erste lässt sich zwar durch Räder bewerkstelligen, allein, da nicht nur Bewegung sondern auch Wirkung hervorgebracht werden soll und muß und jedes der Räder E, F, G, H mehr oder weniger Widerstand leistet, und dieser durch den Mechanismus des Übertragens sehr ungleich vermehrt wird; so ist, wenn auch die beim Drehen anzuwendende Kraft nicht geachtet wird, doch an keine regelmässige Bewegung zu denken, die doch bei einer Rechenmaschine durchaus nothwendig ist.

Daß aber auch das Übertragen nicht mit der erforderlichen Sicherheit geschehen könne, wird aus der Betrachtung des angewendeten Mechanismus leicht einzusehen seyn.

Die Räder greifen zwar gehörig in einander und theilen den folgenden die Bewegung mit. Allein sie erfordern unvermeidlich Spielraum, der in Verhältnis ihrer Anzahl wächst. Für das erste oder 2te Paar, und allenfalls für das 3te kann daher die Einrichtung wohl angehen, aber nur nicht für mehrere. Man wird sich von der

Richtigkeit dieser Behauptung leicht überzeugen können, wenn man nur Fig: II auf Tab: XVII betrachtet und den Fall annimmt, daß zu 999 Eins addirt werden soll. Es ist hierbei zu bemerken, daß K a für die Einheiten, L b für die Zehner und M c für die Hundert gehört, und daß daher, wenn das Rad um 1/10 gerückt wird, auch L, M und N durch die Arme x, y und z genau um eben so viel fortgerückt werden müssen. Allein da zwischen den Zähnen Spielraum seyn muß, und die Räder F,G,H, Fig: 3 immer einigen Widerstand leisten, so wird, wenn das Rad M. um den 10ten Theil, oder einen ganzen Zahn durch K fortgeschoben werden soll dieses nicht blos um den 10ten Theil sondern um so viel als der Spielraum der Räder a, L, b, M, c und N beträgt, weiter gedreht werden müssen. Hieraus ist klar, daß je mehr Zahlen hinzukommen, desto größer die Abweichung werden müsse, weil für jede folgende Zahl 2 Räder mehr erforderlich sind. Würde z.B. die Zahl 9999999 gegeben und hierzu 1 addirt, so müsste das erste Rad durch 14 Räder wirken, in welchem Fall der Spielraum gewiss weit mehr als den 10ten Theil betragen wird, mithin Mangel an Übereinstimmung erfolgen muß. Hierzu kommt noch, daß auch der Widerstand bei jedem folgenden Rade größer wird, so daß die Maschine ohnmöglich mit der gehörigen Vorsicht gedreht werden kann.

Aus diesen Gründen glaube ich nicht, daß die LEUPOLDsche Rechenmaschine je wird zur Vollkommenheit gebracht werden können, aber doch auf eine Idee führen kann.

Noch ist dabei zu erinnern, daß die Kurbel, wenn sie um einen oder mehrere Theile vorgerückt worden ist, nicht eher wieder zurück geführt werden kann, als bis die Zeiger auf den innern 6 Täfelchen zuvor auf Null geführt worden sind, in welchem Fall das gezahnte Blech D in Fig: 3 hereingedrückt und die Räder H, G, F, in Rückgang nicht berühren wird.

DIE 8TE RECHENMASCHINE.

POETIUS Johann Michael der nemliche von dem schon Seite 69 die Rechenscheibe beschrieben worden ist, hat pag: 496–499 seiner 1728 zu Frankfurt und Leipzig in 8 herausgekommenen Anleitung zur Arithmetischen Wissenschaft vermittelst einer parallelen Algebra auch Ideen zu einer Rechenmaschine mit Rädern geliefert, die jedoch meines Wissens nicht ausgeführt worden sind. Das wesentlichste besteht darin, daß Rädchen mit 10 Zähnen an den Axen der Zahlenscheiben, die ebenfalls nach Dekaden geordnet sind, in gerader Linie angebracht und durch Hilfe einer Art gezahnter Cylinder im Kreise herumgedreht werden. Die in dem Cylinder angebrachten gezahnten Theile mussten sich um diesen herumdrehen, ohne sich vor oder rückwärtsschieben zu können und 10 Fächer, die lange Getriebe haben, wovon das erste Fach nur einen vorstehenden Zahn das 2te 2, das 3te 3 - - - das 9te 9 und das 10te für die 0 gar keinen hat. Die Zähne haben die Form einer Säge und rücken, wenn der Cylinder hervorgezogen wird, immer so viele Theile fort, als Zähne dem Rade zugekehrt sind. Diese Idee ist neu, hat aber doch in der Ausführung Schwierigkeit, weil der Cylinder nicht wieder zurückgeschoben werden kann, ohne daß die Zähne sich wieder berühren, oder die beweglichen Theile auf dem Cylinder auf 0 gebracht sind.

Die Art wie POETIUS den Mechanismus zum Übertragen der Zehner angiebt, kommt mit der an der vorigen Maschine beschriebenen überein und ist daher eben so unvollkommen.

DIE 9TE RECHENMASCHINE.

In Recueil des Machines approuvées par l' Academie Royal des Sciences zu Paris findet sich Seite 103 Tom V, Pariser Ausgabe von 1735 noch eine Rechen-Maschine beschrieben, die von einem gewissen H. DE HILLERIN DE BOISTISSANDEAU erfunden und 1730 von der Academie der Wissenschaften approbirt wurde.

Sie kommt in dem wesentlichen mit der Maschine des H. LEPINE sowie der frühern von GRILLET ganz überein, so daß ihr Gebrauch sich schon aus dem vorigen erklären lässt.

Auf Tab: XVIII Fig: 1 findet sich ein Stück derselben nach ihrer ganzen Breite und ein ähnliches von der innern Einrichtung unter Fig: 2 abgebildet. A A sind die zum Rechnen bestimmten Zahlen-Tafeln, wovon die unterste rechter Hand für Deniers in 2, die 2te untere hingegen für Sols in 20, und alle andern in 10 Theile getheilt sind. Die äussern Ringe sind durchgängig auf dem Deckel fest und nur die innere mit doppelten Zahlen-Reihen um den Mittelpunct beweglich. Bei B sind Ausschnitte, wodurch die Zahlen der unterhalb liegenden Zahlenscheiben gesehen werden können. Inzwischen kommt von solchen nur immer eine Reihe zum Vorschein, weil die andern, wie bei der des Lepine durch eine Regel bedeckt werden.

Das wechselseitige Oeffnen oder Verschliessen geschieht wie bei jener.

C,C sind ähnliche Tafeln für die Quotienten, welche im Grunde sehr überflüssig sind, indem sie nur für solche Fälle die Quotienten bezeichnen, wenn der Divisor nur aus einer Zahl bestehet. Alle übrige Tafeln, wie z.B. D, D, sollen blos dienen, die Zahlen vorzustellen, mit welchen gerechnet werden soll. Sie sind also ebenfalls ganz überflüssig, indem ein Blättchen Papier die nemlichen Dienste leistet und weniger Verwirrung macht.

Da der Gebrauch der nemliche wie bei der Lepinschen ist, so werde ich diesen nicht wiederholen und blos dasjenige von der innern Einrichtung erläutern, was von der vorigen etwas verschieden ist.

Fig: 2 stellt ein Stück von dem einen Ende linker Hand vor, welches ich aus dem Grunde gewählt habe, weil an diesem Theil der Hebel angebracht ist, wodurch die Bewegung der 2ten Zahlenreihe mitgetheilt wird. Die Scheiben D, D sind jedoch umgewandt dargestellt, weil sonst die unterliegenden Räder E, F nicht deutlich hätten abgebildet werden können.

Die Scheiben D, D sind die nemlichen, auf welchen die Zahlen bei B befindlich sind, mit den Scheiben A, A in Verbindung stehen und mit solchen im Kreise herumgedreht werden können.

Die Räder f, f und die Getriebe h, welche hier nur etwas zu klein gezeichnet sind, sollen dazu dienen, bei dem jedesmaligen Umgang einen Zahn im nächstfolgenden Rad fortzuschieben, d.i. die Zehner zu übertragen. Wenn nemlich die Scheiben mit ihren Rädern einmal herumkommen, sollen die Arme d [Arme w] in h eingreifen, durch diese Bewegung auch in folgenden Rädern einen Zahn oder Theil fortrücken. Allein diese Einrichtung ist so fehlerhaft wie bei der Rechenmaschine des H. Lepine. Die Räder E, E' sind vorzüglich dazu bestimmt, die darauf befestigten Zahlenscheiben nicht nur in gleicher Richtung und Lage zu erhalten, sondern auch zu verhüten, daß solche nicht auf die entgegengesetzte Seite umgedreht werden können. Dies hätte aber auch in Verbindung mit der vorigen sehr leicht bewirkt werden können, sonst stehen die Scheiben D, D unter sich in keiner weitern Verbindung, als daß bei einem jedesmaligen Umgang ein Zahn in nächstfolgendem fortgeführt werden soll. Weil aber die 2te Reihe vom M, N, von dem Rade E' durch kein Mittelrad erreicht werden konnte, so würde zu dem Fortrücken der Arm k, g, h gewählt.

Ein anderer Arm H ist um die Axe des Rades F beweglich und wird durch die Feder n beständig nach h gedrückt. An dem Arme H ist ferner ein in i bewegliches Stück das durch die kleine Feder m, gegen den Umfang des Rades F drückt. Kommt nun das äussere Rad E' mit seinem Zapfen w an den Hebel oder Arm k, g, h und hebt solchen bei K in die Höhe, so wird durch das andere Ende h auch der Arm H und mit dem Stück i l, auch das Rad F um einen Zahn fortgeschoben. So wie aber w weiter geht und K fallen lässt, wird auch H durch die Feder n wieder zurück gedrückt, dem auch i l, folgt und dadurch in den tieferliegenden Zahn einfallen muss. Auf ähnliche Art werden die Quotienten-Räder P, P durch die Arme p, q, o, durch andere r, r fortgeschoben. Dies geschieht jedoch nur vermittelst eines Griffels oder zum Herumfahren der Zahlen-Scheiben bestimmten Werkzeugs. Die Arme r können und dürfen sich aber nie mehr als um einen Zahn von der Lage E entfernen und zwar aus dem Grunde nicht, weil durch solche, auf den gegenüberstehenden Täfelchen die Quotienten bezeichnet werden. Es muss nemlich die Einrichtung so seyn dass so oft mal der einfache Divisor von dem Dividendus abgezogen werden könne, die Quotienten-Tafel immer eine Stelle weiterrückt.

Wenn nun z.B. der Dividendus 6 und der Divisor 1 wäre, so würde dieser 6 mal gezogen werden. Hieraus folgt, dass weil die Scheiben P nur durch die Arme r geschoben werden, diese nicht über einen Theil oder Zahn vor der Mitte E entfernt seyn dürfen, weil sonst in einem solchen Falle die Spitze des Werkzeugs den Arm r nicht erreichen würde.

Die übrigen Räder R hängen mit der Maschine gar nicht zusammen sondern gehören blos zu den zum Notiren der Zahlen bestimmten Tafeln, D, D.

Bei t Fig. 2 ist ein Kloben unter welchem der Arm h,g,k sich frei bewegen kann. In Ansehung der Räder E ist nur noch zu bemerken, dass solche nicht paarweise in die Getriebe L eingreifen sondern auf der einen Seite etwas höher liegen, damit sie von dem einen nur von dem vorstehenden Zapfen w erlangt werden können. Übrigens gilt von dieser Maschine auch alles was Seite 138 von der LEPINEschen Rechen-Maschine gesagt worden ist, vor welcher sie auch keine wesentliche Vorzüge hat.

Die erste Verbesserung der Rechen-Maschine des H. de Hillerin.

Ausser dieser eben beschriebenen Rechenmaschine hat der Autor derselben noch 2 verschiedene Vorrichtungen erfunden, wodurch der Gang der Maschine sowol als das Übertragen der Zehner regelmässiger und sicherer bewirkt werden sollte.

Sie sind beide von der vormaligen Königl. Academie der Wissenschaften zu Paris im Jahre 1730 approbirt und in Tome V de la Description des Machines et Inventions approuvées von Seite 117 bis 124 bekannt gemacht worden.

Da es doch gut ist zu wissen was andere in diesem Punct für Mittel eingeschlagen haben, wenn auch gleich die Absicht dabei nicht erreicht worden ist, so habe ich beide Vorrichtungen auf Tab: XVIII und XIX. abgebildet, wovon ich nun auch das wesentlichste beschreiben werde. Auf Tab: XIX. ist Fig: 1 das Werkzeug wodurch die Zahlenscheiben herumgeführt werden. Fig: 2 ein Theil der untern und Fig: 3 ein Theil der obern messingen Platte, zwischen welchen die Maschine eingeschlossen ist. Die Zahlen-Tafeln sind eben so, wie auf der vorigen Maschine und bedürfen daher keiner besonderen Beschreibung.

Auf Fig: 4 ist ein Theil von der innern Einrichtung vorgestellt, wobei aber alle Stücke um sie besser beurteilen zu können, umgekehrt gezeichnet sind. Die Räder R, R gehören zu den Scheiben, auf welche blos die Zahlen notiert werden, mit welchen gerechnet werden soll, P, P hingegen für die Quotienten-Tafeln. Die Einrichtung ist hier noch ganz wie bei der vorigen Maschine. Blos die Kloben f, f, welche auf dem Boden H, H Fig: 2 festsitzen und die Theile pqe so bedecken, daß solche sich darunter hin und her bewegen können, sind hier mehr vorhanden. Auf Fig: II ist einer derselben in natürlicher Lage auf Fig: 4 aber umgekehrt vorgestellt. Die ausgeschnittenen Scheiben FF sind wie Fig: II zeigt, auf dem Boden befestigt, dagegen alles übrige wie bei der vorigen Maschine beweglich. Die Theile e, d, g sind mit einander verbunden und bewegen sich um die Axe C. Die Bewegung selbst geschieht wie bei der vorigen Maschine, indem das Instrument Fig: 1 in die Oeffnungen der Zahlenscheiben eingesetzt und solche bis an den Kloben herumgeführt werden.

Die Rechen L,L sind zwar auch um den Zapfen C beweglich, allein ihre Bewegung schränkt sich nur auf den Ausschnitt k, k, welches etwas über den zehnten Theil des Umfangs macht ein, übrigens werden solche von der Feder r beständig nach k gedrückt; sie kommen auch dann erst in Bewegung, wenn der gezahnte Theil der Scheibe E E sich dem Rechen nähert, in die Zähne eingreift und dadurch den Rechen von k nach h hebt. Dies geschieht bei einem jedesmaligen ganzen Umgang wenn nemlich die Scheibe 9 Theile durchlaufen hat, und um den zehnten zu vollenden, von 9 auf 0 übergeht. An den Rechen L L sind ferner die Arme u, w um den Punct u beweglich die aber durch schwache Federn x beständig nach dem Mittelpunct c gedrückt werden. Es ist hier nur von der Einrichtung zu ungenannten Rechnungen die Rede, wo jede Scheibe nur 10 Theile hat. Bei Deniers und Sols hingegen müssen die Rechen nach dem resp. 12ten und 20ten Theil des Umfangs geordnet werden. Wenn nun eine der Scheiben-Räder z.B. F' Fig: IV von 9 auf 0 übergeht, so greifen die Zähne c, d in den Rechen l, t ein und heben solchen bis h, ohne daß dabei der untere Theil D, E, G sich bewegt; dagegen wird der Arm u, w mit dem Rechen L fortgezogen. So wie derselbe aber in die Lage von h kommt, fällt der Arm b [Arm w] zugleich in den Zahn bei k die Zähne c, d, verlassen darauf den Rechen s, t, der durch die Feder r in die vorige Lage zurückgedrückt wird und mit dem Arm u, w die ganze Scheibe um einen Zahn, d.i. um den 10ten Theil plötzlich fortstösst.

Auf ähnliche Art geschieht das Übertragen der Zehner auf den übrigen Zahlen-Scheiben F,F. Was bei der vorigen Maschine auf Tab: XVIII. der Arm h, g, k leisten soll, verrichtet hier der Rechen m dessen gezahntes Stück ee, aber im Verhältnis des Abstandes C e größer seyn muß. Es muß sich nemlich immer C b zu a b wie C e zu e e verhalten, welches auch von übrigen Rechen gilt.

Die Theile i, n sind in der Originalbeschreibung nicht angegeben, sie können aber keine andere Bestimmung haben, als daß dadurch vermittelst der Zapfen bei z die Falle t t gehoben wird, wodurch die Scheiben F F nach Erfordern in entgegengesetzter Richtung bewegt und so wieder gestellt werden kann. Die Federn l dürfen in diesem Fall nicht auf den Scheiben D, D feststehen, sondern müssen auf dem Boden H,H Fig: II ihren festen Stand-Ort erhalten.

N,N sind die Regeln, wodurch die Zahlen in den Oeffnungen B, B mit der Handhabe Q nach Willkühr bedeckt und geöffnet werden können. Es geschieht dies durch bloses Vor- oder Zurückschieben. P, P sind Zapfen in welchen die Regeln sich bewegen.

Dies ist das wesentlichste von den ersten Verbesserungen, die H. de Hillerin seiner Rechenmaschine zu geben gesucht hat. Das Übertragen geschieht dadurch zwar regelmässiger und schneller, allein es wird dabei doch nicht viel gewonnen, indem immer noch jedes Täfelchen für sich behandelt werden muß und das Übertragen von dem vorhergehenden Mechanismus abhängig ist. Die Hauptschwierigkeit wenn z.B. zu 999 1 addirt werden sollte, ist dabei noch gar nicht berührt. Die Maschine ist und bleibt daher, auch mit der beschriebenen Verbesserung, noch immer unsicher, und folglich unbrauchbar.

Die 2te Verbesserung der Rechenmaschine des H. de Hillerin.

Die 2ten Verbesserungen des H. de Hillerin sind auf Tab: XX abgebildet. Sie kommen in den Haupttheilen mit den vorigen überein und sind davon nur in den Verhältnissen verschieden, wie dies schon bei Vergleichung der Zeichnungen erhellen wird.

Fig: 1 ist ein Täfelchen zum Bezeichnen der Zahlen womit gerechnet wird; Fig: 2 die perspektivische Ansicht von dem Rechen; Fig: 3 der Arm g, womit die Täfelchen der Quotienten in Bewegung kommen. Fig: 4 das Profil zu einer großen Zahlen-Scheibe mit allen an ihr befindlichen Theilen; Fig: 5 die perspektivische Ansicht von dem Arme p q o in Fig: 9; Fig: 6 ein Theil des untern Bodens mit dem erforderlichen Ausschnitte, Fig: 7 ein Theil von dem Deckel und Fig: 8, 3 Zahlenscheiben mit ihren Rechen. Bei Fig: 8 und 9 ist wieder zu merken, daß die Theile umgekehrt gezeichnet sind.

Der ganze Unterschied bei dieser Einrichtung besteht darin, daß die gezahnten Scheiben c d kleiner die Rechen hingegen größer sind. Die Bewegung wird dadurch leichter und auf mehrere Theile vertheilt, indem der gezahnte Theil nicht wie bei der vorigen nur den 10ten Theil, sondern 2/3 der ganzen Scheibe einnimmt und dadurch schon bei dem 4ten Theil oder bei der Zahl 4 den Rechen erreicht und bei dem erfolgten ganzen Umgang wieder frei lässt. Dieser längern Bewegung ungeachtet wird durch das Zurücktreten des Rechens doch nicht mehr, als ein Theil mit fortgeführt. Dies geschieht auf dem Rade g, durch den auf dem Rechen befindlichen Arme c d. Damit indessen durch das plötzliche Zurücktreten des Rechens L nicht mehr als 1 Zahn fortgenommen, und dieser in seiner gehörigen Lage bleibt, so ist an jeder Scheibe noch ein größeres Sternrad, welches bei Fig: 4 mit m und n [M und N] bezeichnet ist, vorhanden, wodurch, wenn auch das Rad g zu weit geschnellt werden sollte, solches dennoch wieder auf den gehörigen Punct zurückgeführt wird. Die Gestalt dieser Sternräder ist auf den vorigen Tab: Sub literis R, R zu ersehen. Der punctirte Rechen R O N ist, um einem Zapfen ausweichen zu können bei O gekürzt [gekrüpft] vorgestellt und hat sonach keine weitere Bedeutung.

Es ist nicht in Abrede zu stellen, daß diese letztere Einrichtung der Maschine des H. de Hillerin sehr viel verbessert worden ist. Inzwischen ist dabei doch noch die Haupt-Schwierigkeit bei dem Übertragen der Zehner, wenn diese auf mehrere Zahlen gehörig übergehen sollten, noch nicht gehoben, und wenn auch diesem vollkommen abgeholfen werden könnte, der Gebrauch derselben doch zu umständlich wäre, als daß sich davon irgend ein Vortheil versprechen ließe.

Man wird aus den bisher beschriebenen Rechenmaschinen bemerkt haben, daß noch keine derselben, so sehr sie auch, theils von ihrem Erfinder selbst, theils aber von verschiedenen Akademien gepriesen und empfohlen wurden, noch dasjenige leistet, was Seite 19 von einer Rechenmaschine verlangt wird, und von ihr wenn es kein Spielzeug seyn soll, verlangt werden muß.

Merkwürdig ist es, daß sie so sehr auch die Form und innere Einrichtung dieser bis jetzt beschriebenen Rechen-Maschine von einander abweichen, sie dennoch alle den Fehler mit einander gemein haben, dass wenn zu einer Zahl die aus mehreren nacheinander folgenden 9 besteht, Eins addirt werden soll, das Übertragen nicht mehr mit der erforderlichen Ordnung erfolgt, und dass über diesen Punct alle dahin gemachten Versuche gescheitert sind.

Es verstrichen auch mehr als 40 Jahre, ehe sich jemand fand der diese Materie von neuem versuchte und der wahrscheinlich keinen bessern Erfolg gehabt haben würde, wenn sie nicht in die Hände eines Mannes gerathen wäre, den die Natur gleichsam für mechanische Kunstwerke geschaffen zu haben schien, als ob er gleich sonst in der gelehrten Welt nicht sehr bekannt ward.

Es war der durch mehrere Kunstwerke bekannte M. Philipp Matth: Hahn, der anfänglich zu Kornwestheim nachher aber zu Echterdingen bei Stuttgardt, Pfarrer war, aber den Wissenschaften durch den Tod früh entrissen wurde. Indessen brachte er doch neben andern künstlichen Maschinen, auch seine Rechen-Maschinen völlig zu Stande, die nun als

die 10te Rechen-Maschine

mit Rädern umständlich beschrieben werden soll.

Die erste öffentliche Nachricht, welche davon ins Publikum kam, findet sich im Februar Stück des teutschen Merkur vom Jahre 1779 Seite 194 unter der Rubrik: Mechanik, in umständlicher Beschreibung von der äussern Form und dem Gebrauch derselben aber von Seite 137 bis 154 von May des nemlichen Jahres jedoch ohne Abbildung.

Da von dieser Maschine nie eine vollständige Zeichnung ins Publikum kam, so habe ich mir vorgenommen diesen Mangel durch genaue Abbildung des äussern sowol als der innern Einrichtung abzuhelfen.

Tab: XXI enthält die genaue Zeichnung von der obern Aussenseite.

Tab: XXII & XXIII hingegen die ganze innere Mechanik.

Die ersten Versuche zu einer Rechenmaschine machte der Pfarrer Hahn schon im Sommer 1770, wobei ihm aber, nach seinem eigenen Geständnis manche Idee misglückte, und vorzüglich der Fall, wenn zu 9999 eine Einheit addirt werden sollte, sehr viel Schwierigkeit machte. Dies ist auch dasjenige, was ich bei allen bisher beschriebenen Rechenmaschinen noch am meisten mangelhaft fand.

Endlich glückte es ihm nach mehrjährigen vergeblichen Arbeiten doch jene Schwierigkeit zu besiegen und im Jahr 1778 seine Rechenmaschine, welche nun näher beschrieben werden soll, zu Stande zu bringen. Die Beschreibung selbst werde ich in 3 Abschnitte theilen, und in dem ersten die äussere Form, im 2ten den Gebrauch und im 3ten die innere Einrichtung, kurz jedoch möglichst vollständig abhandeln.

1. Die äussere Form

Sie ist auf Tab: XXI abgebildet und wie die Leupoldische Rechen-Maschine rund wovon der äussere Ring G mit dem Gestelle feststehet, die Scheibe H hingegen um den Mittelpunct M gedreht und mit dem um e beweglichen Kloben T in gewisse Einschnitte angehalten werden kann. Die Scheibe H ist im Durchschnitt 9 Pariser Zoll, der Durchschnitt der ganzen Maschine mit dem äussern Ringe G aber 10 3/4 Zoll breit. Der Umfang der Scheibe H ist in 16 gleiche Theile getheilt und bei einem jeden solcher Theile mit einem Einschnitt wie bei a, b, d versehen, in welche der gekrüpfte Kloben J eingreift und dadurch die ganze Scheibe H feste hält. Auf 12 dieser Theile sind nach der Richtung der Halbmesser F N 2 Reihen emaillirte Zahlen-Täfelchen A, B in 2 concentrische Kreise angebracht, die folglich unter sich, vom Mittelpunct M nach den Abständen N c und N C gleich weit entfernt sind.

Die Zahlen-Täfelchen A A im größern Kreise sind in 10 gleiche Theile getheilt und enthalten auf 2 Reihen die 9 natürlichen Zahlen samt der Null. Die äussern, für die Addition und Multiplikation sind schwarz, die innern für die Subtraction und Division roth und in entgegengesetzter Ordnung geschrieben. In Ansehung dieser Täfelchen findet auch das jenige Anwendung, was über eine ähnliche Bezeichnung Seite 115 von der Pascalschen Rechenmaschine bemerkt worden ist. Diese Täfelchen stecken auf drei vierkantigen Zapfen bei C, können aber mit dem Knopfe C von der Linken zur Rechten im Kreise herumgedreht werden. Sie sind folglich mit der Scheibe H nicht wohl aber die Kloben D, D, durch die in ihrer Mitte befindliche Schrauben befestigt. Die Kloben D,D, in deren Oeffungen sowohl die Zahlen gestellt werden als auch die Resultate zum Vorschein kommen, müssen daher auch unterhalb so weit ausgehöhlt seyn, daß die Täfelchen darüber, ohne Reibung vorbeigehen können; die Buchstaben S,D welche auf dem
          A,M
Kloben D gegenüber und untereinander stehen, bedeuten: Subtrahiren, Dividiren, Addiren und Multipliciren.

Die Täfelchen B, B im kleinen Kreise sind den vorigen ähnlich, haben aber nur eine schwarz geschriebene Zahlenreihe, mit den 9 einfachen Zahlen von 0 bis 9 und gehören blos für die Quotienten, oder die Zahl der Umdrehung zu bezeichnen.

Auf dem unbeweglichen Ringe oder dem äussern Theil G, G, befinden sich in gerader Linie mit den Zahlen-Täfelchen bei F,F Zahlenstäbchen oder Zahlenstänglein, wie sie unter Fig: R in der ganzen Länge vorgestellt sind. Sie können bis zum Zeichen der Nulle hineingedrückt und ebenso bis zum Zeichen 9 herausgezogen werden. Innerhalb der Maschine sind Zähne, die von einem Mittel zum andern die Länge eines Theils der äussern Abtheilung betragen wodurch mit Hülfe einer Feder die Stäbchen bei einem jeden Theile etwas festgehalten werden. Ausserhalb demselben sind ferner emaillirte zirkelförmige Täfelchen E, E befindlich, wodurch der Werth der Stäbchen und der denselben gegenüber stehenden Zahlen-Scheiben mit Buchstaben angedeutet wird.

Bei p, p sind hervorstehende kleine Knöpfe mit welchen die Scheibe H entweder vorwärtsgeschoben werden kann, sobald der Hacken G hervorgezogen wird.

Man bemerkt hierbei, daß wenn die Scheibe von b nach d gerückt wird, der Theil a auf b zu stehen kommt. M ist im Kloben auf dem äussern Theil g befestigt, wodurch aber auch unter N noch eine um die Axe bei N befindliche Hülse festgehalten und bei dem 3ten Abschnitt näher beschrieben werden wird.

K ist eine eiserne [einzelne] Kurbel wodurch die Maschine in Bewegung gesetzt aber bei einem jedesmaligen Umgang vermittelst einer unterhalb L befindlichen Feder wieder angehalten wird. Man muß daher, wenn die Bewegung weiter fortgesetzt werden soll, die Feder durch den Griff L, zuvor in die Höhe heben, wodurch die Kurbel wieder bis zum vorigen Ruhepunct weiter fortbewegt werden kann. Die Maschine ist ohne die Kurbel gegen 5 Zoll hoch und auf den Seiten ganz verschlossen, so daß von der innern Einrichtung nichts gesehen werden kann.

2. Erklärung des Gebrauchs dieser Rechenmaschine

Auf der obern Seite sind, wie schon bemerkt worden ist, 2 mal 12 Täfelchen befindlich, wovon eigentlich die kleinen nur bestimmt sind, die Kurbel-Umgänge zu bezeichnen. Es geschieht dies innerhalb durch das Rädchen desjenigen Täfelchen B,B welches sich auf der Linie N,O, befindet. Wenn z.B. die Kurbel K einmal herumgedreht wird, so rückt das erste Täfelchen von 0 auf 1, nach zweimaligen Umdrehen auf 2, und nach 9 maligen auf 9. Beim öftern Umdrehen erscheint wieder 0, ohne daß dies auf das nächstfolgende den geringsten Einfluss hätte. Würde aber die Scheibe H so weit gerückt, daß das 2te oder 3te Täfelchen in die Linie N,O, zu stehen käme, so würde dieses die Zahl der Umgänge bezeichnen, ohne daß das nächstvorhergehende dadurch die geringste Veränderung litte. Der Gebrauch wird selbst bei der Multiplikation und Division erläutert werden. Die größten [grösseren] Täfelchen sind dagegen zum rechnen bestimmt. Jedes derselben hat in dem Kloben D,D eine Oeffnung, unter welchen die Zahlen gestellt werden. Das erste Täfelchen von der rechten zur linken, unterhalb der Kurbel, hat den Werth der Einheit, das 2te den des Zehners, das 3te den der Hunderter... und folglich das 12te den Werth von 100 Millionen, so daß darauf Producte bis auf 999,999,999,999 ausgedrückt werden können. Der Werth von den Täfelchen ist unterhalb bezeichnet, so daß man die größten Zahlen augenblicklich aussprechen kann. In der von dem Pfarrer HAHN, Seite 147 und 148 des teutschen Merkurs vom März [Mai] 1779 gegebenen Nachricht wird von 14 Täfelchen gesprochen, statt daß dasjenige Exemplar, was ich bei demselben im Jahr 1784 gesehen habe, nur 12 Täfelchen hat. Dies ändert aber an der Beschreibung nichts.

1. Das Addiren geschieht also:

1. Man stellt die eine gegebene Zahl z. B. 34562 in die größern Zahlen-Täfelchen A,A in schwarzen Zahlen unter die Oeffnungen.
2. Die andere gegebene Zahl, z. B. 23541, stellt man an den äussern Rand durch Hervorziehung der Zahlen-Stänglein F,F, so, daß auf dem Stänglein der Einheit 1, auf dem Stänglein der Zehner 4, auf dem der Hunderter 5... auf dem der 10 tausende 2.
3. Nun hebt man den hölzernen Griff L der Kurbel K ein wenig in die Höhe, bis man über den Punct wo die Feder in der Ruhe steht, herauskommt, und führt solche einmal herum, bis sie wieder in die vorige Lage kommt, so steht die Summe 58103 in den gestellten Oeffnungen. Sollte die Zahl 23541 noch ein, oder mehrmalen dazu addirt werden, so geschieht dies durch weitere Umdrehung in der Art, daß bei einer 9 maligen Addition die Kurbel 9 mal herumgedreht werden müsste. Um in dergleichen Fällen die Umgänge nicht zählen zu dürfen, so werden solche, wie vorhin bemerkt worden ist, auf den in der Linie N,O befindlichen Täfelchen B angezeigt.

Die 10 malige Addition wird dagegen durch eine 1 malige Kurbelumdrehung verrichtet, wenn das Zahlentäfelchen der Zehner zuvor in die Richtung von N,O gebracht worden ist.

Bei jeder neuen Zahl die zu einer schon gegebenen und durch die Täfelchen schon ausgedrückten Zahl addirt werden soll, werden blos die Stäbchen F, F nach der andern Zahl abgeändert.

2. Das Subtrahiren geschieht auf folgende Art:

Man stellet die gegebene größere Zahl z.B. 58103 in rothen Zahlen unter die Oeffnung der größern Zahlen-Täfelchen, die gegebene kleinere Zahl z.B. 34562 hingegen am Rande durch die Zahlen-Stänglein wie bei der Addition, wobei aber Einheiten unter Einheiten, Zehner unter Zehner stehen müssen, hebt sodann die Kurbel K bei L aus, und führt solche einmal herum, so wird der Rest 23541 in rothen Zahlen unter den Oeffnungen stehen.

3. Das Multipliciren wird also verrichtet:

Wenn z.B. 3235 mit 432 multiplicirt wird, so wird
1. der Multiplikandus 3235 auf den Zahlenstäbchen F,F, ausgesteckt, d.i. es wird das Stäbchen der Einheiten bis zur Zahl 5; das der Zehner bis zur Zahl 3; das der Hunderter, bis zur Zahl 2; und endlich das Stäbchen der Tausende, bis zur Zahl 3 herausgezogen.
2. Werden in den größern und kleinern Zahlentäfelchen schwarze Nullen in die Oeffnungen der Kloben D,D gestellt.
3. Werden die Zahlentäfelchen so gestellt, daß die der Einheiten unter die Einheit der Zahlenstäbchen, nemlich in die Richtung von N O zu stehen kommen. Hiernach führt man
4. die Kurbel so oft herum, bis 2, als die erste Zahl im Multiplikator in der Oeffnung des ersten kleinen Zahlentäfelchens B steht.
5. Nun rückt man um die Multiplikation mit der 2ten Zahl im Multiplikator zu verrichten, die Scheibe H durch Oeffnung des Klobens J bis an die nächste Oeffnung bei b und setzt in solcher den Kloben wieder ein; das Zahlentäfelchen der Zehner wird nun über das Zahlentäfelchen der Einheiten kommen und der Zeiger W auf das 2te Täfelchen zeigen. Hierauf wird die Kurbel wieder so oft herumgeführt bis auf dem 2ten obern Zahlentäfelchen die 2te Zahl des Multiplikators nemlich in vorliegendem Fall 3, in der Oeffnung D^2 erscheint. Tab: XXI

Weil nun der Multiplikator in dem angenommenem Beispiel aus 3 Ziffern besteht, so rückt man die innere Scheibe H um den äussern Ring g, noch einmal um einen Tab. XXI.D^3 Einschnitt weiter, so daß der Zeiger w auf das 3te Zahlentäfelchen zu stehen kommt, und führt hierauf die Kurbel K von neuem so oft herum, bis die Zahl 4, als die 3te im Multiplikator in der Oeffnung des 3ten Zahlentäfelchens zum Vorschein kommt, hiernach ist die ganze Multiplikation vollendet und das Product 1397520 wird in schwarzen Zahlen unter den Oeffnungen der größern Zahlentäfelchen stehen. Man sieht hieraus, daß das Multipliziren sich auf ein wiederholtes Addiren reduzirt. Inzwischen werden bei der Multiplikation mit zusammengesetzten Zahlen nur so viele Umdrehungen erfordert, als die Zahlen des Multiplikators ohne Rücksicht auf die verschiedenen Bedeutungen Einheiten enthalten.

Bei dem gegebenen Beispiel bestand der Multiplikator aus 432, wozu also in allem 4 + 3 + 2 = 9 Umdrehungen, zur Vollendung der Multiplikation nötig waren. Eben so verhält es sich in allen andern Fällen. Die einzige Aufmerksamkeit ist dabei nötig, daß in keiner Klasse öfter gedreht wird als es der Multiplikator erfordert, denn wenn auch nur ein einziges mal zu oft herumgedreht würde, der Fehler nicht wieder durch Zurückführung der Kurbel rectificirt werden kann, sondern das Exempel von vornen an gefangen werden müsste.

4. Das Dividiren geschieht also:

1. Der Dividendus z.B. 1397520 wird in rothen Zahlen auf dem größern untern Zahlentäfelchen unter die Oeffnung gestellt, also, daß in diesem Fall 0 auf dem Täfelchen der Einheit, 2 auf dem der Zehner.... 1 auf dem der Million in rothen Zahlen erscheinen.
2. Oben in dem kleinen Täfelchen werden Nullen unter die Oeffnung gebracht.
3. Der Divisor z.B. 3235 wird auf die Zahlenstäbchen F,F aufgesteckt. Nun wird
4. die innere Scheibe H so gerichtet, daß die Zahl 3235 auf dem Stäbchen unter die Zahl 13975 die Täfelchen zu stehen kommt; denn weil 1397 kleiner als 3235 ist, so kann jene nicht durch diese getheilt werden, man muß daher den Divisor um eine Stelle weiter rücken; das heißt: man muß zu 1397 noch die nächstfolgende Zahl nemlich 5 nehmen, damit der Dividendus größer als der Divisor wird und auf diese Art den Divisor ebenso wie bei dem gewöhnlichen Dividiren unter den Dividendus setzen.
5. Jetzt führt man die Kurbel herum, bis die über dem Divisor stehende Zahl das erste Mal kleiner als der Divisor wird deswegen man beim jedesmaligen Herumdrehen nachsehen muß, ob die obere Zahl noch nicht kleiner als die untergesetzte Zahl seye; welches in diesem Fall in der 4ten Herumführung der Kurbel geschehen wird. Nun wird 1035 anstatt 13957 über dem Divisor stehen.
6. Man rückt nun die Scheibe H, mit dem Dividendus um eine Stelle weiter fort, so wird der Divisor, als wenn auf die gewöhnliche Art dividirt werden sollte unter die Zahl 10352 zu stehen kommen. Es wird hierauf mit der Kurbel aufs neue so lange

herumgedreht, bis diese Zahl kleiner als der Divisor wird; welches nach dem 3ten Umgang geschieht und 647 zum Rest bleibt. Da von diesem Rest, der Divisor nicht mehr abgezogen werden kann, so rückt man die innere große Scheibe H, abermal um eine Stelle weiter, so wird der Divisor 3235 unter der Zahl 6470 stehen. Man führt nun die Kurbel wieder herum, bis diese Zahl kleiner, als der Divisor ist. Dies wird beim 2ten Mal geschehen, wo im Fall kein Bruch übrig bleibt, lauter rothe Nullen in den Oeffnungen erscheinen müssen.

Nun wird in den Oeffnungen der obern Zahlentäfelchen der Quotient 432 stehen.

Wäre aber etwas zum Rest geblieben, so wäre das übrig gebliebene der obere Theil oder der Zähler, der Divisor hingegen der untere Theil, nemlich der Nenner des Bruchs gewesen.

Das Hauptsächlichste was man dabei zu beobachten hat, ist, daß man nach einem jedesmaligen Umdrehen, den Divisor mit dem Dividendus vergleicht und genau achtgiebt, bis solcher das erste mal kleiner als der Divisor wird. Würde man dies einmal übersehen, so kann der Fehler beim nächstfolgenden Umdrehen nicht sogleich entdeckt werden, indem, in einem solchen Fall, der Dividendus wieder größer nachher aber wieder zum 2ten mal kleiner als der Divisor werden könnte, wodurch aber, wegen des öftern Umdrehens ein unrichtiger nemlich ein größerer Quotient erhalten würde.

Die Regel de Tri und andere Rechnungen als Bruchrechnungen, Quadrat- und Cubic-Wurzeln-Ausziehungen, können, da hiezu blos Multiplikation und Division nötig ist, auf dieser Maschine ebenfalls verrichtet werden, nur muß man das für eine jede Rechnungs-Art erforderliche Verfahren beobachten.

Zweifelt man an der Richtigkeit der erhaltenen Resultate, so versucht man die Rechnungs-Art in der gegenseitigen Rechnungs-Art. Hat man z. B. multiplicirt, so dividirt man diese Zahl mit dem Multiplikator, so erhält man die Probe von der Richtigkeit der Rechnung.

3. Die innere Einrichtung

Auch das Innere besteht aus 2 Haupttheilen nemlich aus dem am Boden befestigten unbeweglichen Ring, G,G, und aus der um den Mittelpunct beweglichen Scheibe H, H. Alle in der Zeichnung gelb illuminirte Theile sind von Messing die blau bezeichneten aber von Stahl. Dieser untere Ring ist mit dem obern durch gedrehte Messing-Zapfen von gleicher Höhe, wie ein Uhrgestell verbunden.

Das Profil derselben ist auf Fig: 2, 3 und 4, durch die Buchstaben a, b und durch c, d vorgestellt, wo auch allen Theilen die natürliche Stärke gegeben worden ist. a, c ist der Abstand der beiden Ringe und zugleich die ganze Höhe der Maschine.

Auf gleiche Art ist auch die Scheibe H, H mit der obern auf welcher die Zahlentäfelchen befindlich sind, durch gedrehte Zapfen verbunden, und sehen auf diese Art einem Uhrgehäuse ähnlich. Auf Fig: 4 ist das Profil derselben, wovon e, f, g, die untern und a d die obere vorstellt, genau abgebildet. d^1, f, ist der Abstand der beiden Scheiben, mithin der Raum, in welchem die innern Theile angebracht sind.

C,C ist die Axe der Maschine, welche auf dem eisernen Steg b h bei c c aufsitzt und durch die Kurbel K Tab: XXI herumgedreht wird. Mit dieser Axe wird indessen das Gestelle d, dd, e, f, k^1 nicht bewegt. Dieses wird mit dem Kloben J festgehalten und bleibt bei dem Umdrehen der Axe stille, kann aber um solche herumgeführt werden.

Fig: I   Dagegen ist in der Welle oder Axe C unterhalb der Scheibe H, H ein messinger Arm x, mit 8 in die Höhe stehenden stählernen Zapfen r, r befestigt, welcher mit der Kurbel in Bewegung gesetzt wird.

An dem obern Theil der Axe ist unterhalb der obern Scheibe auch das Rad S, sowie der Arm T mit dem Cirkelstück w, w, welches bis z z reicht fest gemacht und bei der Bewegung mit der Axe herumgeführt werden. Der Theil w, w, z z, ist nur einpunctirt, damit die unter demselben liegenden Theile gesehen werden können. Um der Axe C ist ferner eine messinge Hülse, oder ein holer Cylinder q, der mit dem Kloben M Tab: XXI unterhalb N, durch 2 kleine hervorstehende Zapfen beständig in der Richtung q und qq (Tab: XXI) erhalten wird. Diese Hülse q muß aber weit genug seyn, damit die Axe C sich in solcher frei und ohne merkliche Reibung umdrehen könne. Auf und an dieser Hülse q sind noch ausserdem die Theile v, v und T, T feste, die unter sich den unveränderlichen Winkel C, A^1, q q machen, welche Lage auch die Scheibe H, H erhalten mag, während solche um die Axe gedreht wird.

Auf den, an der Hülse q befestigten Theil v, v, ist das Rad u, um dessen Mittelpunkt x, beweglich. Da der Theil v, v, beständig in dieser Lage bleibt, das Rad S hingegen mit der Axe durch die Kurbel herumgeführt wird, so muß von dem Rade S auch das Rad u in Bewegung kommen und bei jedem ganzen Umgang der Kurbel ebenfalls einen ganzen Umgang vollenden. Die Bestimmung desselben wird hiernach besonders erläutert werden. Auf der innern beweglichen Scheibe H, H selbst, sind folgende Haupttheile befindlich.

1. Die 12 Räder, welche mit 1,2,3... 12 bezeichnet, und an der Axe oder Welle der größern Zahlentäfelchen befestigt sind. Ein jedes solches Rädchen hat 10 Zähne und einen besonderen Sperrkegel α mit einer Feder f, wodurch solcher gegen den Mittelpunct gedrückt wird und die Rädchen feste hält. Die Axen oder Wellen dieser

Rädchen sind zwischen dem Gestelle d, e Fig: 4 beweglich und daselbst bei 1,2, in natürlicher Größe vorgestellt. E, E Fig: 1 und 4 sind eiserne Scheiben mit vorstehenden kleinen Zapfen, die gleichfalls an der Axe feststehen. Ausser diesen ist an einer jeden Axe und zwar wie Fig: 4 zeigt in der Mitte derselben ein größeres Rädchen Q, das ebenfalls 10 Zähne hat, und auf Fig: 1 nur bei einem einzigen, (12) um die unterhalb liegenden Theile nicht zu bedecken, angezeigt worden ist.

2. Die Theile P, auf welchen die Arme h, p befestigt jedoch um die gemeinschaftlichen Zapfen oder Nägel h beweglich sind. Jeder solcher Zapfen hat oben noch einen kleinen Stift, damit die Scheiben P nicht von demselben weichen können; m, m sind gewundene Federn von gehämmerten Messingblech, wodurch die Theile P, und h p beständig hinabgedrückt werden. Die Figur dieser Federn ist ganz willkührlich, wenn sie nur den übrigen Theilen gehörig ausweichen und so beschaffen sind, daß die Arme h p, nach dem Mittelpunct C gedrückt werden. Auf jeder Scheibe P, befindet sich bei O ein kleiner Sperrkegel mit einer schwachen Feder, und um nun [um nur] auf einer Seite ausweichen zu können, der Feder gegenüber ein kurzer Nagel. Die Sperrkegel greifen in die Rädchen 1, 2, 3 ... 12 ein, woraus folgt, daß sie mit denselben in einer Höhe liegen, daß dagegen die Scheiben T etwas niedriger stehen müssen. Auf Fig: IV ist das Profil derselben durch einerlei Buchstaben vorgestellt.

3. Die Arme K, i, l. Sie sind um die Zapfen bei i beweglich, aber unter sich feste, werden aber durch die auf dem einen Schenkel angebrachte und bei t umgebogene Feder beständig auf die Scheibe P, gedrückt, greifen in den darinn befindlichen Ausschnitt, vermittelst des in k befindlichen Nagels ein und halten dadurch P in der Lage von p, h.

Diese Lage dauert eigentlich so lange, bis der Arm K, während der Bewegung der Maschine durch l hervorgezogen wird. Dies geschieht so oft die Rädchen 1, 2, 3, 4, 5 und 6 von der Stellung in welcher solche sich auf Tab: XXI Fig: 1 befinden, um einen Zahn weiter gerückt werden, d.i., wenn die Täfelchen von 9 auf 0 übergehen, in welchem Fall die bei s hervorstehenden Zapfen die Arme l, l, aufheben und dadurch K aus seiner Lage in P, P bringen. Inzwischen ist dazu Bewegung, wodurch die Lage des Cirkelstücks ww, zz, nach und nach verändert wird, nothwendig, weil, so lange solches in seiner Lage bleibt, auch bei den Scheiben P und den darauf fest sitzenden Armen h p keine weitere Veränderung erfolgen kann, indem in diesem Falle die Zapfen p, noch auf gedachtes Cirkelstück ww, zz, aufliegen und dem Druck der Feder m, m nicht nachgeben können. Allein diese Bewegung kann und darf nur durch die Umdrehung der Kurbel erzeugt werden, denn sonst würden die Theile P,P die wie schon ad 2, bemerkt worden ist ausschliesslich zum Einschreiben [Einschieben] oder Übertragen der Zehner bestimmt sind, sich doch durch das blose Stellen oder Richten der Täfelchen, so bald solche über 9 gedreht werden schon verändern, was aber nicht geschehen darf. Dies zu verhüten, ist die Bestimmung des Cirkelstücks ww, zz, und der Absicht auch vollkommen entsprechend.

Auf dem äussern unbeweglichen Ringe g, g, sind folgende Haupttheile befindlich und noch zu beschreiben:

1. Die 12 Sternräder A, A, A die alle vom Mittelpunct gleich weit entfernt sind und den kleinern auf der beweglichen Scheibe H, H, gegenüberstehen. Ein jedes dieser mit 8 Zähnen versehenen Sternräder hat eine eigene Axe und bewegt sich mit dem an beiden Enden angedrehten Zapfen zwischen dem äussern Gestelle a c, b d, Fig: 2 und 4. Unterhalb der Sternräder ist an jeder Axe noch eine kleine runde Scheibe n, n, mit einem am Umfang befindlichen Ausschnitt m, versehen, wodurch dieselbe vermittelst eines in sie eingreifenden Zahnes oder Zapfens festgehalten werden können.

2. Die auf den Axen oder Wellen oder Räder [der Räder] A, befindlichen Getriebe, welche auf den 4kantigen Theil derselben hin und hergeschoben werden können. Sie sind in Fig: 1 bei b, b, vorgestellt und bestehen aus 9 langen und schmalen Getriebsstecken, welche zwischen 2 runden Scheiben von ungleichen Durchmessern eingeschlossen und zusammengehalten werden.

Diese Getriebe werden mit ihren Haupträdern A jedesmal im Kreise herumgetrieben und sind bestimmt die denselben gegenüber stehende kleine Räder 1, 2, 3 ---- 12 nach Erfordern, in Bewegung zu setzen. Zu diesem Ende sind die Getriebsstecken in ihrer Länge von verschiedener Breite und zwischen 2 Scheiben von ungleichen Durchmessern eingeschlossen. Der Unterschied ihrer Halbmesser beträgt ohngefähr so viel, als die Tiefe oder Länge eines Zahnes derjenigen Rädchen in welche die Geriebe einzugreifen haben. Diese Getriebe stehen nun schon um etwas mehr, als dem Halbmesser der kleinern Scheibe von den Rädchen 1, 2 --- 12 entfernt, es können daher nur diejenigen Getriebestecken in solche eingreifen, die mit den untern oder größern Scheiben gleich weit hervorstehen, wie dies sogleich näher angegeben werden wird.

Diese Getriebe sind wesentliche Theile der Maschine, sie stellen die Einheiten der verschiedenen Klassen vor, und haben daher, da diese nach Dekaden fortschreiten nur 9 Getriebestecken als die höchste einfache Zahl nötig.

Der Umfang der Getriebsscheiben ist indessen in 12 Theile getheilt, wovon aber 3 Theile leer gelassen sind. Diese Eintheilung ist um desswillen nöthig, damit bei dem Stellen der Zahlen-Scheiben die Räder nicht die Getriebe berühren können.

Ihre Höhe beträgt genau so viel als 10 Theile von den Zahlenstänglein R, von welchem auch die verschiedene Breite der Getriebsstecken abhängt. Von dem ersten sind 9 Theile nach dem Radio der obern und 1 Theil nach dem der untren Scheibe geordnet; der 2te enthält 8 Theile nach dem obern und 2 Theile nach dem untern und so jeder folgende der 9 Getriebsstecken einen Theil mehr nach der untern, wie dies alles deutlicher aus Tab: XXII Fig: 2,3, und 4 erhellet. Diese Getriebsstecken sind von Messing ungefähr 1/2 Linie stark und einander ähnlich, nur mit dem Unterschied, dass so wie sie rückwärts auf einander folgen, vorne immer ein Theil mehr ausgeschnitten sind.

3. Die Theile R, R mit ihren beiden Schenkeln r, r, zwischen welchen die Getriebe i,i, ohne merkliche Reibung, sich im Kreise herumbewegen können. In Fig: 1 sind diese Theile bei F,F, nach der obern Ansicht abgebildet.

Fig: 2 ist dagegen die Ansicht oder das Profil nach der Linie D,D, und in Fig: 3 nach ♀ und ☿ entworfen.

Die in Fig: 1 unter F,F, und in Fig: 2,3, und 4 durch R,R, abgebildeten Theile, sind die Zahlen-Stäbchen deren Gebrauch im 2ten Abschnitt Seite 154 bereits erklärt worden ist. Die untere Hälfte dieser Theile sind etwas breiter, und auf einer Seite mit Zähnen versehen, deren Weite mit den auf den Zahlenstäbchen befindlichen Abtheilungen übereinstimmen muss. Zur Seite befinden sich noch 2 Kloben π, π die Einschnitte oder Fugen haben und in welche der breitere Theil R sich auf und abschieben kann und zur Seite eine kleine Feder y mit einem Zapfen, welcher in die Vertiefungen der Zähne eingreift und dadurch den Theil R R beim Hervorziehen auf jeder beliebigen Zahl feste hält.

Auf Fig: 4 sieht man schon daß R,R nicht weiter als bis zur Zahl 9 hervorgezogen, dagegen aber auch nicht weiter als bis zum Zeichen der Nulle hineingedrückt werden könne; Für den letzten Fall sind Fig: 2 und 4 gezeichnet, wo auch die Scheibe r i am Ende des 4kantigen Theils der Welle aufsitzt.

4. Die Winkelhacken F,e,g, die um e beweglich und mit einer Feder d versehen sind.

Ihre Bestimmung ist die Räder A, die nur mit dem Rechen r, r, durch Umdrehung der Kurbel in Bewegung gesetzt werden sollen, in einer unveränderlichen Lage zu erhalten. Zu diesem Ende haben die Arme g unterhalb F einen Nagel, womit sie in die Ausschnitte m, der Scheibe n,n, Fig: 2,4 eingreifen und solche feste halten.

Alle diese Theile sind einander ähnlich, und voneinander unabhängig, was daher von dem einen gesagt ist, gilt auch von den übrigen 11. Da nunmehr alle Haupttheile der Maschine erklärt worden sind, so wird sich ihre Bestimmung und Wirkung auch um so leichter einsehen und erklären lassen, als diese Maschine doch verschiedenes mit den schon beschriebenen gemein hat, und diejenigen Theile die zu einer Zahlen-Klasse gehören, für sich allein wirken, und es gleichviel ist ob es die Klasse der Zehner, Hunderter, Tausender gilt, weil nach dem dekadischen Zahlensystem es jede derselben nur mit 9 Einheiten zu thun hat. Aus diesem Grund ist der innere Mechanismus z.B. für die Klasse der Millionen von den der Einheiten oder der Zehner, in nichts verschieden.

Man braucht daher auch nur die Einrichtung für eine Klasse zu kennen, um sich in das übrige zu finden.

Zu diesem Ende sind die Haupttheile von einer Klasse nach der Linie c, A^1, auf Fig: 4 im Profil abgebildet, wobei nur dieses noch zu bemerken ist, dass die Räder Q, auf allen 12 Wellen genau eine Grösse haben, und von der obern Scheibe d, d^1 von M nach Q gleichweit entfernt sein müssen; Die übrigen Theile sind schon beschrieben und bedürfen keiner Wiederholung.

Fig: 4 a k^1

Von diesen auf den 12 Wellen in der Mitte angebrachten Rädern Q ist auf dem Plane Fig: 1 und ein einziges bei 12 ganz ausgezeichnet, von den übrigen sind nur die Grenzen durch Kreise punktirt.

Wenn nun die Räder A,A, von der rechten zur linken im Kreise herumgedreht werden, so ist leicht zu sehen, dass die in den Getrieben B,B, vorstehenden Zähne in die in gleicher Höhe liegende Räder eingreifen und solche in entgegengesetzter Richtung und gleich viele Zähne oder Theile fortrücken müssen.

Betrachtet man nun die Fig: 4 genauer, so wird man finden, dass bei der angenommenen Stellung von dem Getriebe i,i nur die 3 ersten Theile 1,2,3, das Rad Q erreichen und daher dieses bei dem ganzen Umgang nur um 3 Zähne fortrücken kann.

Denn der 4te Theil oder Zahn ist bei 4 an dem Orte wo er das Rad noch treffen würde, schon ausgeschnitten und kann daher solches nicht mehr berühren. Dies muss um so mehr auch von den übrigen gelten, da jedes der 5 nachfolgenden um einen Theil tiefer ausgeschnitten ist. Würde man aber das Getriebe i,i mittelst des Theils R um einen oder mehrere Theile hinaufziehen, so würden auch eben so viele Theile das Rad Q mehr treffen und in solchen fortschieben. Was ich hier von dem einen gesagt habe, gilt von allen andern. Es hängt sonach ganz von der Willkühr ab, um wieviele Theile, jedes der Rädchen 1,2,3 ... 12 bei einem jedesmaligen ganzen Umgange, der ihnen gegenüberstehenden größern Rädern A, A sich fortbewegen soll. Die Umdrehung dieser letztern geschieht indessen nicht durch blose Hand, sondern durch den Rechen r r mittelst der Kurbel K Tab: XXI.

Der Rechen r,r der an der Axe O [Achse C] befestigt ist und mit der Kurbel getrieben wird, hat 8 Zähne, welche in die Zähne A, A eingreifen, und daher solche bei einem jedesmaligen ganzen Umgang, auch ganz um ihre Axe bewegen. Allein da diese Räder A A, durch die Winkelhacken ff, e, g auf einem Punct festgehalten sind; so müssen solche zuvor erst ausgelöst werden. Dies geschieht auch in dem Augenblick wo der erste Stift oder Zahn r, eines der Räder A erreicht, durch einen unterhalb dem Rechen bei E E[1] angebrachten Nagel, mit welchen der Arm f, f zurückgedrückt und dadurch g in die Höhe gehoben wird. So wie aber der erste Zahn r, im Rechen einen der Zähne von den Rädern A erreicht hat, drückt g vermittelst der Feder schon wieder auf die Scheibe, fällt bei vollendeten Umgang wieder in den Ausschnitt ein, und hält dadurch das Rad, wie zuvor, fest.

Da der Rechen r, r bei dem Umgang, welches kaum 2. Sekunden Zeit erfordert, nach und nach alle 12 Räder eingreift, so müssen solche sich auch in gleicher Zeit, um ihre Achse drehen, und auf die ihnen gegenüberstehenden Räder wirken. Die Theile, die bei einem jedesmaligen ganzen Umgang der Kurbel auf jene Räder wirken sollen, hängen aber von der Lage der Getriebe ab, welche durch die Zahlen-Stäbchen regulirt werden.

Würden sie z.B. alle 12 auf Null herabgedrückt, so würden die Getriebe i i, wie Fig: 4 die Räder Q nicht einmal berühren, folglich auch keine Veränderungen darauf hervorbringen können; wollte man sie dagegen alle auf 1 stellen, so wird auf jedem Rad Q bei einem ganzen Umgang, bei dem 2 maligen Umgang 2 ..... bei dem 9 maligen 9 fortgerückt werden. Dies gilt nun von allen übrigen Fällen.

Mit den Rädern Q stehen nun auch die größten [größeren] Zahlen-Täfelchen in Verbindung, und da diese, gleich den Rädern Q in 10 Theile getheilt sind, so muß nothwendig jeder Zahn einem Theile, 2 Zähne 2 Theilen ..... 9 Zähne 9 Theilen und 10 Theile der Nulle correspondiren, wenn die Täfelchen vor der Bewegung auf Null gestellt worden.

Hiernach lässt es sich leicht begreifen, wie die im 2ten Abschnitt gegebenen Beispiele auf die dort angezeigte Art durch die Maschine aufgelöst werden können. Indessen werde ich jene Beispiele noch einmal wählen, um dadurch noch näher zu zeigen, wie der Mechanismus, in den verschiedenen Rechnungs-Arten wirkt und dadurch die gegebenen Resultate entstehen.

Für die Addition waren Seite 154 die Zahlen 34562 und 23541 gegeben, wovon diese auf den Zahlen-Stänglein, jene hingegen in schwarzen Zahlen auf den größern Zahlen-Täfelchen vorgestellt werden sollten.

Da bei der Addition auch die Klassen-Ordnung beobachtet werden muß, und auf der Maschine der Mechanismus für jede Klasse für sich wirkt, so kann auch jedes Klassen-Paar z.B. 2 und 3; 3 und 4; 5 und 5; 4 und 6; und 1 und 2 für sich betrachtet und dabei angenommen werden, als wenn jedes für sich bestünde: weil indessen bei dem dekadischen Zahlen-System jede Klasse nicht über 9 Einheiten haben kann, so muß dabei auch das Übertragen der Zehner gehörig berücksichtigt werden. Dieses Übertragen oder Einschieben geschieht auf der Maschine durch einen eigenen und von den Rädern gewissermassen unabhängigen Mechanismus, wie dies hiernächst gezeigt werden wird.

Wenn nun die Maschine auf das vorige Beispiel gestellt ist und die Kurbel herumgedreht wird, so werden dabei zwar alle im äussern Ring befindliche Räder A, A so wie die mit denselben verbundene Getriebe i, i Fig: 4, um ihre Achsen bewegt; Allein die Wirkung wird sich doch nur auf die gestellten Klassen beschränken, und darauf folgende Veränderung bewirken. In der Klasse der Einheiten sind 1 und 2 zu addiren; erstere wurde auf dem Zahlentäfelchen, letztere aber auf dem Zahlenstänglein R gestellt, durch dieses Stellen kam auf dem Getriebe i i Fig: 4 der Theil 2 dem Rade Q gegenüber, so daß solches bei dem ganzen Umgang nur mit 2 Zähnen erreicht und um 2 Theile weiter geschoben werden konnte. Dieser Bewegung musste auch das Täfelchen der Einheiten folgen und von 1 um 2 Theile weiter rücken, mithin auf die Zahl 3 als die Summe von 1 und 2 zu stehen kommen.

In der Klasse der Zehner sind hiernächst 4 und 6 zu addiren, wovon jene auf dem Täfelchen der Zehner, diese hingegen auf dem demselben zugehörigen Zahlenstänglein gestellt sind.

Das Getriebe i, i kommt in diesem Fall, dem Rade Q bei 6 gegenüber und muß also auch von diesem 6 Zähne fortrücken, wodurch das Zahlentäfelchen der Zehner ebenfalls um 6 Theile weiter folglich über 9 weg auf Null gebracht wird. Da durch den Übergang von 9 auf 0 die höchste Zahl in dieser Klasse um Eins überstiegen wird, so muß, da nach dem dekadischen System der Werth von 10 in die nächsthöhere Klasse nur eine Einheit giebt, solche auch auf der Maschine gehörig übertragen werden.

Dies geschieht durch die hinter den Rädchen 1,2,3,4, --- 12 befindliche Scheibe P auf folgende Art. Wenn eines oder mehrere der größern Zahlentäfelchen auf 9 in schwarzen Zahlen gestellt werden, so kommen die mit demselben verbundene Tab:XXI Fig: 1. Rädchen E E, in die Richtung wie solche von 1 bis 6 im Plane Fig: 1 gestellt sind. Wird nun, in einer solchen Stellung, der Rechen r,r, mit der Kurbel bis an das erste Rad [grosse Rad] A gedreht, so wird der mit dem Arm T an die Achse C befestigte Kreis-Bogen w w, z z, sich von w w bis w' w' entfernt haben, und so mit dem Rechen r, r durch die auf A A befindlichen Getriebe auch nur ein einziger Zahn auf E, E fortgerückt werden sollte, der bei s, s' hervorstehende Zapfen den Schenkel l in die Höhe heben und dadurch die Scheibe P bei K, auslösen. Da der Bogen w w, z z sich in diesem Fall schon so weit entfernt hat, daß der Zapfen bei p im Arme p, h, nicht mehr auf demselben aufliegt, so wird p h durch die gewundene Feder m gedrückt, augenblicklich in die Lage von p', h, und der Sperrkegel von o s auf P, nach o', s' kommen. Der Sperrkegel weicht in diesem Falle dem Zahne unter s vollkommen aus, ohne daß dadurch die geringste Bewegung in E erfolgt. Die Scheibe hinter den Rädchen bei 7, 8, 9, zeigen diese Stellung deutlicher.

Inzwischen kommt das andere Ende z, z, welches in gleicher Richtung mit c, r' stehet, nach, hebt den Arm p', h, so wie alle andern die herabgefallen waren, nach und nach, in die Höhe und bringt solche wieder in die vorige Lage zurück. Weil aber in diesem Fall die Sperrkegel o, s, nicht wie vorhin dem Zahne unter s ausweichen können, so wird dadurch auf den Rädern E ein Zahn, von der rechten zur linken fortgeschoben. Durch diesen eben so sinnreichen als einfachen Mechanismus wird das Einschieben oder Übertragen der Zehner durch alle Klassen und für alle möglichen Fälle regelmässig und sicher bewirkt. Das 3te Zahlen-Paar, welches nach Seite 163 zu addiren war, ist 5 und 5 , wovon erstere in schwarzen Zahlen auf dem 3ten Zahlen-Täfelchen, die 2te hingegen auf dem 3.-Zahlen-Stänglein vorgestellt wurde, wodurch das Getriebe i, i Fig: 4 dem Rade Q bei 5 gegenüber kommen, und in solchem 5 Zähne fortrücken [fortdrücken] muß. Hieraus folgt, daß durch dieses Fortrücken das 3te Zahlentäfelchen von 5 ebenfalls um 5 Theile weiter mithin auf 0 kommen wird. Diese Null wird nun aber durch die von der vorigen Klasse gebliebene Zehn um eine Einheit vermehrt, welches auf die vorhin angezeigte Art, durch die Scheibe P, des 3ten Rädchens E geschieht. Da die 3te Klasse ebenfalls die Zahl 9 übersteigt, so wird auf ähnliche Art, eine Einheit in die 4te Klasse eingeschoben; das vierte Zahlen-Paar war Seite 163 – 3 und 4; Wenn von diesen beiden, die erste auf dem 4ten Zahlentäfelchen, die 2te Zahl 4 hingegen auf dem demselben gegenüberstehenden Zahlen-Stänglein vorgestellt wird, so ist leicht einzusehen, daß das Getriebe i,i Fig: 4 dem Rade Q bei 4 gegenüber stehen wird und daß solches bei dem Umgang von i i, wirklich um 4 Zähne oder Theile weiter getrieben, folglich das damit in Verbindung stehende Zahlen-Täfelchen von 3 auf 7 und durch die noch von der vorigen Klasse einzuschiebende Einheit auf 8 rücken muß; auf ganz ähnliche Art wirkt auch die 5te Klasse für das 5te Zahlen-Paar 2 und 3, woraus man folglich die Überzeugung erlangen wird, daß die Maschine wirklich die angegebenen Zahlen vorstellen, mithin die richtige Summe anzeigen wird. Wenn mittelst dieser Maschine zu mehrern 9 z.B. zu 999999999 eine Einheit addirt werden sollte, so findet dieses nicht die geringste Schwierigkeit. Man bringt in dieser Absicht in die Oeffnungen der 9 ersten Zahlen-Täfelchen schwarze 9, stellt die übrigen Täfelchen auf 0, und das Zahlen-Stänglein der Einheit auf 1, und macht mit der Kurbel einen ganzen Umgang, wobei jedoch alle übrigen Zahlen-Stänglein auf Null stehen müssen. So wird auf den Zahlen-Täfelchen richtig die Summe 1000000000 zum Vorschein kommen. Ein gleiches geschieht und muß geschehen, wenn die 9 ersten Zahlen-Stänglein alle auf 9 gestellt, und die zu addirende Einheit in schwarzer Zahl auf dem ersten Zahlentäfelchen angedeutet und mit der Kurbel einmal im Kreis herumgedreht wird.

Dies sind auch die 2 schwierigsten Fälle, in welchen keine der frühern Rechenmaschinen mit Rädern ausser der HAHNschen Probe hält.

Es wird daher nicht überflüssig sein, wenn ich mich bei diesem, als dem schwierigsten Theil noch etwas verweile und beide Fälle noch mehr erläutere. In dem ersten Fall, wenn nemlich die größern Zahlen-Täfelchen in schwarzen Zahlen gestellt und nur Eins auf dem ersten Zahlen-Stänglein angedeutet wird, kommen die 9 Räder E, E, Fig: 1 in die Lage, wie solche sich, von 1 bis 6 befördern, wo nemlich die Zapfen S an die Arme l anstehen.

So lange indessen der Kreisbogen ww, zz in seiner Lage bleibt, so lange kann auch auf den Scheiben P,P keine Veränderung vorgehen, wenngleich ll, durch Weiterrükken von E,E in die Höhe gehoben würde; und das ist, wir schon Seite 159 erinnert wurde, durchaus nothwendig. Da hiebei alle Zahlen-Stänglein von der Klasse der Zehner an, auf Null, und nur das der Einheiten auf 1 stehen soll, so werden alle Getriebe i,i Fig: 4 von der Klasse der Zehner ihren gegenüber stehenden Rädern Q bei 0, das der Einheiten aber bei 1 entgegen zu stehen kommen. Hieraus ist klar, daß von der Klasse der Zehner an keines der Getriebe i, i auf irgend ein Rad wirken kann, und daß von dem der Einheit, nur ein einziger Zahn das gegenüberstehende Rad Q treffen könne.

Wird nun die Kurbel umgedreht, so werden zwar alle am äussern Ringe befindlichen Räder auch um ihre Achsen bewegt, wobei jedoch nur das erste auf das gegenüberstehende Rädchen E eingreifen, einen einzigen Zahn fortrücken und dadurch das damit verbundene Zahlen-Täfelchen um einen Theil weiter, mithin von 9 auf 0 führen wird, weil aus dem eben erläuterten Umstande, alle andern Getriebe die denselben gegenüberstehende Rädchen gar nicht berühren können. Durch die Räder allein würde also keine weitere Veränderung auf den Täfelchen entstehen; allein durch das Fortrücken eines Zahns im ersten Rädchen E wird nun aber die Scheibe P, bei K ausgehoben und p h nach p′ h gerückt. In dieser Lage bleibt

Theil II.

solche, bis nach fortgesetzter Bewegung das Ende zz, des Kreisstücks ww, zz, von dem Nagel bei p' ankommt, solchen aushebt und dadurch P in seine vorige Lage bringt, die nun durch K wieder gehalten wird. Während dem Aufheben, wird aber auch in dem 2ten Rädchen E', durch den Sperrkegel O, ein Zahn mit fortgenommen und dadurch das Zahlentäfelchen der Zehner von 9 auf 0 geführt. Zu gleicher Zeit ergreift aber auch der vorstehende Zapfen bei s, den Arm l', hebt solchen in die Höhe und läßet dadurch die 2te Scheibe p' aus. Da das Zirkelstück ww zz, schon weiter voraus ist, so kann p'', h'', dem Druck der Feder nachgeben, die Scheibe P' bewegt sich um den Mittelpunct h, mit, und der Sperrkegel O', kommt vor dem Zahne s, ohne das Rad E'' zu bewegen. In dem Augenblick folgt das Ende zz, hebt p'' wieder in seine vorige Lage, der Sperrkegel O' ergreift das Rädchen, und schiebt solches um einen Zahn weiter, wodurch das Zahlen-Täfelchen der Hunderter von 9 auf Null kommt. Zu gleicher Zeit wird aber der Arm l'' durch den in die Höhe stehenden Zapfen bei s'' gehoben und die 3.- Scheibe P ausgelöst. Der Arm p''h'' wird durch die Feder m'' ebenfalls hinabgedrückt und der Sperrkegel O''' vor dem Zahn s''' gebracht. Der Theil des Bogens zz, ergreift nun den Arm bei p'' wieder, hebt solchen in die Höhe, und schiebt dadurch auf dem Rädchen E''' ebenfalls einen Zahn fort. Hierdurch wird auf dem Zahlen-Täfelchen der Tausende von 9 auf 0 gebracht. Es wird nun ferner der Arm l'''' gehoben, zugleich die 4te Scheibe p'''' ausgelöst, p'''', h'''' dem Druck der Feder m'''' überlassen und der Nagel p'''' durch zz in die alte Lage gebracht, in E'''' ein Zahn fortgeführt und dadurch das 5te Zahlen-Täfelchen ebenfalls von 9 auf 0 geschoben. Auf ähnliche Art geht dies bis zum 9ten Täfelchen fort, in welchem alle 9 in 0 verwandelt werden, bis am Ende die Summe 1000000000 zum Vorschein kommt. Die ganze Operation dauert inzwischen keine 2 Sekunden.

Das nemliche findet aber auch statt, wenn das erste Täfelchen auf 1, die andern auf Null und dagegen die Zahlen-Stänglein auf 9 gestellt werden.

In diesem Fall kommen die Getriebe i,i Fig: 4 den Rädern Q, bei der untersten Abtheilung entgegen und führen daher von jedem 9 Zähne fort, wodurch die Täfelchen von 0 auf 9 vorücken. Weil aber das erste eine Einheit voraus hat, so wird solches statt auf 9 auf 0 kommen, dadurch l in die Höhe heben, die erste Scheibe P auslösen und durch zz das Einschieben oder Übertragen bewirken. Man sieht hieraus, daß dieses letztere für alle Fälle sicher und regelmässig erfolgen muß und daß der Mechanismus der Absicht vollkommen entspricht.

Das Multipliciren ist eigentlich nur ein wiederholtes Addiren und das Verfahren zwar bereits Seite 155 gezeigt worden, indessen werde ich solches noch mehr zu erläutern suchen; der daselbst angenommene Multiplikandus war 3235, und der

Multiplikator gleich 432; d. h.: die Zahl 3235 soll 432 mal genommen werden. Es ist auf Seite 155 schon bemerkt worden, daß bei der Multiplikation die Zahlen-Täfelchen auf Null in schwarzen Zahlen gebracht werden müssen, indem der Multiplikator blos auf dem Zahlen-Stänglein vorgestellt, der Multiplikator notirt werde.

Aus den bei der Addition gemachten Erläuterungen ist schon klar, daß wenn die Kurbel einmal herumgedreht wird, der Multiplikandus einfach auf dem größern Zahlentäfelchen in schwarzen Ziffern erscheinen mußte; zweifach oder dreifach hingegen wenn zweimal oder 3mal herumgedreht wird. Da nun die erste niedrigste Zahl im Multiplikator 2 ist, so wird die Multiplikation mit 2 durch ein 2 maliges Umdrehen verrichtet, und dadurch zum ersten Product auf dem Zahlentäfelchen 6470 erscheinen. Damit indessen die Umgänge der Kurbel nicht gezählt werden dürfen, so ist dazu noch eine besondere Reihe Zahlentäfelchen, den größern gegenüber angebracht. Sie stehen mit der Maschine eigentlich in gar keiner Verbindung und sind auch nur als Nebensache zu betrachten. Ein jedes Täfelchen hat unter sich ein kleines Sternrad, mit einem Sperrkegel; die ganze Einrichtung befindet sich unter der obern Scheibe, und ist auf Tab: XXIII umgekehrt abgebildet.

Bei einem jedesmaligen Umgang wird von dem auf dem Rade u hervorstehenden Arme ein Zahn in dem gegenüberstehenden Sternrade fortgerückt, und dadurch auf den mit demselben in Verbindung stehende Zahlentäfelchen, die zuvor auf Null gestellt seyn müssen, die Zahl der Umdrehung angezeigt: daher bei der Multiplikation so oftmal umgedreht wird, bis auf den Täfelchen die jedesmalige Zahl des Multiplikators zum Vorschein kommt. Nachdem diese Operation für den ersten Multiplikator verrichtet ist, rückt man die weitere bewegliche Scheibe um einen Theil vorwärts, wodurch das zweite Rädchen E' auf das erste Sternrad A zu stehen kommt. Das Rad u welches, wie schon Seite 158 bemerkt worden ist, immer in der nemlichen Lage bleibt, kommt nunmehr vor das zweite Rädchen, nemlich der Klasse der Zehner, zu stehen. Um nunmehr auch die Multiplikation mit der 2ten Zahl, 3 zu machen, wird die Kurbel so oft herumgeführt, bis auf dem 2ten Zahlentäfelchen im kleinern Kreise 3 zum Vorschein kommt; dies geschieht auch nach einem dreimaligen Umdrehen; wobei das neue Product zugleich zu den vorigen addirt wird. Daß dies wirklich, auf der Maschine, gehörig geschieht, davon wird man sich durch folgende Betrachtung, leicht überzeugen können. Über den ersten Multiplikator wird, wie ich glaube, kein Zweifel übrig seyn und daher blos die Frage entstehen: ob bei der 2ten Operation die Maschine wirklich die Summe von beiden Producten hervorbringt? Nach der ersten Operation war das Product = 6470, wie solches auf die gewöhnliche Art erlangt worden würde. Bei der Multiplikation, mit der 2ten Zahl wird nun die Scheibe H, H um eine Stelle vorgerückt; alles übrige bleibt unverändert. Durch diese neue Lage kommt die erste Ziffer, hier Null, ausser der Wirkung des Rads A; die 2te Ziffer, nemlich 7 hingegen unter A, 4 unter die 2 und 6 unter die dritte Stelle; der Multiplikandus selbst aber bleibt auf den Zahlenstänglein unverrückt.

Setzt man nun die Bewegung mit der Kurbel fort, so ist klar, daß bei einem jeden Umgang so viel Theile auf die gegenüberstehenden Rädchen E′, E″ und E‴ übertragen werden als Theile durch die Zahlenstänglein angezeigt werden; d.i.: zu 7 würde nach dem ersten Umgang 5, zu 4, 3 zu 6, 2, zu 0, 3, hinzugefügt werden. Bei jedem nachfolgenden Umgang erfolgt das nemliche; woraus folgt, daß bei dem 3maligen Umgang d.i.: für den neuen Multiplikator 3 zum Product 103520 erscheinen müsse. Dies ist auch wirklich die Zahl die auf die gewöhnliche Art erlangt wurde. Hieraus sieht man, daß die Maschine nicht nur die Producte richtig darstellt, sondern daß solche noch den Vortheil gewährt, daß die Producte des neuen Factors immer sogleich zu den vorigen addirt werden, welches die gewöhnliche Multiplikation nicht leistet. Da der Multiplikator noch aus einer dritten Zahl, nemlich aus 4 besteht, so wird die mittlere Scheibe wieder um eine Stelle weiter gerückt, wodurch die dritte Zahl des vorigen Products 5, von der rechten zur linken unter das erste Rad A, die vorhergehende 20 hingegen ausser Wirkung bleibt. Man dreht nun wieder die Kurbel so oftmal um, bis die Zahl 4 auf dem 3ten Zahlentäfelchen im kleinen Kreise zum Vorschein kommt, wonach die Multiplikation vollendet ist. Auch bei dieser Operation findet die vorige Erläuterung volle Anwendung indem die Maschine hier eben so wie in allen andern auch mehr zusammengesetzten Fällen, auf ein und dieselbe Art wirkt und wirken muß. Ehe ich weiter gehe, muß ich noch von der eigentlichen Bestimmung des Zirkelstücks y, y′, T welches an der Hülse q befestigt ist und in Absicht des äussern Ringes g, g eine unveränderliche Lage hat, das Nötige bemerken.

Es steht solches etwas weniges tiefer als die mit der Kurbel und der Achse bewegliche Zirkelringe ww, zz, welcher bei dem jedesmaligen Umgang darüber weggeht, ohne solche zu berühren. Beide Zirkelringe haben auch darinn einerlei Bestimmung, daß sie verhindern, damit nicht, bei dem Richten oder Stellen, die Scheiben P, P″, aus ihrer Lage kommen.

In der Lage, wie Fig: 1 auf Tab: XXI gezeichnet ist, kann y, y′, T zwar nichts nützen, weil der Arm p, h, von der ersten Scheibe schon auf ww, aufliegt. Allein, wenn, wie dies vorzüglich bei der Division der Fall ist, die Scheibe H,H öfters um 8 oder mehr Stellen vorgerückt wird, so würden alsdann die Nägel p,p″, da ww bei dem Vorrücken der Scheibe A zurückbleibt, keine Auflage haben, und daher so oft man die vorgerückten Täfelchen über 9 führen wollte, aufgehoben werden.

Aus diesem Grunde und weil bei der Division das Übertragen der Zehner nicht durchgehends wie bei der Multiplikaion statt hat, musste das rücksichtlich des äussern Ringes q, q [Ringes g, g] unbewegliche Zirkelstück y, y', T, welches bis unterhalb zz reicht, noch besonders angebracht werden.

Hiernach wird sich auch die Wirkung der Maschine bei der Division leichter erklären lassen. Man darf nur bedenken, daß die Division blos in dem wiederholten Abziehen bestehet und daß dies durch ein der Multiplikation entgegengesetztes Verfahren erlangt wird.

Ich halte es zwar für überflüssig, das ganze Verfahren zu wiederholen aber zur vollständigen Einsicht doch noch folgendes zu erläutern nötig.

Es ist schon Seite 156 bemerkt worden, daß bei der Division der Dividendus auf den größern Zahlentäfelchen in rothen Zahlen der Divisor hingegen auf den Zahlenstänglein vorgestellt wird, daß auch hier der Anfang bei den Zahlen die den höchsten Werth haben, nemlich bei den zur linken angefangen und zu dem Ende der Divisor unter dem Dividendus ebenso wie bei der gewöhnlichen Division untergesetzt werden müsse.

Das Untersetzen geschieht bei der Maschine dadurch, daß die mittlere Scheibe mit den Zahlentäfelchen, so weit herumgerückt wird, bis die auf den letzteren angezeigte Zahlen-Ziffer unter die höchste Zahl des auf dem Zahlenstänglein vorgestellten Divisors kommt. Es muß in diesem Fall aber der Dividendus nicht kleiner als der Divisor seyn; sonst müsste die erste höchste im Divisor unter die 2te im Dividendus gesetzt werden, wie dies auch bei dem gewöhnlichen Dividiren geschehen muß.

Der Seite 156 angenommene Dividendus war: 1397520 und der Divisor 3235. Da nun die ersten 4 Zahlen im Dividendus kleiner als die im Divisor sind, so würde in diesem Fall die Scheibe H H, so gerückt, daß die zweite Zahl im Dividendus, d. i. 3 unter die erste im Divisor kommt. Um die Stellung die die Maschine dadurch erhalten würde, sich deutlicher vorstellen zu können, ist die Zahl des Dividendus den [dem] correspondirenden Rädchen mit rothen Zahlen, der Divisor hingegen mit schwarzen Zahlen auf den äussern Theilen beigesetzt worden. Man wird hierdurch zugleich bemerken, daß diejenigen Theile der Scheibe H, H, welche von dem ersten Rade, A weiter hinaufkommen, gar nicht mitwirken, wenn gleich die Kurbel im Kreise herumgeführt wird, sondern daß die ganze Wirkung der Maschine sich blos auf die dem Divisor gegenüberstehende Räder beschränken müsse, von welchen, bei dem jedesmaligen ganzen Umgang der Kurbel, so viele Zähne oder Theile fortgerückt werden, als Theile durch den Divisor auf den Zahlenstänglein ausgestellt sind.

Allein, da die rothen Zahlen für die Subtraction und Division in verkehrter Ordnung geschrieben sind, so entsteht durch das Umdrehen eine Verminderung, welches sich aus leicht einzusehenden Ursachen auch auf den Mechanismus für das Einschieben oder Übertragen erstreckt.

Aus der gegebenen Erläuterung folgt nun auch, daß der Dividendus bei einem jedesmaligen ganzen Umtrieb der Kurbel, nur um die Größe des Divisors vermindert wird, und daß daher, um den Quotienten zu erhalten, so oftmal umgedreht werden müsste, bis der Dividendus kleiner als der Divisor ist, oder gar aufgeht. Die Zahl der Umgänge bestimmen den Quotienten, der auf dem Täfelchen im kleinern Kreise angezeigt wird. So wie die Division für die unter gesetzte Zahl vollendet ist, wird die nächstfolgende Zahl vorgerückt, würde diese aber kleiner als der Divisor seyn, so werden, wenn mehrere noch vorhanden sind, die folgenden nachgerückt. Bei der gewöhnlichen Division wird dies, so oft der Fall eintritt, mit einer Nulle im Quotienten bemerkt, dies ist aber bei der Maschine nicht nötig, weil auf diese Art die treffenden Zahlentäfelchen welche die Zahl der Umgänge bezeichnen sollen, von selbst übergangen werden und auf 0 bleiben, indem das Rad u immer auf das in der Richtung C A′ befindliche Rädchen wirken kann.

Dies ist ebenfalls ein Vorzug, den diese Maschine bei der Division vor dem gewöhnlichen Verfahren voraus hat.

Ich glaube, daß die innere Einrichtung nun genau genug beschrieben seyn wird, um von dem Mechanismus dieser gewiß sehr sinnreichen Maschine, wovon zur Zeit noch keine Beschreibung vorhanden ist, eine richtige Idee zu erlangen. Man wird vielleicht bemerken, daß ich bei dieser Maschine [dieser Beschreibung] verschiedenes wiederholt habe, allein ich konnte dies bei der verschiedenen Bestimmung mancher Theile so wie auch um deswillen nicht wohl vermeiden, weil mehr Stücke sich erst bei wiederholter Anwendung deutlicher erklären liessen. Inzwischen hoffe ich, daß man sich über zu große oder vielleicht gar unnötige Weitläufigkeit nicht wird beschweren können.

Von Personen, welche übrigens die Schwierigkeit einer solchen Materie kennen, habe ich wenigstens Vorwürfe der Art nicht zu fürchten. Was die Maschine leistet, ist theils bei der Anweisung über den Gebrauch desselben theils aber bei der Beschreibung der einzelnen Theile bemerkt worden.

Sie ist von allen den jetzt hier beschriebenen Rechenmaschinen die vollkommenste und die einzige, welche den in der Einleitung Seite 19 § 8 gemachten Forderungen entspricht; Sie giebt bei der Voraussetzung daß sie gut gefertigt ist, auch bei den verschiedensten Kombinationen immer gleiche und richtige Resultate. Sie ist dabei möglichst einfach und von einem geschickten Arbeiter leicht nachzumachen.

Indessen bleibt es immer ein theures Werkzeug und es entsteht daher natürlich die Frage: was eine dergleiche Maschine wirklich nütze.

Der Pfarrer HAHN hat bei der Ankündigung seiner Maschine in dem teutschen Merkur vom May 1779 sich selbst schon Seite 152 und 153 über diesen Punct dahin geäussert, daß in kleinen und kurzen Rechnungen ein geübter Rechner diese Maschine nicht nötig habe, weil derselbe in solchen Fällen im Kopfe oder auf dem Papier geschwinder rechne. Wenn man aber vieles zu addiren habe, z.B. ein ganzes Buch von Einnahmen oder Ausgaben, so komme man durch diese Maschine leichter und sicherer zurecht, als durchs gewöhnliche Addiren, und auch besser, als durch Rechenpfennige. Man dürfe nur allemal die folgende Zahl unten herausziehen, und den Treibel (Kurbel) herumführen, so könne man Tageweiß, ohne Ermüdung fortarbeiten. Was ferner große weitläufige Multiplikation und Division betreffe, so seye solche in Ansehung der Sicherheit und Geschwindigkeit solcher Rechnungen vorzüglich vortheilhaft. Auch in Ansehung dessen, daß man unermüdet anhalten und wenn man auch durch andere Geschäfte gehindert würde, gleich abbrechen und wieder fortrechnen könne. Übrigens setzte er noch hinzu, » daß wenn auch der Nutzen für sie, da man in großen Zahlen mit Logarithmen zu rechnen pflege, nicht groß scheine, so begnüge er sich, gefunden zu haben, was er verlangte, um solche nach Erfordern für sich selbst benutzen zu können.«

Ich finde dieser bescheidenen Äusserung nichts als die Bemerkung beizufügen, daß von dem, was die Maschine leistet, nicht zu viel gesagt worden ist, und daß sie vorzüglich in den Fällen, wo Tabellen für zusammengesetzte Zahlen, die in Arithmetischer Progression auf das doppelte, dreifache, vierfache fortgehen, zu fertigen sind, mit großem Vortheil gebraucht werden könnte.

Allein der beträchtliche Aufwand, den eine solche Maschine kostet, verbunden mit dem Umstand, daß die Räder und andere Theile doch durch den öftern Gebrauch nach und nach abgenutzt werden können und müssen, wird immer als das vorzüglichste Hindernis zu betrachten seyn, die der Anschaffung solcher Maschinen entgegen stehen.

Der Kleinuhrmacher SCHUSTER zu *Ansbach* der in den Jahren 1778. bis 1780 bei dem Pfarrer HAHN als Geselle gearbeitet hat, daselbst mit der Rechen-Maschine genau bekannt wurde, und nachher eine Schwester des HAHN geheiratet hat, hat solche in den Jahren 1780 bis 1790 ohne weitere Abänderung nachgemacht und zum Verkauf für 1000 ℔ ausgeboten.

Die 11te Rechenmaschine mit Rädern.

Eine der vorigen ganz ähnlichen Maschine ist auch von dem Fürstlich-Hessen-Darmstädtschen Ingenieur-Hauptmann, Joh. Helfreich Müller verfertigt und die Beschreibung davon von dem Kammerrath Ph. E. Klipstein mit einer von ihm begleiteten Vorrede zu Frankfurt und Mainz in Oktav mit einer Kupfertafel herausgekommen. Früher hat der verstorbene Hofrath Kästner davon in dem 120^n Stück der Göttingenschen gelehrten Anzeigen vom Jahr 1784 Nachricht gegeben, und in der allgem. Deutschen Bibliothek des 73. Bandes 1tes Stück Seite 449–454 ist davon eine weitläufige Anzeige enthalten. Die Kupfertafel welche jener Beschreibung beigefügt ist, stellt indessen nur das Äussere perspektivisch dar, so wie die Beschreibung sich ebenfalls blos auf das Äussere und den Gebrauch der Maschine beschränkt. Es lässt sich daher ihr innerer Werth auch nicht die Zuverlässigkeit beurtheilen, inzwischen ist es sehr wahrscheinlich, daß dabei der Mechanismus der Hahnischen Rechenmaschine zu Grunde liegt, wenn gleich H. Müller in der Beschreibung versichert, diese nicht weiter als aus der davon im deutschen Merkur enthaltenen Nachricht zu kennen und von derselben nichts als das Äussere entlehnt zu haben.

Der Pfarrer Hahn hat den Mechanismus seiner Maschine mehreren Fremden gezeigt und im Monat November 1784 selbst gegen mich die Vermuthung geäussert, daß H. Müller sie vielleicht selbst bei ihm zu Kornwestheim, wo er damals Pfarrer war, gesehen haben könne, indem unter den vielen Fremden sich einer befand, für den seine Maschine mehr als das gewöhnliche Interesse zu haben schien. Es ist möglich, daß dies nur eine bloße Vermuthung ist und daß H. Müller die seinige selbst erfunden hat. Das Innere würde darüber mehr Gewissheit geben, indem es nicht wohl glaublich ist, daß zwei verschiedene Personen in einer ziemlich schwierigen Sache ohne sich zu besprechen, auf eine und demselben Mechanismus begegnen sollten.

Ehe ich darüber völlig Aufklärung mit Gewissheit erlangen kann, wird es mir wohl erlaubt seyn, voraussetzen zu dürfen, daß der Mechanismus in der Müllerschen Rechenmaschine von dem der Hahnschen wenigstens im wesentlichen nicht verschieden ist.

Die Müllersche Rechenmaschine wird bei dieser Voraussetzung gewiss nichts verlieren, indem ich aus Gründen überzeugt bin, daß, in so ferne der Mechanismus von dem der Hahnschen wirklich verschieden seyn sollte, er gewiß nicht besser und vollkommener ist.

In der Müllerschen Beschreibung werden zwar Seite [5 und in der Anmerkung

Seite] 32 mehrere Mängel an der Hahnschen gerügt, sie sind aber ungegründet und werden bei der davon gegebenen umständlichen Nachricht keine Widerlegung verdienen.

Ich eile nunmehr zur Beschreibung selbst, welche ich jedoch nur auf diejenigen mehr wenigen Puncte beschränken werde, wo solche in den Äussern und nach Wahrscheinlichkeit im Innern von der vorigen abweicht, weil ich sonst das meiste von dem vorigen wiederholen müsste.

Diese Müllersche Rechenmaschine ist auf Tab: XXIII von der obern Seite abgebildet.

Das Gehäuse soll von vergoldetem Messing 10 1/2 Pariser Zoll im Durchschnitt breit und beinahe 3 1/2 Zoll hoch mit den äussern daran befindlichen Zahlenscheiben und Knöpfen aber 12 Zoll im Durchmesser und bis an den Knopf der mitten befindlichen Kurbel 5 2/3 Zoll hoch seyn.

Auf der obern horizontalen Platte, oder dem Deckel H, befinden sich wie bei der vorigen Rechenmaschine 2 Reihen emaillirte Zahlenreihen [Zahlenscheiben] 14 in jeder Reihe. Die obere Platte scheint in 17 Theile getheilt zu seyn, wovon 3 Theile leer sind.

Die kleinern Scheiben haben ebenfalls 10 Ziffern von 0–9 beschrieben.

Die äussern größern haben auch 2 Reihen solcher Zahlen, wovon die größere Reihe schwarz, die kleinere hingegen in entgegengesetzter Ordnung roth geschrieben sind. Jene dienen zur Addition und Subtraction, diese aber zur [??]

Jede Scheibe dreht sich wie bei der Hahnschen um ihren eigenen Mittelpunct, die ganze Platte lässt sich ebenfalls mit allen darauf befindlichen Scheiben um den Mittelpunct der Maschine drehen. An der äussern Grenze der unbeweglichen Seitenwand befinden sich ebenfalls 14 schmale Cylinder g, die auf der Hälfte ihres breiten emaillirten Randes h, mit den Ziffern 0 . . . . . 9 beschrieben sind, ausgenommen die 6 ersten, von der rechten zur linken, die nach 10 und 11 zum Gebrauch für genannte Zahlen stehen.

Die Zahlenscheiben so wie die zur Seite befindlichen Cylinder können ohne Ausnahme durch die Knöpfe h, i rück- oder vorwärts gedreht werden, bis sich die zur vorhabenden Rechnung erforderlichen Zahlen, in den Ausschnitten der Kloben k, l, befinden.

Die zur Seite und den Zahlentäfelchen gegenüberstehenden Cylinder leiden durch die innere Bewegung der Maschine keine Veränderung, und können daher blos mit der Hand so weit rück- oder vorwärts gedreht werden bis die erforderliche

Zahl unter dem Ausschnitt K erscheint; Sie haben die nemliche Bestimmung, wie die Zahlenstänglein auf der Hahnischen Maschine.

Auf den kleinern Täfelchen werden die Umgänge der Kurbel gleichfalls auf demjenigen Täfelchen angezeigt, auf welches der Zeiger gerichtet ist; sie sind so wie bei der Hahnschen Maschine bestimmt, die Quotienten oder einzelne Factoren zu bezeichnen und stehen sonst mit dem übrigen Mechanismus in gar keiner Verbindung. Die innere Einrichtung kann mit Tab: XXII ganz übereinkommen.

Die größern Zahlentäfelchen, können wie schon weiter bemerkt worden ist mit dem Knöpfchen h rück- und vorwärts [gedreht] aber auch durch das Triebwerk der Maschine vermittelst der Kurbel in Bewegung gesetzt, und dadurch die zur vollendeten Rechnung gehörigen Ziffern in die Oeffnungen gebracht werden.

Die Bewegung dieser Täfelchen wird lediglich durch die äussern Zahlen-Cylinder bestimmt. Stellt man diese auf Null, so erfolgt auf denselben bei der Umdrehung der Kurbel gar keine Veränderung. Stellt man sie dagegen z. B. auf 3, so werden bei jedem Umgang der Kurbel, auch auf jedem Täfelchen 3 Theile fortgerückt.

Die mittlere Scheibe A ist mit dem darauf befindlichen Zeiger und dem äussern Ringe B, B unbeweglich, dagegen die Scheibe H, H zwichen beiden beweglich. Das Herumdrehen der Scheibe oder Platte H, mit den auf ihr befindlichen Zahlen-Täfelchen geschieht jedoch nur so wie bei der HAHNschen, bei der Multiplikation und Division und zwar mit dem an ihr befestigten und mit einem Gelenke versehenen Knopfe m, der allezeit in einem von den im obern Rande des äussern Ringes befindlichen Einschnitten n liegen muß, und so geordnet ist, daß bei einer jeden solchen Veränderung, die Mitte der äussern Zahlen-Cylinder genau in die Richtung der durch die Mittelpuncte der Zahlen-Täfelchen gehenden Halbmesser nach C zu stehen kommt. Hieraus folgt schon von selbst, daß die Zahlen-Täfelchen unter sich in gleichen Abständen entfernt seyn müssen, weil solche sonst, bei dem Verrücken der Platte H, nie genau auf die äussern Cylinder passen würden, was jedoch unumgänglich nötig ist.

Im Mittelpunct der Oberfläche C ist eine Kurbel K, die man nur rechts umdrehen kann, und weil sie, wie die HAHNsche an einem bestimmten Orte stille stehen muß, wenn man zur vorhabenden Rechnung gegebene Ziffern in die Oeffnungen stellt, oder die Platte H fortschiebt, so ist bei d auf der unbeweglichen Scheibe A ein Zapfen angebracht, woran die Kurbel anstehen und ruhen muß, welche deswegen bei p ein Gelenke hat, um sie vor dem Drehen bei dem Zapfen d wegzuheben. Zur Seite sind 2 Handhaben, um die Maschine bequem tragen zu können. Auf dem Kloben K der ersten 6 Zahlentäfelchen sind bei e elfenbeinerne Täfelchen, worauf die gewöhnlichen Zeichen der vorhandenen genannten Zahlen mit Bleistift geschrieben werden können.

Ausser dem sollen in dem Deckel oder Futteral der Maschine noch 15 Zahlenscheiben, welche zur Rechnung der übrigen genannten Zahlen dienen, besonders verwahrt werden, um sie statt anderer auf die Maschine setzen zu können. Weil nun wie Seite 10 der Müllerschen Beschreibung bemerkt wird, für die geringern Werthe der genannten Zahlen selten mehr als 6 Ziffern erfordert werden, so seye zwischen der 3ten und 4ten Zahlenscheibe auf der Platte H bei C, ein hervorragender Zapfen, wodurch wenn er mittelst eines Schlüssels nach dem dabei stehenden Buchstaben a gedreht wird, die Kloben k der 6 Zahlenscheiben nebst dieser so aufgelöst werden können, daß man sie alle oder nach Belieben einige davon herausnehmen und dagegen andere einsetzen könne.

Man wird hier leicht bemerken, daß die Rechnungen mit genannten Zahlen sich nur auf solche Größen mit einigen Vortheilen erstrecken könne, deren ganzes nicht über 12 Theile oder Einheiten betragen darf, und daß folglich in diesem Punct die Anwendung sehr beschränkt seyn müsse. Bei Rechnungen wo z.B. Fusse, Zolle, Linien, bei welchen das Duodecimal – System zum Grunde liegt, oder wo Brüche vorkommen, deren Nenner 12 oder doch als solcher betrachtet werden könne, als 1/12, 1/6, 1/4, 1/3, 1/2, 5/6, 7/12 würde die Anwendung allerdings sehr bequem seyn, dagegen aber bei dem Gewichte, wo Lothe, Quintlein oder andere Brüche enthalten sind, die gewöhnlichen Wege eingeschlagen werden müssten. Bei der Multiplikation mit genannten Zahlen darf inzwischen der Multiplikator wie selbst Seite 20 der Müllerschen Beschreibung bemerkt ist nicht über eine Ziffer betragen, oder man müsste so oftmal umdrehen, als der Multiplikator der gemeinen Zahl Einheiten enthält d.i. bei 33 33 mal. Eben dies gilt auch von der Division, wenn genannte Zahlen durch eine zusammengesetzte Gemeine getheilt werden soll.

Die Anwendung auf genannte Zahlen ist inzwischen gar nicht neu, da davon schon auf der bekannten ersten Rechenmaschine mit Rädern nemlich der Pascalschen, Gebrauch gemacht worden ist.

Bei dem Gebrauch dieser Maschine verfährt man übrigens in allen Fällen eben so, wie dies von der vorigen Rechenmaschine gezeigt worden ist.

z.B.

1. bei der Addition.

Wenn 2 Zahlen addirt werden sollen, so stellt man die eine gegebene Zahl z. B. 3145 in schwarzen Zahlen unter die Oeffnung der 4 ersten Zahlentäfelchen, alle andern aber auf Null, und die 2te gegebene Zahl z. B. 639 unter die vorigen auf die äussern Cylinder dergestalt, daß 9 in die Klasse der Einheiten 3 in die Klasse der Zehner und 6 in die Klasse der Hunderter kommt, dreht sodann die Kurbel einmal herum, so erreicht in jenen Täfelchen die Summe 3784.

2. bei der Subtraction.

Es wird die größere Zahl z. B. 9321 in rothen Zahlen auf dem Zahlen-Täfelchen, die andere kleinere 5132 hingegen auf die Cylinder gestellt, wobei wieder Einheiten unter Einheit, Zehner unter Zehner zu stehen kommen müssen, und dreht die Kurbel einmal wieder herum, so wird 4189 als Rest in den gestellten Täfelchen in rothen Zahlen stehen.

3. bei der Multiplikation.

Bei der Multiplikation wird der Multiplikandus auf den äussern Zahlen-Scheiben oder Cylinder, wie bei der HAHNischen Zahlen-Maschine auf den Zahlenstänglein vorgestellt, die größern Zahlentäfelchen hingegen werden auf schwarze Nullen gebracht, welches auch auf den kleinern geschieht. Der Multiplikator wird dagegen, er mag aus einer oder mehrern Zahlen bestehen, blos notirt. Wenn z. B. 629 mit 35 multiplicirt werden solle, so wird, nachdem zuvor alles auf die vorige Art gestellt worden ist, mit der Kurbel so oft im Kreise herumgedreht, bis 5 als die erste Zahl im Multipikator, auf dem ersten kleinen Täfelchen zum Vorschein kommt, welches nach 5maligen Umdrehen geschehen und hierauf das Product von 629 mal 5 = 3145 auf den größern Täfelchen, statt der Nullen erscheinen wird. Man rückt sodann die Scheibe A mit Hilfe des Knopfes m, um eine Stelle weiter, so daß die Zahlen-Täfelchen der Zehner unter der Zahlenscheibe oder dem Zahlenzylinder der Einheiten kommt, und dreht mit der Kurbel wieder so oftmal herum, bis die 2te Zahl 3 im Multiplikator auf dem kleinen Zahlen-Täfelchen der Zehner erscheint und das Product = 22015 auf den größern Täfelchen, in schwarzen Zahlen erhalten werden wird.

Bestünde der Multiplicator noch aus mehrern Zahlen, so muß bei jeder neuen

Zahl die Scheibe um eine Stelle vorgerückt und bei jeder solchen Veränderung immer so oft herum gedreht werden, bis der neue Multiplikator auf dem folgenden, nemlich demjenigen Zahlen-Täfelchen erscheint, auf welches der Zeiger Q gerichtet ist.

4. *bei der Division.*

Der Dividendus z. B. 1643 wird auf dem ersten Zahlen-Täfelchen in rothen, der Divisor 64 aber auf der äussern Zahlen-Scheibe oder Cylinder vorgestellt. Diejenigen Täfelchen und Cylinder, auf welche keine der Zahlen kommt, rückt man alle auf Null; wobei jedoch auf dem größern Zahlen-Täfelchen die rothen Ziffern gewählt werden müssen.

Nun wird die Platte H mittelst des Knopfes m so gedreht, daß die höchste Ziffer des Divisors unter die höchste des Dividendus kommt. Sollte aber diese Ziffer kleiner als jene seyn, wie dies hier wirklich der Fall ist, so wird der Divisor unter die nächstfolgende hier 64 unter 64 gesetzt nemlich so

1643 Dividendus
  64 Divisor.

Dann wird die Kurbel so oft umgedreht, bis die erste Ziffer im Dividendus kleiner, als die des Divisors geworden ist. Im gegenwärtigen Beispiel geschieht dies nach 2maligem Umdrehen, wo folglich 2 als der erste Quotient, in dem Quotienten-Täfelchen der Zehner stehen wird. Wäre nunmehr der ganze übrige Dividendus kleiner, als der Divisor, so würde die Division schon beendiget und dasjenige, was in rothen Zahlen geblieben ist, als Rest zu betrachten seyn. Weil aber hier 363 geblieben sind, welche den Divisor 64 übersteigen, so wird die Scheibe H, um eine Stelle vorgerückt, und mit der Kurbel K von neuem umgedreht, bis der Dividendus kleiner, als der Divisor geworden ist. Die Zahl der Umgänge bestimmen den 2ten Quotienten, welcher diesmal aber auf dem Zahlen oder Quotienten-Täfelchen der Einheiten angezeigt werden wird.

Geht der Divisor ganz auf, so erscheinen in den Zahlen-Täfelchen lauter rothe Nullen, statt daß im vorliegenden Fall 43 in rothen Zahlen als Rest geblieben sind.

Es versteht sich dabei von selbst, daß wenn die übrige Zahl des Dividendus immer noch größer als der Divisor ist, man die Platte H wieder um eine Stelle weiter rückt, und die Operation so lange auf die schon angezeigte Art fortsetzen müsste, bis der Dividendus kleiner, als der Divisor geworden seyn wird.

In Ansehung der genannten Zahlen wird zwar eben so verfahren, es müssen jedoch dabei immer die ersten Zahlen-Täfelchen gehörig verwechselt werden.

Man sieht übrigens, daß bei der Anwendung dieser Maschine in allen Stücken eben so wie bei der HAHNschen verfahren wird, und daß sie selbst im Äusserlichen wenig von derselben abweicht.

Die Form und Abtheilung der Zahlen-Täfelchen, die Bewegung der Kurbel und großen Platte sind in beiden einander vollkommen ähnlich.

Der Hauptunterschied besteht bei der MÜLLER-schen darinn;
1. daß die 6 ersten Zahlen-Klassen auch für das Duodecimal-System und die darauf gegründete Rechnung mit Brüchen und genannten Zahlen eingerichtet sind,
2. daß an dem äussern Umfang Zahlen-Scheiben oder Zahlen-Cylinder befindlich sind, statt daß die HAHNsche nur Zahlen-Stänglein hat. Wenn die Maschine sonst fehlerfrei ist, so hat sie dadurch allerdings einige Vorzüge. Die hier zur Seite angebrachten Zahlen-Scheiben sind allerdings bequemer, als die Zahlen-Stänglein, auf welchen die Zahlen nicht so bequem übersehen werden können.

Auch die Einrichtung der 6 ersten Klassen für Duodecimal-Rechnung ist in manchen Fällen sehr gut zu gebrauchen, obgleich die Anwendung beschränkt ist. In der innern Einrichtung machen indessen diese Veränderungen keinen großen Unterschied und es kommt dabei alles nur auf den Mechanismus an, wodurch mit Hilfe der vordern Zahlen-Scheiben oder Cylinder die beweglichen Getriebe gestellt werden können, weil ich immer noch annehme, daß das übrige von der HAHNschen Einrichtung nicht verschieden ist. Ich habe eine dergleichen Vorrichtung auf Tab: XXIV. Fig: 1, & 2, abgebildet. Ob sie ganz mit der MÜLLERschen übereinkommt, weiss ich nicht, sie wird aber in jedem Fall der Absicht vollkommen entsprechen.

Fig: 1 ist ein Theil des Durchschnittes C i, i, e, h und a b c d e f die Form der vordern Seite der Maschine, h der Knopf wodurch der Cylinder oder die Scheibe k gedreht wird. m ist ein eisernes Rädchen, welches auf den ersten 6 Scheiben 12, auf den übrigen 8 aber nur 10 Zähne hat, die aber nur die Hälfte des Umfangs einnehmen, weil auch auf den Cylindern für die ersten 6, die Zahlen 0, 1 .... 11, oder bei den übrigen 0, 1 .... 9 nur die Hälfte des Umfangs geschrieben sind. n ist ein gezahnter Stab, auf welchem zur Seite gleich große Ausschnitte befindlich sind, wodurch das Getriebe q,q durch die vorstehenden Arme x, y nach Willkühr gestellt werden kann. Die beweglichen Getriebe q,q sind für die 6 ersten Klassen am Umfang in 6 Theile getheilt, wovon 3 leer und 11. mit vorstehenden Getriebstecken versehen.

Die Mitte des Getriebes q,q ist von dem Rade w um etwas weniges mehr, als der Halbmesser der obern Scheibe q entfernt, so daß diejenige Zähne, welche nicht weiter vorstehen, auch das Rad w nicht berühren, dagegen ist der Halbmesser der untern Scheibe des Getriebes qq um die Tiefe eines Zahnes w größer. Die zwischen diesen Scheiben befindlichen Getriebstecken sind der Länge nach in 12 Theile abgetheilt und auf folgende Art gefertigt. Bei dem ersten stehen 11 Theile nach dem Radius der untern Scheibe vor, der 12te Theil hingegen, wird nach der obern Scheibe abgenommen; der 2te Zahn enthält 10 Theile nach der größern und 2 Theile nach der kleinern Scheibe; der 3te 9 Theile nach der großen und 3 Theile nach der kleinen ..... endlich der 11te und letzte einen Theil nach der großen und 11 Theile nach dem kleinern Halbmesser [Durchmesser].

Da nun die größern Halbmesser in die Zähne der Räder w eingreifen, so folgt, daß von solchen durch die Getriebe q, q bei deren jedesmaligem Umgang nur so viel Theile mit fortgeschoben werden, als längere Zähne in der Höhe des Rades w stehen. Hiermit stimmen die Zahlen auf den Cylindern k dergestalt zusammen, daß wenn solche auf Null stehen, auch kein Zahn die Räder w erreicht, daß dagegen bei 1 ein Zahn, bei 2 zwei Zähne .... bei 11 elf Zähne ergriffen werden.

Obgleich für die 6 ersten Klassen die Getriebe qq 11 Zähne haben, so haben doch die Räder w, welche auf den Achsen der größern Zahlen-Täfelchen E feststehen, durchgehends nur 10 Zähne. Bei u ist an der nemlichen Achse, noch ein kleines, ebenfalls mit 10 Zähnen versehenes Rädchen, wodurch vermittelst einer Sperrfeder, jeder Zahn oder Theil in seiner Lage erhalten wird.

S ist das an der Welle r befestigte Rad, welches wie bei der HAHNschen Rechen-Maschine 8 Zähne haben kann und durch den Rechen mit der Kurbel in Bewegung gesetzt wird. t ist eine auch an der Achse oder Welle r befestigte Scheibe mit einem Ausschnitt, wodurch solche während dem Stillstand in einer unveränderlichen Lage erhalten wird.

Auf dem Stabe n sind zur Seite o Zähne, wodurch mit Hülfe der Feder p die Getriebe q q auf einem gegebenen Theile unveränderlich erhalten werden, welches wegen des bei Rädern erforderlichen Spielraums durch das Rädchen m nicht so genau geschehen kann.

F,F und gg sind die 2 messingen Platten, welche durch Zapfen, wie ein Uhrgestelle mit einander verbunden sind und mit einander um den äussern Kranz gedreht werden können.

Fig: 2. stellt Fig: 1 von der Mitte betrachtet vor. Da die Theile mit den nemlichen Buchstaben bezeichnet sind, so bedürfen solche keiner besonderen Erklärung.

Die ganze übrige innere Einrichtung wird sich aus Tab: XXII und XXIII und ihre Beschreibung ohne weitere Schwierigkeit erklären.

In der Beschreibung wird zwar Seite 28, noch von der Vorrichtung eines Glöckchens Erwähnung gethan, welches sich durch den Klang hören lässt, wenn man in der Division, bei der mehrmaligen Umdrehung der Kurbel, die Zahlen des Dividendus nicht allemal beobachtet, ob nemlich dieselben kleiner als der Divisor geworden sind, und folglich die Kurbel öfter herumgeführt, als es hätte geschehen sollen, oder wenn der Divisor in den Fällen, wo er 2 oder mehrere Nullen hätte fortgerückt werden sollen, nur um eine gerückt wird. Alle diese Versehen sollen durch den Klang der Glöckchen, aber freilich zu spät angezeigt werden, weil man sodann bei der Subtraction oder Division das Exempel von neuem aussetzen und von vornen anfangen muß. Zweckmässiger würde es seyn, wenn eine dergleichen Warnung in dem Augenblick geschähe, wo das Exempel gerechnet ist, weil man da noch Zeit hat mit der Kurbel, die ohnehin bei jedem neuen Umgange ausgehoben werden muß, stille zu halten. Allein es würde dies wieder einen neuen Mechanismus erfordern, der für jeden besondern Fall, wie z. B. der Wecker in einer Uhr, gestellt werden müsste, wodurch aber auch die Anwendung complicirter werden würde, was jedoch bei einer dergleichen Maschine, durchaus vermieden werden sollte.

Die 12te und letzte Rechenmaschine mit Rädern.

Der seit mehreren Jahren verstorbene Pfarrer REICHOLD zu *Dottenheim*, einem Dorfe im Aischgrunde zwischen Windsheim und Neustadt an der Aisch, hat sich viel mit hölzernen Uhren und unter anderem auch mit Rechenmaschinen beschäftigt, und würde darinn gewiß glückliche Fortschritte gemacht haben, wenn ihn nicht der Tod zu frühe entrissen hätte. Von denjenigen Rechenmaschinen, welche ich von ihm kenne, habe ich die beste auf Tab: XXIV abgebildet. Sie ist ganz von Birnbaumholz und von ihm im Jahr 1792 gefertigt worden, kann aber nur als ein bloser Versuch, nicht aber als eine für alle Fälle brauchbare Rechenmaschine betrachtet werden. Inzwischen verdient sie doch auch näher bekannt zu werden.

1. die äussere Gestalt.

Sie ist in Fig: 1 von der obern äussern Seite in natürlicher Größe abgebildet und gegen 3 Zoll hoch. In 2 verschiedenen Kreisen befinden sich 18 Zahlenscheiben, nemlich in jedem Kreise 9.

Von den 9 größern ist die erste in 4 Theile, die 2te in 10, die 3te in 6 und jede der 6 andern in 10 Theile abgetheilt. Die erste Scheibe enthält die Ziffern 0, 3, 2, 1, die 2te 0, 9, 8, 7, ... 1, die 6te 0, 5, 4, 3, 2, 1 und die obern wie N⁰ 2.

Unter einer jeden Ziffer ist ein kleines Löchlein, in welches ein drähtener Stift gesteckt werden kann. In der Mitte einer jeden dieser größten [größeren] Scheibe ist ferner eine Kurbel K an der Achse eines Rades befestigt. Bei dem Zeichen der Nulle ist ferner ein Stift, an welchem die Kurbel anstößt, so daß solche immer nur bis dahin und nicht weiter im Kreise, herum gedreht werden kann.

Die kleinern Zahlen-Scheiben sind mit denselben gegenüberstehenden größern in gleich viele, nemlich in respective 4, 10, 6, 10 Theile getheilt, enthalten aber eine doppelte Zahlenreihe, wovon die mit schwarzen Ziffern für die Addition und Multiplikation, die rothen aber für die Subtraction und Division bestimmt sind.

In der Mitte sind Zeiger befestigt, die mit Hülfe der hölzernen Knöpfchen m, nach einer Seite gerückt und dadurch, auf jede beliebige Zahl gestellt werden können.

Die Zahlen-Täfelchen sind in den beiden Kreisen auf dem Deckel befestigt, oder eigentlich nur darauf gezeichnet.

Innerhalb der kleinern Zahlen-Täfelchen ist ein kleiner unbeweglicher Ring, in welchem über einem jeden Täfelchen ein kleines Loch befindlich ist, in welches ein mit einem Stifte versehenes kleines Knöpfchen n gesteckt werden kann. Es dient solches die Stelle zu bezeichnen, wo man bei der Operation aufgehört hat. Ausserdem befindet sich auf diesem Ringe noch der Werth der Zahlen-Scheibe bemerkt.

Die ersten Zahlenscheiben in den beiden Kreisen gehören in genannten Zahlen für Pfennige, die 2 folgenden Paar aber für Kreuzer, deren 60 einen Gulden machen; die übrigen 6, enthalten unbestimmte Zahlen, die nach Dekaden wachsen.

2. *Gebrauch der Maschine.*

1. die Addition.

Wenn 2 Größen z. B. 365. ₰ 50 𝒳𝓇 3 ₰ zu 219 ₰ 19 𝒳𝓇 und 1 ₰ addirt werden sollten; so wird jene, gewöhnlich die größte auf den kleinern Zahlenscheiben in schwarzen Zahlen vorgestellt. Es geschieht dies indem auf der ersten der Zeiger vermittelst des Knopfes m auf 3, in der zweiten hingegen der Zeiger auf 0, in der dritten auf 5, in der vierten auf 5, in der 6ten auf 6 und in der 7ten auf 3 geführt wird.

Nun wird in den größern Scheiben bei der ersten der drahtene Stift in das Löchlein bei 1 gesetzt, die Kurbel bis dahin gebracht und solche von da auf Null zurückgeführt. Der Zeiger auf der gegenüberstehenden kleinen Scheibe wird dadurch von 3 auf 0 übergehen und zugleich auf der nachfolgenden Scheibe ein ganzes übertragen.

In der 2ten größern Scheibe wird nun der Stift unter 9 eingesetzt, die Kurbel von der linken zur rechten dahin geführt und wieder zurück und von da auf die Null zurückgebracht, so wird der gegenüberstehende Zeiger auf Null vorrücken.

In der 3ten Scheibe setzt man den Stift unter 1, führt die Kurbel dahin und wieder zurück, so wird auch in der gegenüberstehenden kleinern Scheibe der Zeiger auf Null rücken.

In der 4ten Scheibe wird der Stift unter 9 eingesetzt, die Kurbel ebenfalls dahin und wieder zurückgeführt, so wird der gegenüberstehende Zeiger auf 5. rücken. Auf der 6ten Scheibe wird der Stift auf diese Art unter 1 und in der 7ten unter 2 eingesetzt und die Kurbel jedesmal dahin und zurückgeführt, wornach die Addition verrichtet ist und die Summe 785 ℔ 10 ₰ 0 ₰ auf den kleinern Zahlenscheiben erscheinen wird.

2. die Multiplication.

Diese wird durch ein wiederholtes Addiren verrichtet, es darf aber der Multiplikator nicht wohl mehr als eine Ziffer haben, weil sonst die Operation viel zu langsam werden würde. Wenn z. B. 385 mit 9 multiplizirt werden sollte, so werden von der Scheibe der Einheit an, die Zeiger auf schwarze Null gestellt. Ist dies geschehen, so wird bei der größern Scheibe der Einheiten der Sitft unter 5 eingesetzt, die Kurbel 9 mal dahin und immer wieder zurück auf Null geführt. Ein gleiches geschieht nun auch auf der Scheibe der Zehner und Hunderter, wo in jener der Stift unter 8, bei der Hunderter aber unter 3 eingesetzt und auf jeder die Kurbel, wie bei den Einheiten geschehen ist, 9 mal hin und her geführt werden muß.

Die Anwendung ist daher für die Multiplikation eben so beschwerlich wie bei der französischen Rechenmaschine, vor welcher diese doch noch das Verdienst hat, daß sie weniger zusammengesetzt ist.

3. die Subtraction.

Diese ist von der Addition in nichts verschieden, nur daß man sich dazu der rothen Ziffern bedienen muß.

Eben dies gilt

4. von der Division.

Der Dividendus wird in rothen Zahlen, der Divisor aber auf den größern Scheiben eben so behandelt, als wenn addirt werden sollte. Nun muß der Divisor unter die höchste Ziffer des Dividendus gesetzt und von diesem so lange abgezogen werden, bis derselbe kleiner als der Divisor geworden ist. Sind im Dividendus noch mehr Zahlen vorhanden, so wird der Divisor auf dem zur rechten folgenden Täfelchen weiter gerückt und damit auf die obige Art so lange fortgefahren, bis der ganze Dividendus, kleiner als der Divisor geworden ist.

Man muß dabei immer genau bemerken, wie oft man in jeder Klasse die Kurbel hat auf und abbewegen müssen, weil dies die Quotienten anzeigt.

Man sieht hieraus schon, daß mit einer solchen Maschine nicht viel ausgerichtet seyn könne, und daß durch deren Anwendung das Rechnen mehr erschwert als erleichtert wird. Sie kann daher nur als Versuch betrachtet werden, der wenn der Autor das Leben länger erhalten hätte, gewiß zur größern Vollkommenheit gebracht worden seyn würde.

3. Von dem innern Mechanismus.

Unter den größern Zahlenscheiben befinden sich, wie Fig: 2 zeigt die Räder A, A', A'' an deren Achsen die Kurbel K befestigt ist. Jedes derselben greift in ein anderes B, B', B'', von gleichem Durchmesser auf deren Achsen die Zeiger der kleinern Zahlenscheiben beweglich sind.

Jedes Paar solcher Räder gehört zu einer besondern Klasse und ist daher von dem folgenden unabhängig. Damit sie aber einander in der Bewegung nicht hindern, so sind sie auf den Achsen paarweise in verschiedenen Distanzen angebracht, die Räder B, sind jedoch an ihren Wellen nicht fest, sondern um dieselben beweglich.

Unmittelbar über jedem der Räder B ist ein anderes C, diese sind an der Axe Q befestigt, haben aber ihre Sperrkegeln und die Federn auf den um die Achse beweglichen Rädern B. Unter diesen befinden sich ferner die Sternräder E, die, wie die Räder C, an der nemlichen Achse befestigt und mit Sperrfedern h versehen sind, wodurch die Räder festgehalten werden.

Man wird übrigens schon aus ihrer Form sehen, daß solche auf der einen Seite dem Sperrkegel widerstehen und daher nur nach einer Seite gehoben werden können.

Fig: 4 enthält das Profil von einem ganzen solchen Rade, woran die oben beschriebenen Theile mit den nemlichen Buchstaben bezeichnet sind. C ist ein an der Achse beweglicher Arm, der auf der einen Seite ausweichen kann, auf der andern aber widersteht und zum Einschieben oder Übertragen in die höhern Klassen bestimmt ist. Die Zähne müssen in den Räder A und B von gleicher Anzahl seyn, sonst ist letztere willkührlich.

Die Räder C und E hingegen richten sich nach den Klassen, wozu solche gehören.

Ich komme nunmehr zur Bewegung der Theile selbst.

Mit der Kurbel K wird das Rad A und mit diesem auch das Rad B um seinen Zapfen a bewegt. Da die Kurbel durch einen auf den Scheiben vorstehenden Stift, niemals über Null weggehen kann, so muß solche stets vor und rückwärts geführt werden. Bei dem Vorführen von D nach F, steht das untere Sternrad an h an und kann der Bewegung nicht folgen, und die Achse a bleibt dabei noch unbeweglich. Das Rad B bewegt sich daher auch nur allein, dem jedoch der Sperrkegel mit seiner Feder folgen muß. Dieser weicht bei dieser Bewegung dem Rade C aus, das mit E auf einer Achse festsitzt und dem Rade B nicht folgen kann. Wenn dagegen aber das Rad A mit der an der Achse befestigten Kurbel K wieder zurück, nemlich von F nach D, C geführt wird, dann widersteht der Sperrkegel auf B dem Rade C und nimmt solches, da E im Rückweg bei h ausweichen kann, um eben so viele Theile zurück, als die Kurbel anfänglich vorgedreht wurde. Da nun ferner die Zeiger auf a reichen und a mit bewegt wird; so müssen sich solche ebenfalls mit bewegen. Wird nun z.B. der Zeiger in der Klasse der Einheiten auf 5 gesetzt, und hierauf die Kurbel von 0 auf 5 und wieder zurückgeführt, so werden durch diese Bewegung ebenfalls 5 Theile weiter geschoben, so daß der Zeiger von 5 auf 0 kommen muß. So wie aber der Zeiger von 9 auf Null übergeht, greift der bewegliche Arm L in den Zahn des nächstfolgenden Rads und schiebt solches um einen Theil weiter.

Hierinn besteht der ganze Mechanismus dieser Maschine, der im Grunde sehr einfach aber dabei doch die Fehler hat, daß jede Klasse für sich behandelt werden muß und daß 2., das Übertragen von den vorhergehenden Rädern abhängig gemacht ist, wodurch, wenn mehrere 9 auf einander folgen, die Maschine schwer zu bewegen, das Einschieben selbst aber unsicher wird.

Übrigens wird man bemerken, daß die Ziffern auf den Zahlenscheiben immer umwechseln. Dies geschah blos aus dem Grunde, weil sonst für jede Klasse zum Übertragen, noch ein besonderes Rad nötig gewesen wäre, wodurch die Stockungen noch merklicher gewesen seyn würden, und daß der Autor um diesem auszuweichen lieber jenen Weg eingeschlagen hat.

Mit dieser endigen sich die Bemühungen die bis zum Schluß des 18ten Jahrhunderts über Rechenmaschinen mit Rädern versucht und bis jetzt bekannt worden sind.

Zusätze zu Seite 122 über die von Morland erfundene Rechenmaschine.

Als die gegenwärtige Abhandlung schon rein geschrieben war, erhielt ich noch die von demselben darüber im Jahre 1673. herausgegebene Beschreibung, welche jetzt um so seltener ist, als die wenigen Exemplare die davon erschienen, bald nach der Ausgabe erschöpft waren, und sogar Leibniz, ob er gleich damals mit der Londner Societät in Verbindung stand, keines mehr erhalten konnte.

Diese Seltenheit ist wahrscheinlich auch der Grund, warum man von Morland's Erfindung in andern Schriften so wenig zuverlässiges findet. Eine genauere Nachricht scheint mir daher um so weniger überflüssig, als seine Rechenmaschinen doch zum Theil auch von den vorigen abweichen.

Seine Nachricht führt den Titel:

The Description and Use of Two Arithmetik Instruments, together with a Short Treatise, explaining and Demonstrating the ordinary Operations of Arithmetik. As likewise a Perpetual Almanack and several Useful Tables

By S. Morland London 1673. in Oktav.

Nach diesem Titel folgt auf dem zweiten Blatt ein 2ter unter der Aufschrift:

A New, and most useful Instrument for addition and subtraction of Pound; Shillings, Pence and Farthings,

Invented and Praesented to his most Excellent Majesty Charles II King; 1666. By S. Morland and by the importunity of his very good friends, made publick 1672.

Vor dem ersten Titelblatt steht Morland's Portrait mit der Unterschrift:

Samuel Morlands Eques auratus et Baronetus nec non Camerae privatae generosus.

Die Maschine ist auf Tab: XXVI. Fig: 1 von der obern Seite abgebildet, enthält in 2 verschiedenen Reihen 8. größere und eben so viele kleinere Zahlenscheiben.

Die untere Reihe enthält für die englische Münze, auf 3 verschiedenen Scheiben, die Werthe der Farthing, Pence und Shilling, die 5. obern hingegen, die der ungenannten Zahlen von den Einheiten bis zu 10,000.

Die Maschine ist daher, ausser den 3 genannten Sorten nur für Größen bestimmt, die nicht über 5 Zahlziffern gehen. Inzwischen kann solche auch, wenn mehrere Scheiben angebracht würden, bis zu jeder verlangten Größe erweitert werden.

Die Ringe b, b, auf welchen die Zahlen nach Maaßgaben der Größen, welche solche vorstellen, befindlich sind, sitzen auf dem Flecke [Deckel] fest, sind aber an der obern Seite, an der Stelle der Nulle mit einem Ausschnitt versehen. Und unter diesen Ringen sind dagegen die Scheiben a, a um ihren Mittelpunct beweglich und mit den nemlichen Zahlen wie die ihnen zugehörigen Ringe versehen. Ihre Bestimmung ist ganz die nemliche wie bei der Seite 113 beschriebenen Maschine des PASCAL. Da das Pfund Sterling 20 Schilling und der Schilling 12 Pence und die Pence 4 Farhting hat, so sind die 3 untern Ringe auch, welche den Werth derselben vorstellen in respective 20, 12, und 4 Theile getheilt.

Mit einem jeden der großen Ringe steht eine kleine Scheibe c, welche durchgängig in 10 Theile getheilt und mit den 9 natürlichen Zahlen bezeichnet sind, in Verbindung. Ihre Bestimmung ist die ganzen oder Einheiten, die auf die nächsthöhere Klasse übertragen werden sollen, zu bezeichnen. So oft nemlich auf einer der größern Scheiben die höchste Ziffer auf Null übergeht, rückt die ihr zugehörige kleine Scheibe um eine Zahl weiter.

Sonst ist jede Scheibe von der folgenden ganz unabhängig und daher ihre Anwendung zum Rechnen von der Maschine des PASCAL in nichts weiter verschieden, als daß die durch die kleinen Scheiben angezeigte Werthe, noch besonders zur nächsthöhern Klasse gerechnet werden müssen, weil zum Einschieben oder Übertragen kein besonderer Mechanismus angebracht ist. Ober den kleinen Zahlenscheiben c, befinden sich noch 2 parallele Linien c und f, unter einer derselben vor dem jedesmaligen Anfang der Rechnung, die gedachten Scheiben auf 0 gestellt werden müssen. Bei der Addition werden solche unter die Linie rechter Hand bei o, bei der Subtraction hingegen auf die entgegen gesetzte bei F, gestellt.

Wenn z. B. zu 8 Pfund, 15 Schilling, 9 Pence und 3 Farthing, 6 Pf. 19 Schilling, 11 Pence und 3 Farthing addirt werden sollen, so werden die Scheiben, c, so gestellt, daß die Zeichen der 0 unter die Linie rechter Hand bei e zu stehen kommen und sodann die treffenden großen Scheiben wie Fig: 1 zeigt so gerichtet daß auf der der Einheiten 8, auf der der Schilling 15, der Pence 9 und der der Farthing 3 durch die Ausschnitte erscheinen. Man setzt hierauf einen Griffel auf die Scheibe der Farthing in die der Ziffer 3 entgegenstehende Oeffnung und fährt damit von der rechten zur linken bis unter den Ausschnitt, so wird die in demselben befindliche Zahl 3 um 3 Theile weiter, nemlich von 3 auf 0, 1 und 2 rücken, letztere in dem Ausschnitt bleiben, dagegen die Scheibe c sich so drehen, daß 1 in die Mitte zwischen den beiden Linien stehen wird.

Da diese 1. so viel als ein Pence bedeutet, weil 3 + 3 Farthing, 1 Pence und 2 Farthing beträgt, so wird auf der größern Scheibe der Pence eine Einheit vorgerückt, nemlich der Griffel in die Oeffnung bei 1 eingesetzt und solche bis unter den Ausschnitt geführt, wodurch 9 auf 10 vorrückt. Da hierzu noch 9 Pence zu addiren sind, so setzt man den Griffel ferner unter 9 ein und fährt damit bis unter den Ausschnitt, wobei die Zahlen in der Oeffnung auf folgende Art nach und nach erscheinen, nemlich 11, 0, 1, 2, 3, 4, 5, 6, 7, und 7 zuletzt verbleiben. Die obere Scheibe wird dagegen von der Lage 1, $\overset{1}{0}$, auf 1, 1, rücken. Diese 1 welche so viel als 1 Schilling bedeutet, wird nun auch auf der Scheibe der Schillinge eingetragen, indem der Griffel unter 1 eingesetzt und bis in die Mitte unter den Ausschnitt fortgedreht wird, wodurch 15 in 16 sich verwandelt. Da hierzu noch 15 zu addiren sind, so setzt man den Griffel unter 15 in die Oeffnung und führt damit die Scheibe bis unter den Ausschnitt, so wird am Ende 11 zum Vorschein kommen, die obere Scheibe c hingegen von der Lage 1, $\overset{1}{0}$, auf 1, 1 kommen. Dieser Werth von Eins muß nun auf die Scheibe der Einheiten als Pfund eingetragen und hierzu noch weiter 3 addirt werden, welches auf die soeben bei den Schillingen angezeigte Art geschieht. Wenn mehrere Größen zusammen zu addiren sind, so wird auf gleiche Weise eine nach der andern gefunden, wobei man aber das Übertragen der durch die Scheiben c bemerkten Werthe erst am Ende nachzutragen braucht.

Weil jedoch in diesem Fall, besonders wenn große Colonnen zu addiren sind, die gebliebenen Einheiten aus einer Klasse, die Zahl 9 übersteigen könnten, so hat MORLAND nach Fig: 2 bei jeder Scheibe C noch eine kleinere D angebracht, welche wieder die Umgänge der ersten bezeichnen, so, daß wenn C zehnmal herumkommt, D einen Umgang vollendet. Sonst gilt dabei alles, was bereits in dem vorigen Beispiel von dem Gebrauch bei der Addition gesagt wurde.

Bei der Subtraction werden, wie ich schon bemerkt habe, die Scheiben c zuvor so gestellt, daß ihre 0 unter die Linie [Linien] linkerhand zu stehen kommen, hierauf die größern Zahlen unter die gehörigen Oeffnungen gebracht und davon die kleinere abgezogen, indem man von dem Ausschnitt an die Scheibe um so viele Theile von da herab, nemlich von der linken zur rechten fährt, als so viel die abzuziehende Zahl Einheiten bezeichnet. z.B. es sollen von

8 Pf. 15 Schilling, 9 Pence, 3 Farthing abgezogen werden
5 Pf. 15 Schilling, 10 Pence, 2 Farthing

Man stellt nun zuerst die größere auf ihre Scheiben unter die Ausschnitte; ist dies geschehen, so setzt man auf der Scheibe der Farthing die Griffel in die unter dem Ausschnitt befindliche Oeffnung und führt damit die Scheibe A bis zur Zahl 2 von der linken zur rechten, so wird zuerst 0 und endlich 1 zum Vorschein kommen. Ein gleiches geschieht auf der Seite der Pence, wo der Griffel ebenfalls in die Oeffnung unter dem Ausschnitt eingesetzt und dadurch die Scheibe A von der linken [zur rechten] bis zur Ziffer 10 geführt wird. Durch diese rückgehende Bewegung werden die Zahlen auf folgende Art durch die Ausschnitte gehen als 8, 7, 6, 5, 4, 3, 2, 1, 0, 11, und letztere als den Rest anzeigen. Zugleich wird aber auch die Scheibe c von der Lage $\frac{01}{04}$ auf $\frac{01}{09}$ gerückt seyn, und damit angezeigt, daß von der vorhergehenden Klasse, Eins geborgt werden musste. Daher 15 Schillinge auf 14 zu bringen und von diesen wieder 15 abzuziehen sind. Es wird als dann der Griffel in die Oeffnung unter dem Ausschnitt eingesetzt und die Scheibe A bis auf die Zahl 15 von der linken zur rechten geführt, wobei 19 durch die Oeffnung als Rest erscheinen wird. Die Scheibe c der Schillinge, wird aber auch von der Lage $\frac{01}{01}$ in die Lage $\frac{00}{09}$ gekommen seyn, wodurch ebenfalls angezeigt wird, daß von der nächsthöhern Klasse Eins geborgt werden musste. In der nächsthöhern waren 8 Pfund von welchen noch 5 Pfund abzuziehen sind. Da jene um 1 vermindert werden musste, so bleiben nachdem 5 davon abgezogen werden noch 2 zum Rest. Der ganze Rest wird sonach 2 Pf. 19 Schilling, 11 Pence, 1 Farthing betragen. Auf ähnliche Art wird in allen Fällen verfahren. Bei gehöriger Sorgfalt giebt diese Maschine immer die Resultate richtig, allein ihre Anwendung ist von keinem besonderen Nutzen.

Von der inneren Einrichtung sagt MORLAND gar nichts. Allein es ist leicht zu sehen, daß blos unter den Scheiben c Sternrädchen mit 10 Zähnen [10 Zahlen] befindlich sind, die von einem unter den Scheiben A am untern Rande hervorstehenden Zapfen bei dem jedesmaligen Umgang um einen Zahn fortgerückt werden.

Schöner und bequemer ist die unter Fig: 3 und 4 abgebildete Multiplikationsmaschine, welche von MORLAND mit dem Namen:

Machina Nova Cyclologica pro Multiplicatione

Or a new Multiplying Instrument

benennt und dessen Erfindung auf das Jahr 1666 gesetzt wird.

Auf der obern Seite sind die 5 Zahlenscheiben S, T, V, W und X mit Muttern befestigt. Ihre Bestimmung ist die Zahlen im Multiplikandus vorzustellen, und auf die Zapfen a, e, m, n, o und p aufgestellt zu werden.

Sie enthalten die Vielfachen von 0, 1, 2 . . . . . 9, in eben der Art wie die NEPERschen Rechenstäbe, das erste S, enthält von Null auf der einen und von 9 auf der andern Seite welche dem Deckel zugekehrt ist; die 2te T, die Producte von 1 mit den 9 natürlichen Zahlen auf der einen und 8 mit ebendenselben auf der andern; das 3te die Producte von 2 mit 7 in eben der Art, Q hingegen die Quadrate von den 9 natürlichen Zahlen. Weil aber in dem Multiplikandus öfters eine Zahl mehrmal vorkommen kann, so müssen für jede Zahl mehrere dergleichen Producten-Scheiben gefertigt werden, die in der Ordnung von S nach X aufeinander gelegt seyn können.

Auf diesen Zahlen-Scheiben finden sich die Einheiten von den Zehnern in der Art getrennt, daß diese jenen immer auf dem Durchmesser entgegen gesetzt sind.

So sind z.B. auf der Scheibe X die Producte von 1 mal 4, in der Lage von a b, 2 mal 4 = 8 in der Lage von c d, 3 mal 4 = 12 in der Lage von $\alpha\beta$, 4 mal 4 = 16 von $\gamma\delta$, ... und 4 mal 9 = 36 von c π enthalten; bei a ist daher der Anfang.

Eine gleiche Beschaffenheit hat es mit den übrigen Producten-Scheiben.

Soll nun z.B. 1234 mit 4 multiplicirt werden, so werden die Scheiben für die Zahlen 1, 2, 3, 4, auf die Scheiben m, n, o und p gestellt und darauf mit der Regel P, Fig: 4. verschlossen, wodurch blos in der Linie a [Linie a,a,b,b,] befindliche Zahlen, durch die Ausschnitte l,l, gesehen werden können. Auf Fig: 3 würde der Multiplikandus seyn 1234. Um diesen aber mit 4 zu multipliciren, dreht man den Griff g H von der rechten zur linken bis der Zeiger Z auf die Zahl 4 bey K zu stehen kommt, wodurch sodann die Multiplication vollendet und das Product durch die Oeffnungen l,l erscheinen wird, welche nebeneinander stehen, zu addiren sind, so dass 4) (8) (1 2) (1 6) für 4936 zu lesen sind. Sollte mit einer andern Zahl als 7,8 oder 9 multiplizirt werden, so wird g H nur so weit gedreht, bis der Zeiger Z auf die Zahl 7,8 oder 9 des Theils K gerückt ist. Bestünde der Multiplikandus aus 2 Ziffern mehr, so werden nur auf die noch leeren Zapfen d e, die gehörigen Scheiben aufgesteckt. Auf mehr als 6 Scheiben oder Ziffern ist gegenwärtige Maschine zwar nicht eingerichtet, allein sie kann nach Willkühr erweitert werden.

Wenn der Multiplikator zu mehreren Ziffern bestünde, so werden für jede die Producte auf die vorige Art gesucht, solche gehörig untereinander gesetzt und am Ende zusammen addirt. Von der innern Einrichtung sagt MORLAND zwar nichts, allein sie kann aus nichts weiter als aus einem gezahnten Stab A, Fig:4 bestehen, in welchem die Rädchen B, D, C, E welche an der Peripherie zwar in 20 Theile getheilt wovon aber immer nur 9 derselben mit Zähnen versehen sind. Diese Rädchen werden von dem gezahnten Stab A,A, alle einförmig bewegt und enthalten auf ihrer Achse welche durch den Deckel der Maschine gehen, die Theile d, e, m --- p, auf welche Zahlenscheiben aufgesteckt werden.

Das letzte Rädchen T, Fig: V ist mit dem Schlüssel g H verbunden, und q ist der Zapfen, an welchem der Zeiger z befestigt wird. Wird nun T um 1 oder mehrere Zähne herumgedreht, so werden durch den Stab A,A nicht nur die Zeiger bei q, sondern zugleich auch alle Rädchen D, C, um gleichviel Theile fortgerückt. Bei dem vorhin angenommenen Multiplikations-Beispiel mussten daher da der Zeiger von 1 bis 4 vorgerückt wurde, auch die Scheiben m, n, o p Fig: 3 um eben so viel von der Stelle rücken [viele Stellen vorrücken], und dadurch ihre Richtung kl, uv, ww, yy, in die horizontale Lage a b w [Lage a b b] verwandeln. Da nun jede Scheibe, in gleich großen Abständen, die Vielfachen einer der 9 einfachen [neunfachen] Zahlenziffern enthält und die Producte auf dem Halbmesser a a , b b, mit der Grundziffer anfangen, so folgt daraus, daß wenn durch den Schlüssel g h von 1 auf 4 vorgedreht wird, auf allen aufgesteckten Scheiben die Producte oder Vielfachen von 4 auf den Durchmessern von aa, bb, erscheinen müssen, wobei alsdann nur die an einander befindlichen Zahlen welche zu einer Klasse gehören, zu addiren sind.

Man sieht hieraus, daß die Anwendung dieser Multiplikations-Maschine weder umständlich noch schwürig ist und daß solche immer gleiche Resultate geben muß.

Indessen ist dadurch doch nicht mehr als durch die Neperschen Rechenstäbe gewonnen worden, von welchen sie im Grunde betrachtet nur eine Anwendung ist.

Sonst ist ihre Einrichtung eben so einfach als sinnreich und verdient gar wohl eine nähere Bekanntmachung.

Personen- und Sachverzeichnis

Die Schreibweise der Personennamen wurde, soweit bekannt, richtiggestellt

Abacus (s. Rechenbrett)
Abaque Rhabdologique, Perrault 60 ff.
Aristoteles 20, 27
Aventinus 37

Beda 37
Belver, Belwer 37
Boetius 25 f.
Buchner, Quadrattafeln 65
Büttner 125
Buteo 104

Cicero 32

Ein mal Eins, großes, Grüson 93
– Schübler 71 f.
– (s. a. Rechentafel)
Eisenschmidt 32

Faktoren, Auffinden von 73 ff.
– Patronen, Hindenburg 77 ff.
– Stäbe, Felkel 74 ff.
Felkel 74, 77
– Faktorenstäbe 74 ff.
Flaccus 30

Gemma Frisius 105
Geyer, Geyger 42
Graevius 26
Grillet, Rechenmaschine 123 ff.
– Rechenzylinder 124
Grüson, großes Ein mal Eins 93
– Pinakothek 91 ff.
– Rechenscheibe 85 ff.
Gütle, Rechenmaschine 103

Hahn, Rechenmaschine 151 ff.
Hände (Werkzeuge zum Rechnen) 37
Harßdörffer, Multiplikationsscheibe 57 f.
de Hillerin de Boitissandeau, Rechenmaschine 145 ff.
Hindenburg 74
– Faktorenpatronen 77 ff.
Hohenburg 42 f.

Jordan, Multiplikationstafel 93 ff.

Kästner 85, 173
Kaestner 26, 29, 37, 40, 126
Klewitz, Klewip 85
– Maßstäbe f. Addition und Subtraktion 91
Klipstein 173
Koebel 42

Lambert 18, 74, 77
Leibnitz
– Rechenmaschine 124 ff.
– Rechenzylinder 66
Leupold 37, 125 f.
– Rechenmaschine 139 ff.
– Rechenscheibe 68 f.
Lepine, Rechenmaschine 135 ff.
Lichts 42
Lober, analytische Rechnungstabellen 73
Luca del Borgo, Luca Pacioli 37, 42
Ludolff, Tetragonometrie 65

Mannert, Mahnert 103 f.
Maßstäbe für Addition und Subtraktion, Klewitz 91
Mean, Rechentafel 70 f.
Mensa oder mensula Pythagorea (s. Rechentafel)
du Molinet 30
Montucla 27
Morland, Rechenmaschine 122, 186 ff.
Müller, Rechenmaschine 173 ff.
Multiplikationsscheibe, Harßdörffer 57 f.
Multiplikationstafel, Jordan 93 ff.
– (s. a. Rechentafel)

Neper, Rechenstäbe 43 ff.

Orontius 104

Pascal, Rechenmaschine 113 ff.
Pell 73 f.
Perrault, Abaque Rhabdologique 60 ff.
Pigri, große Rechentafel 72
Pinakothek, Grüson 91 ff.
Poetius, Rechenmaschine 144 f.
– Rechenscheibe 69 f.
Polenus, Rechenmaschine 128 ff.
Prahl, Rechenscheibe 85
Ptolemäus 59
Pythagoras 25 f.

Quadrattafeln, Buchner 65
Qualen 59

Rechenbrett, chinesisches 38f.
- japanisches 40
- römisches 29ff.
- russisches 40
Rechenmaschine, Eigenschaften 19
Rechenscheibe, Grüson 85ff.
- Leupold 68ff.
- Poetius 69f.
- Prahl 85
Rechenstäbe, Neper 43ff.
Rechentafel 25f., 42f., 103ff.
- Mean 70f.
- Riley 72f.
- Pigri 72f.
Rechenwerkzeuge 17f.
Rechenzylinder, Grillet 124
- Leibnitz 66
- Schott 54f.

Rechnen a. d. Linie 40ff.
Rechnungstabellen, analytische, Lober 73
Regius 108f.
Reichold, Rechenmaschine 181ff.
Reyher, Sexagesimalstäbe 59f.
Riley, Rechentafel 72f.
Röder 84
Rosenthal 74

Saunderson 66ff.
Schirrnhaus 124
Schott, Additions- und Subtraktionstafeln 55f.
- Rechenzylinder 54f.
Schübler, großes Ein mal Eins 71f.
Schürmann 84

Schuster, Rechenmaschine 172
Sexagesimalstäbe, Reyher 59f.
Stampford 74
Sturm 105
Tafeln, Additions- und Subtraktions-, Schott 55f.
Tentzel 26, 103
Tetragonometrie, Ludolff 65
Thurnberg 40
Tunstall 105

Wallis 27
Welser 30, 32

Zählen, Hilfsmittel zum 20f.
Ziffern, arabische 26ff.
- römische (s. Rechenbrett, römisches)

TAFELN

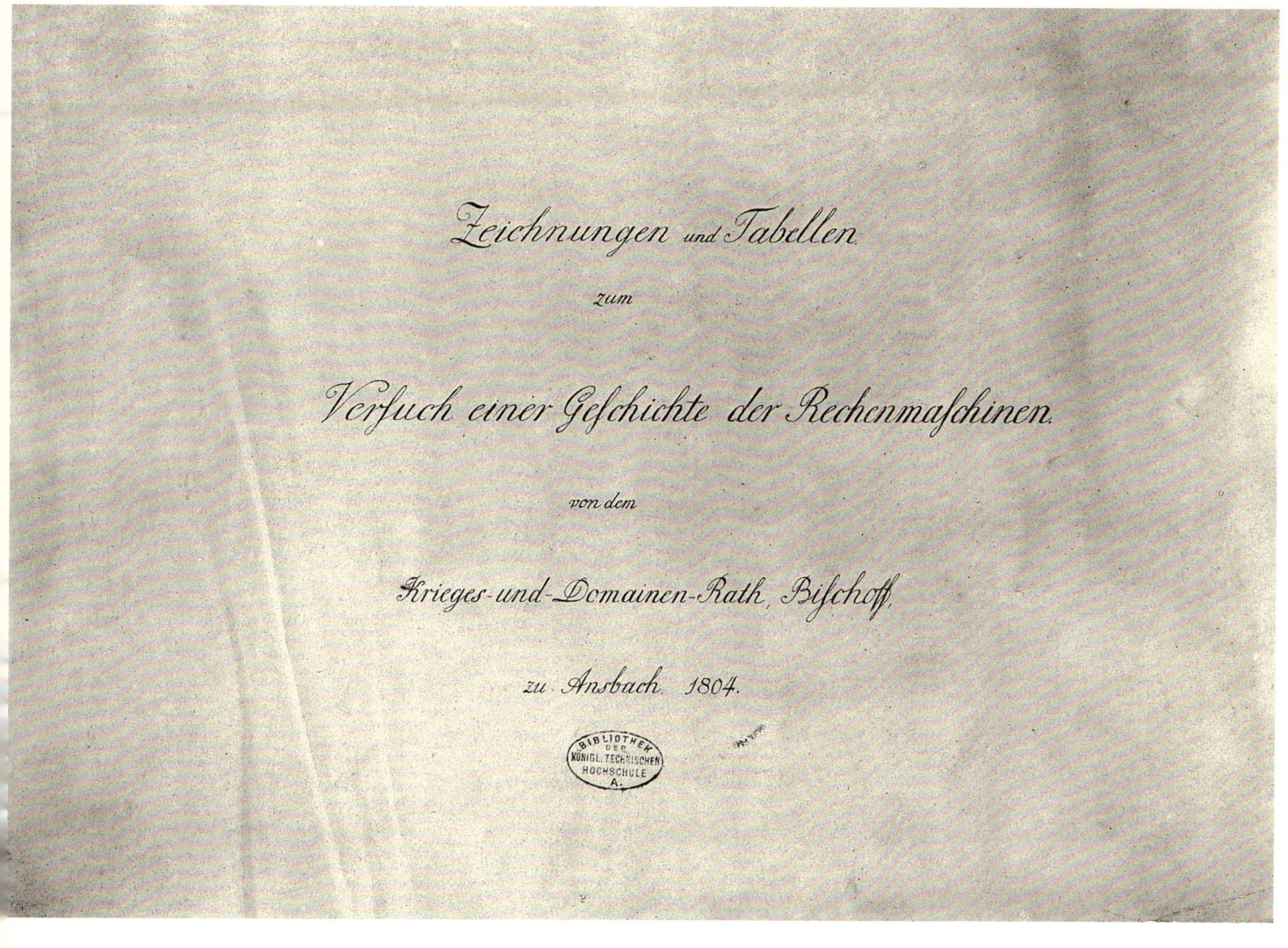

Titelblatt

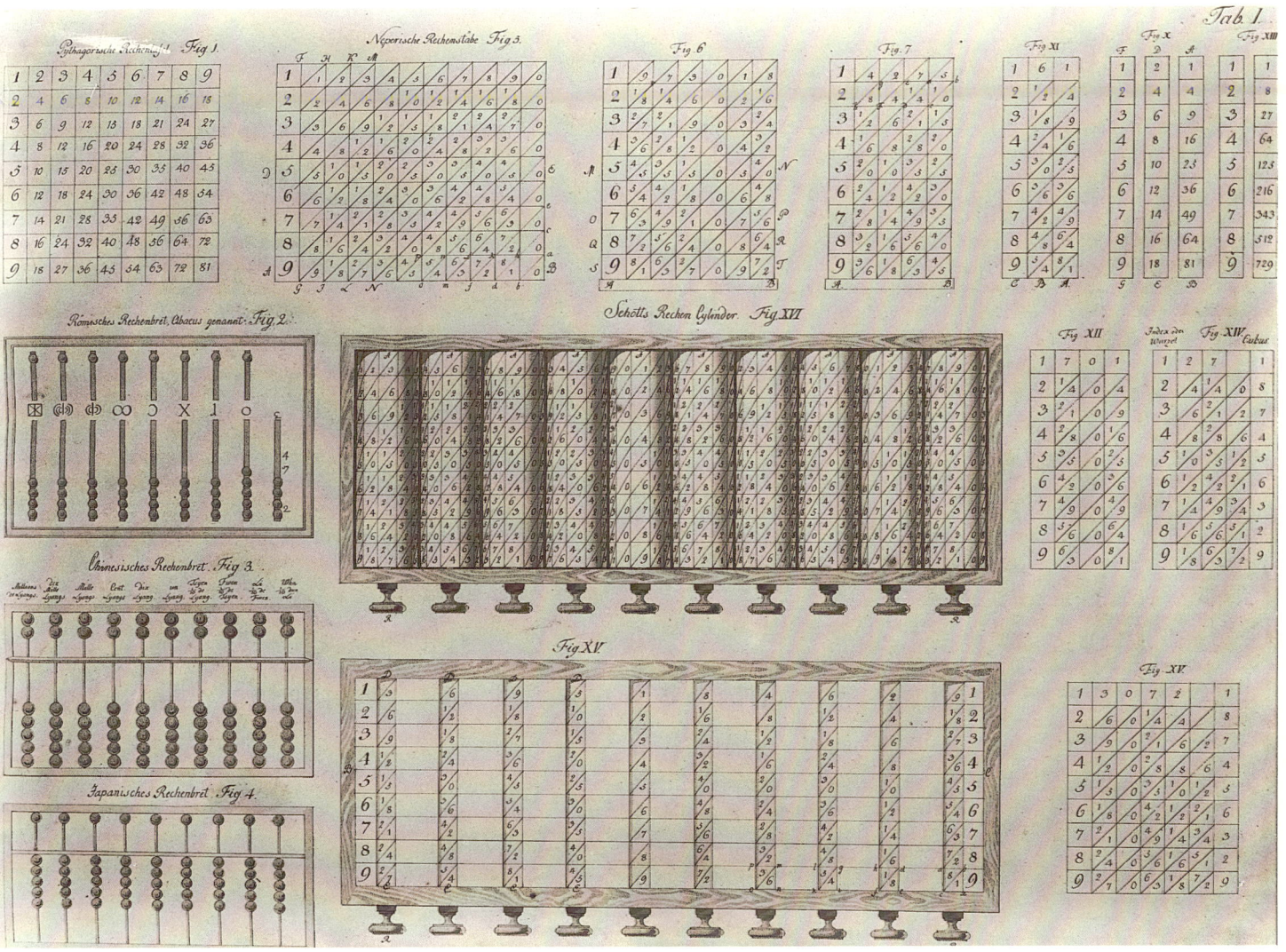

Tafel I

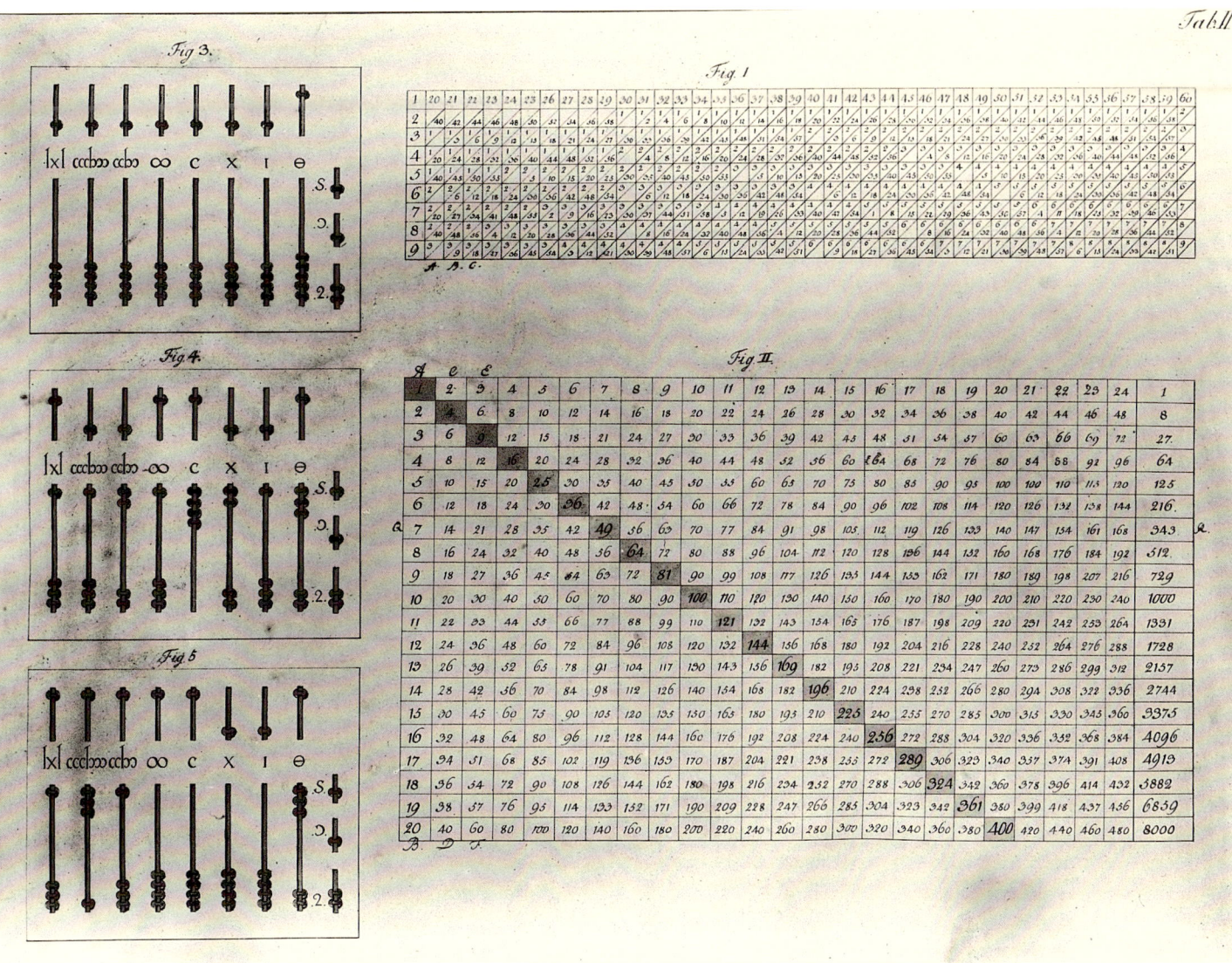

Tafel II

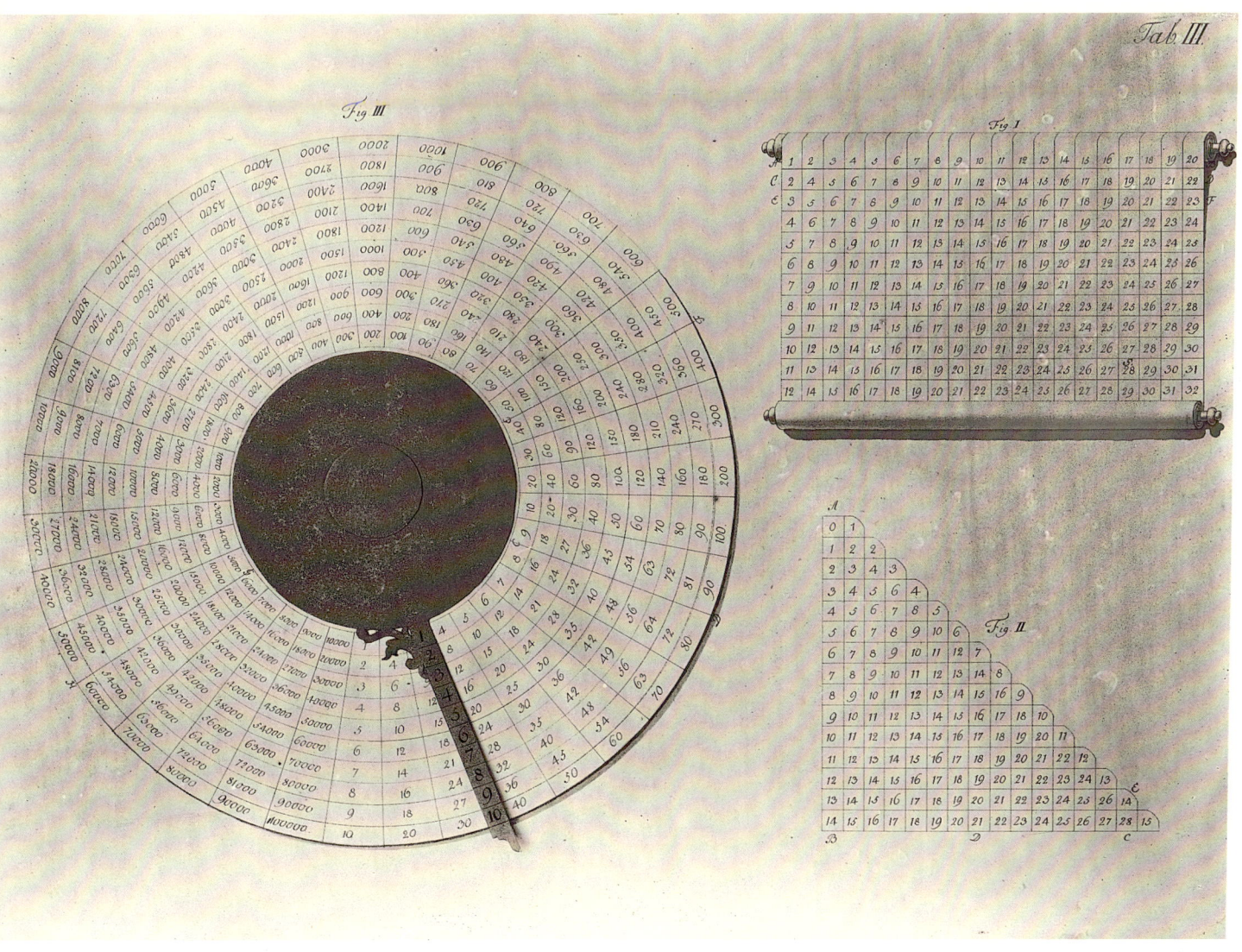

Tafel III

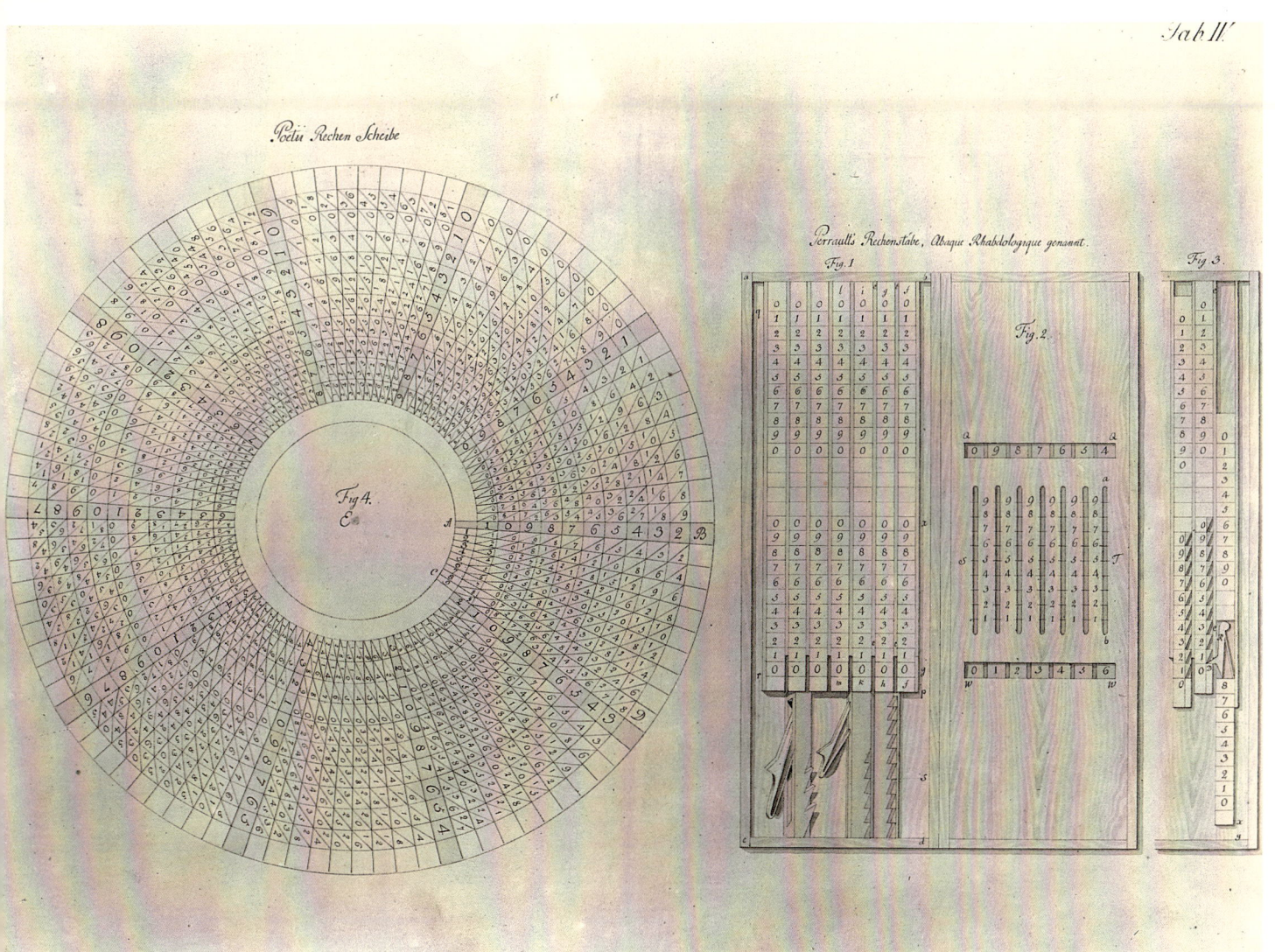

Tafel IV

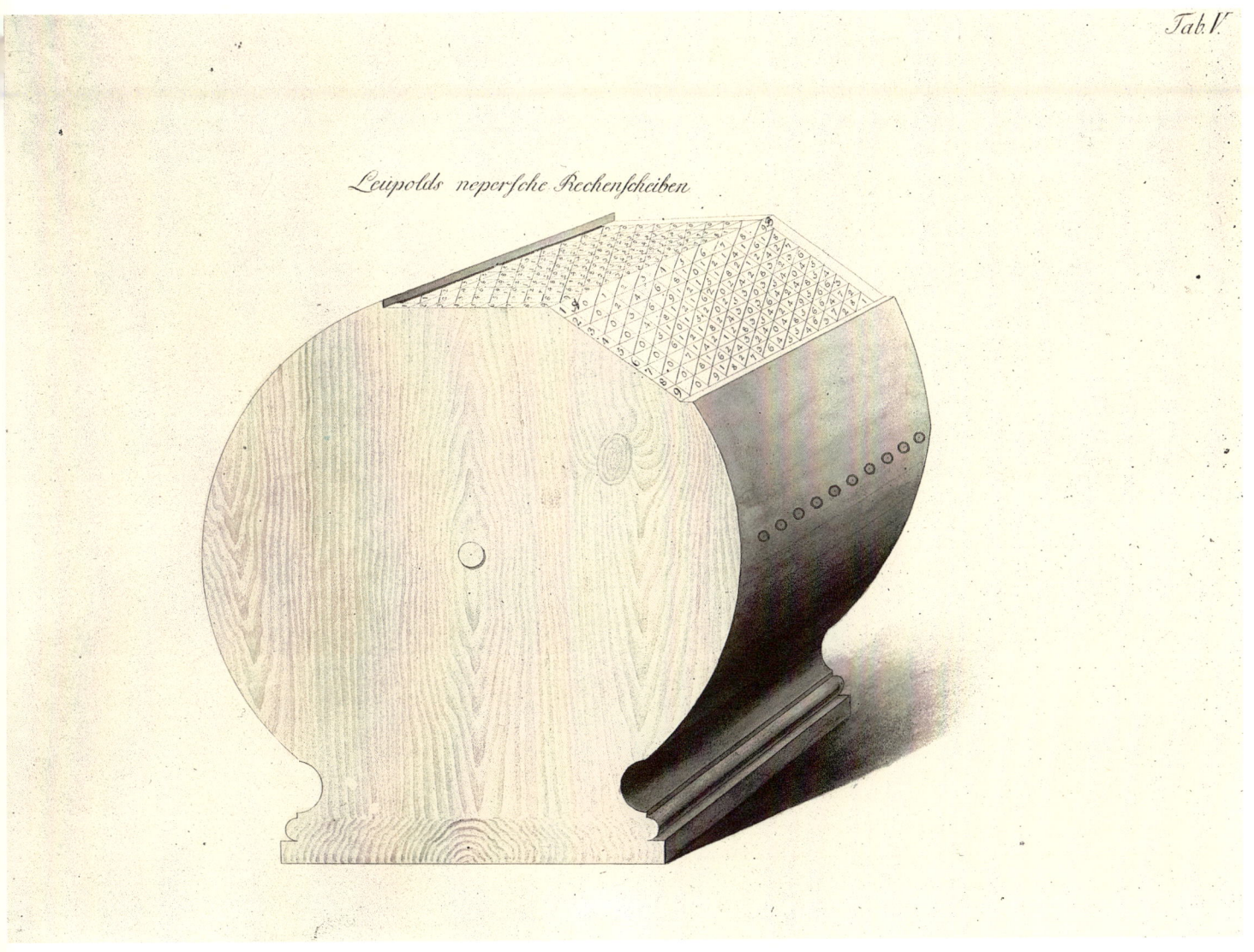

Tafel V

Tafel VI

Tafel VII

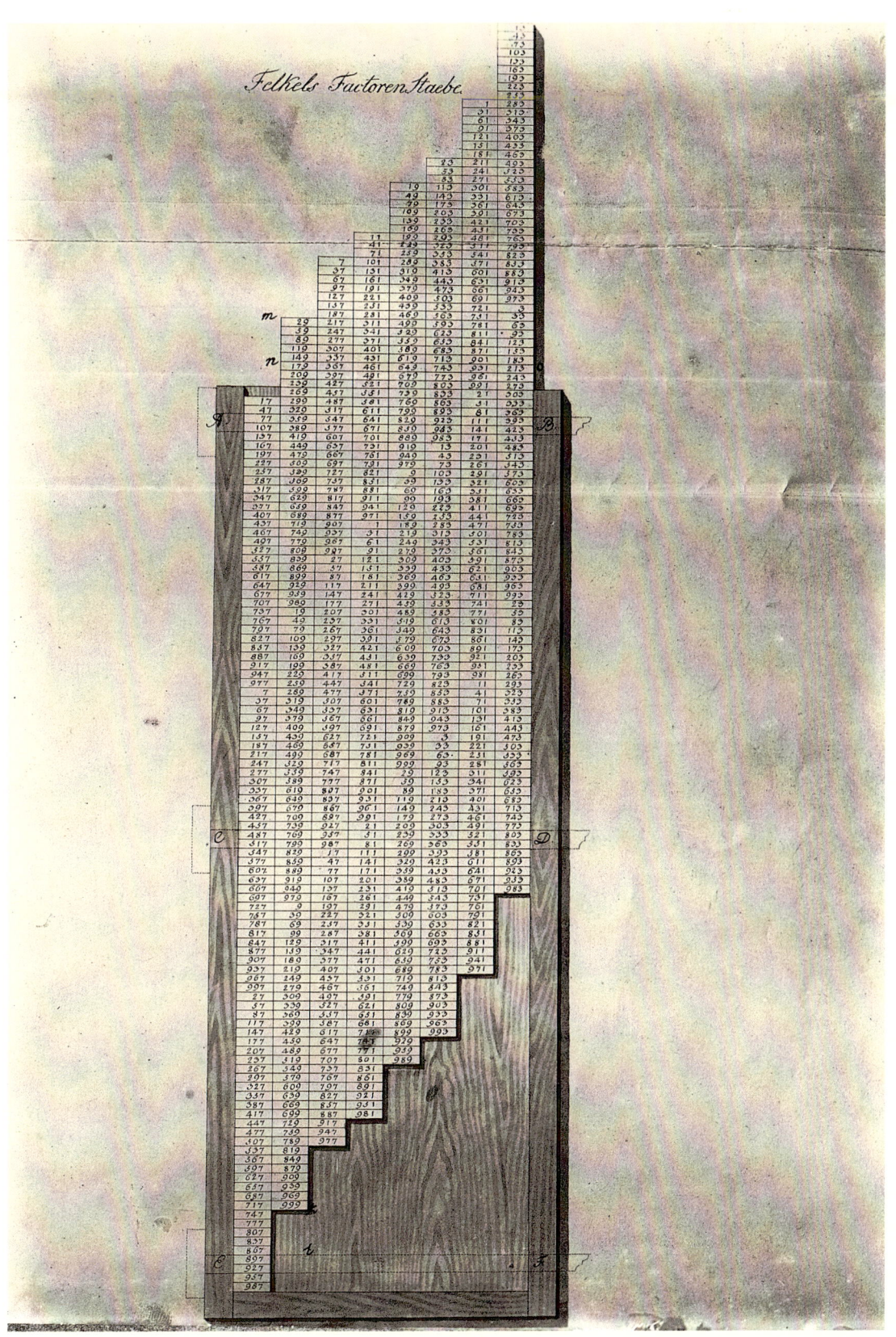

7

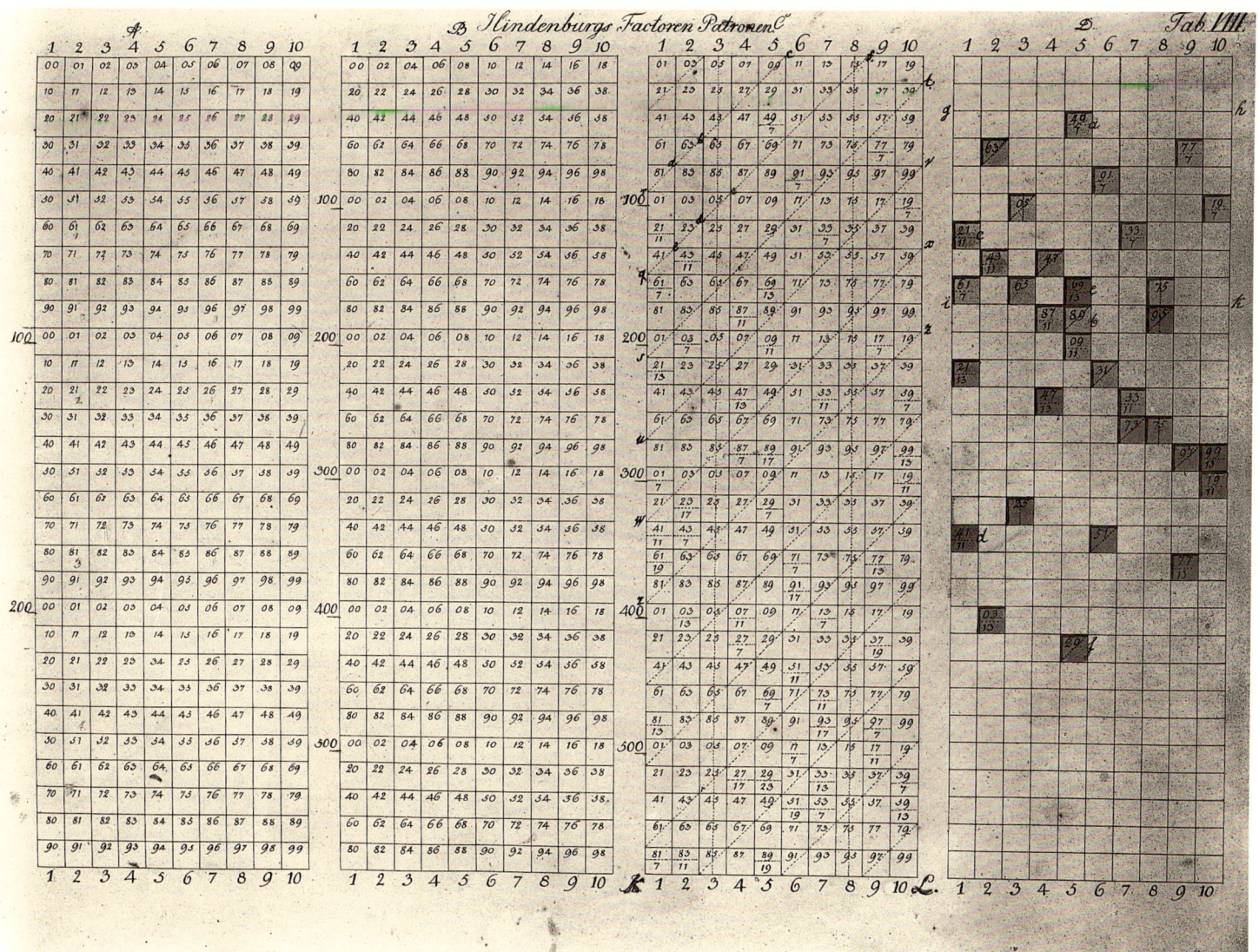

Tafel VIII

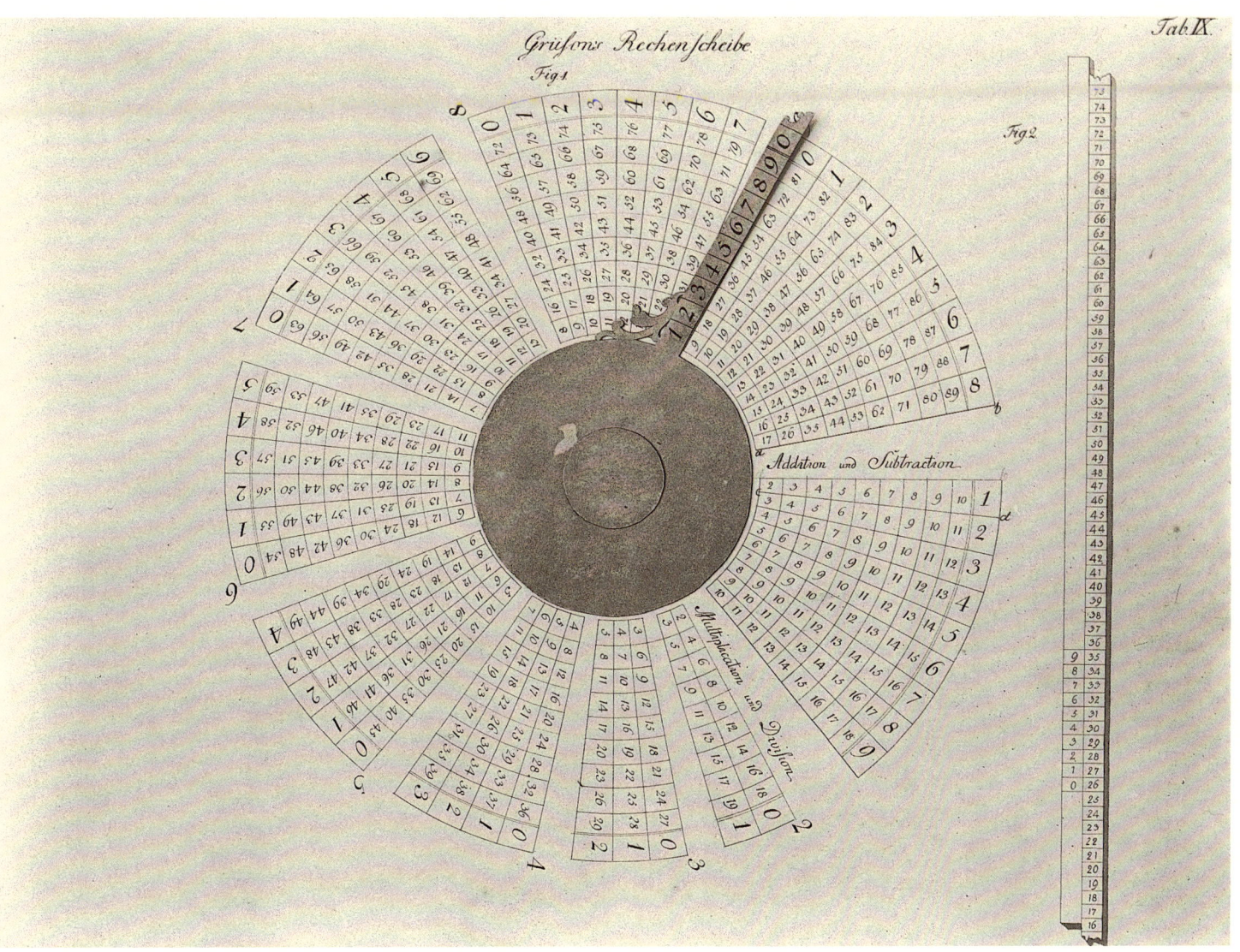

Tafel IX

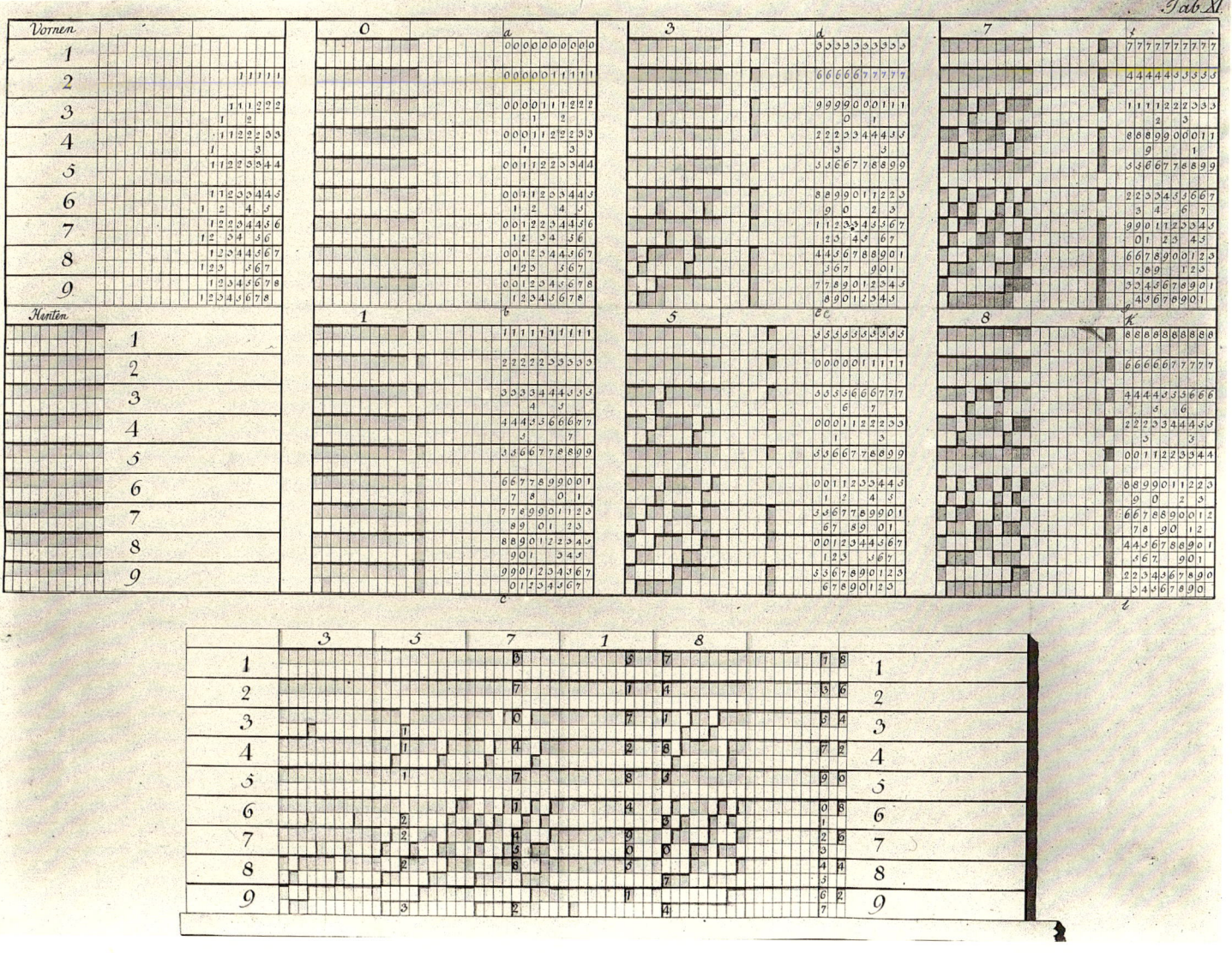

Tafel XI

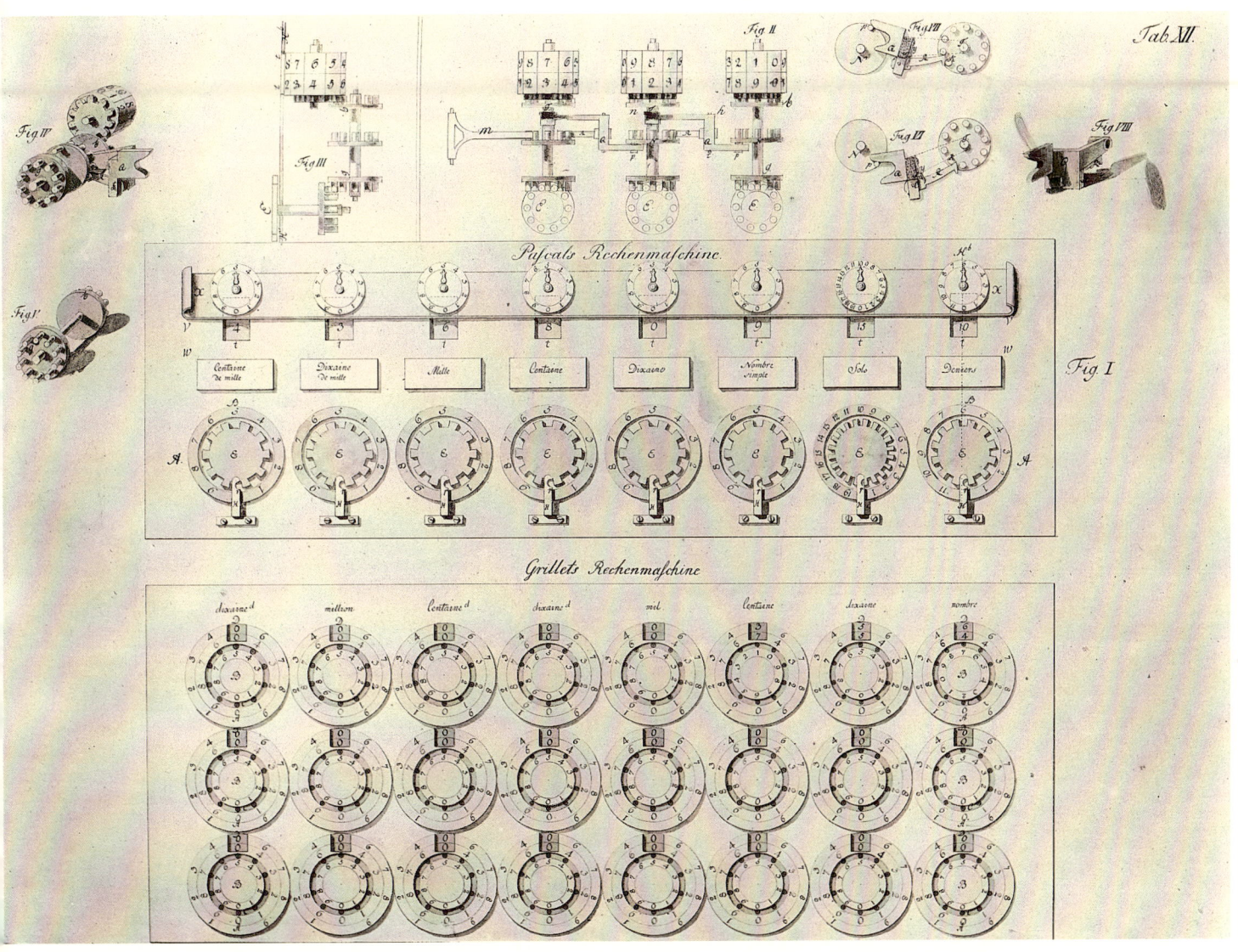

Tafel XII

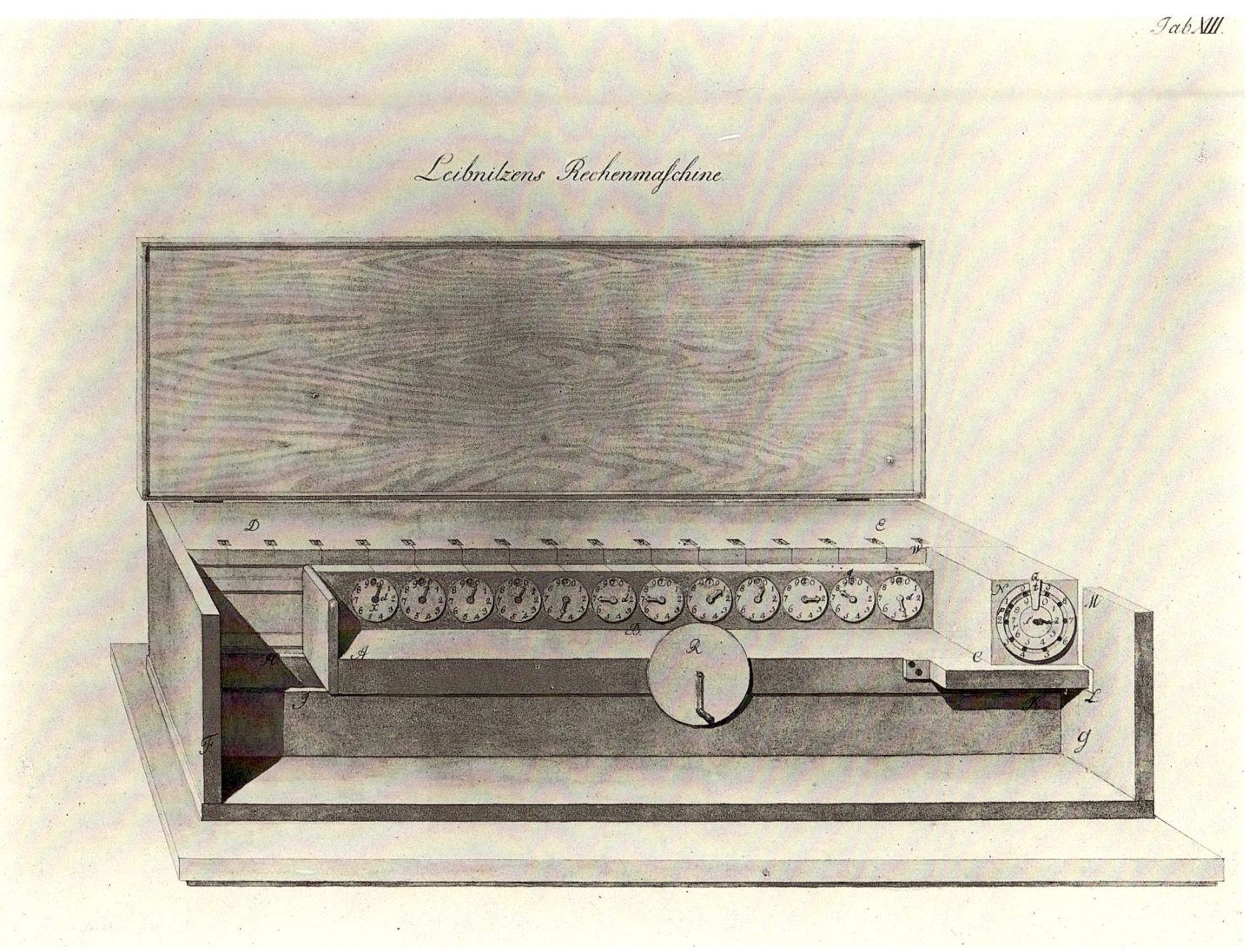

Tafel XIII

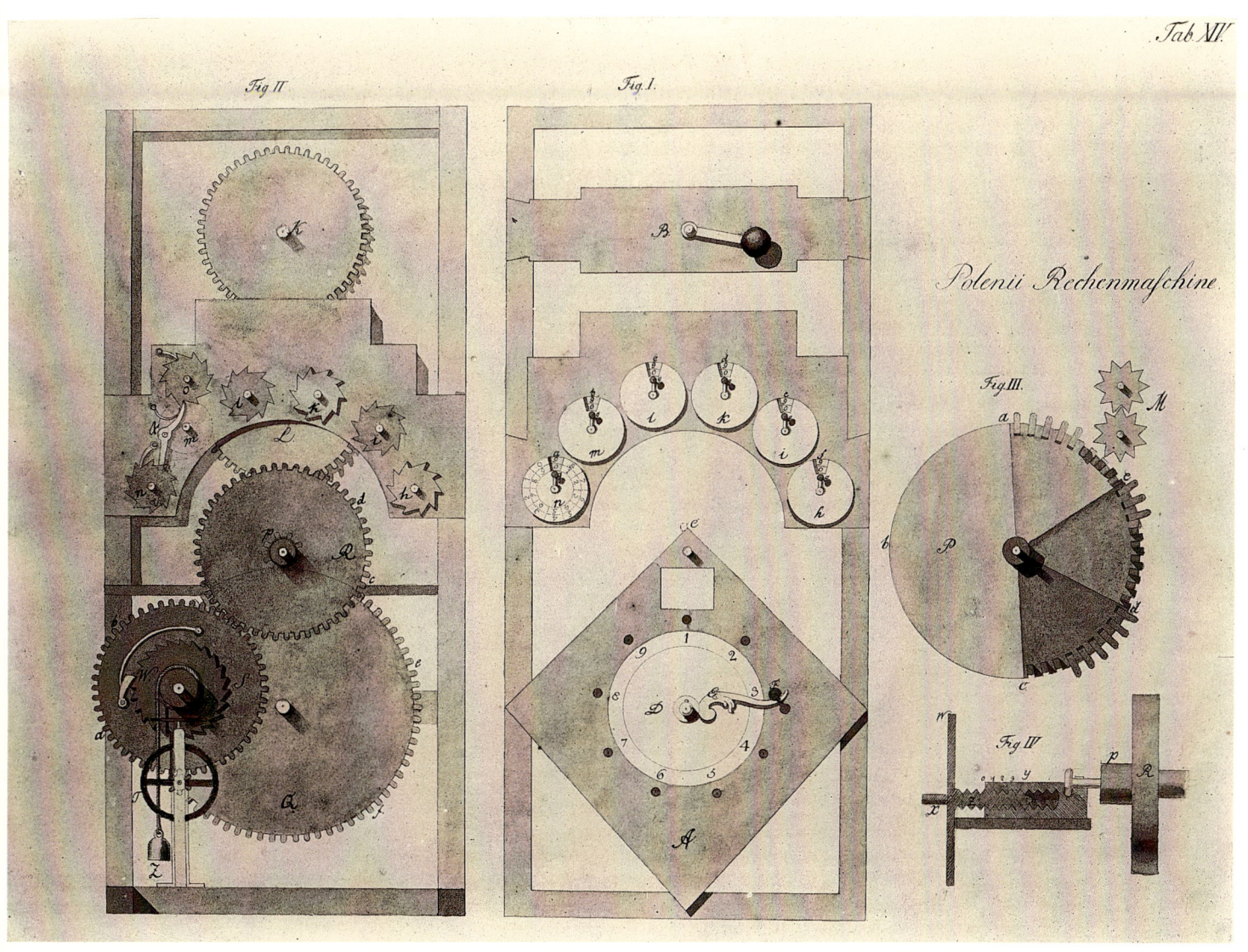

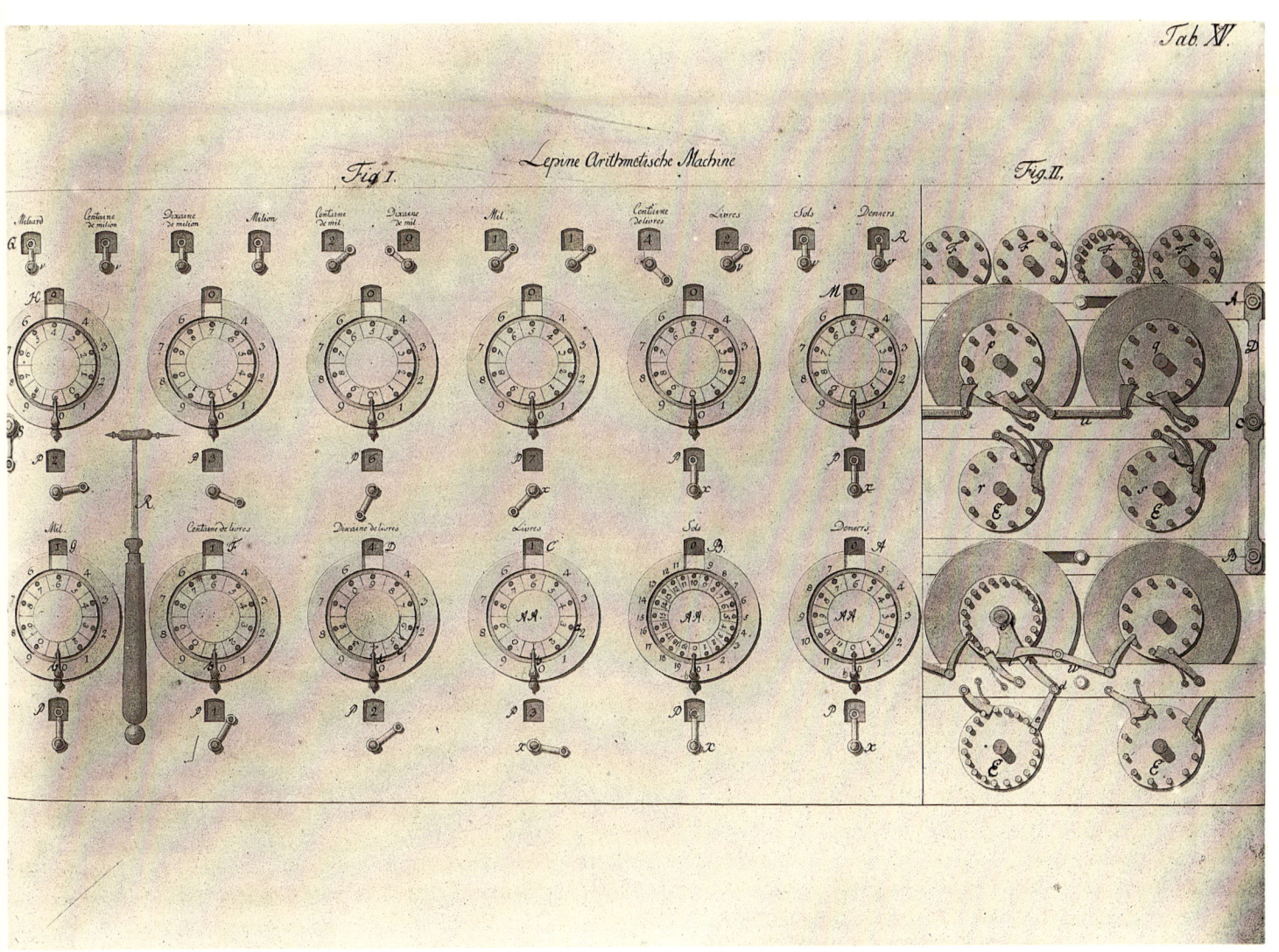

Tafel XV

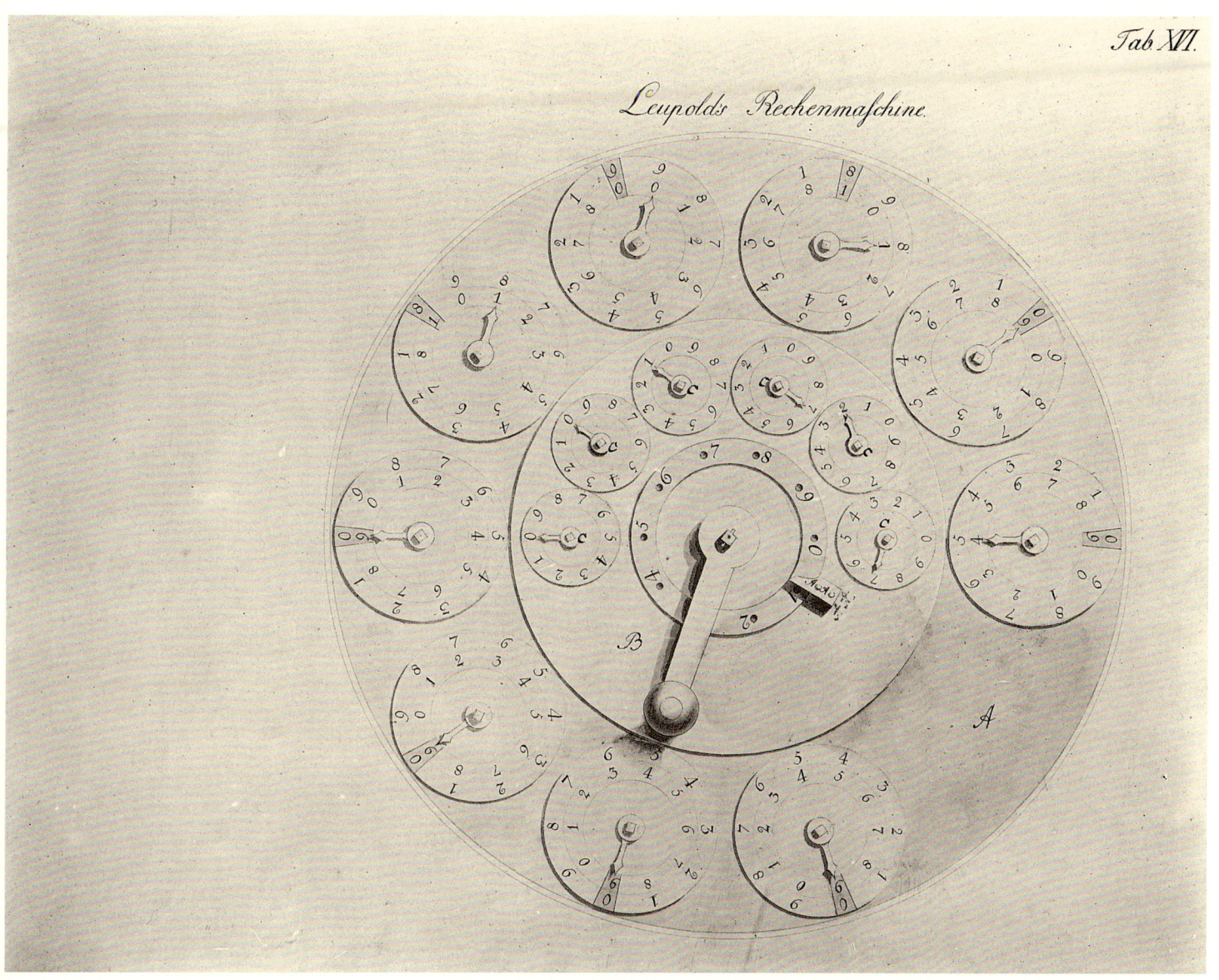

Tafel XVI

Tafel XVII

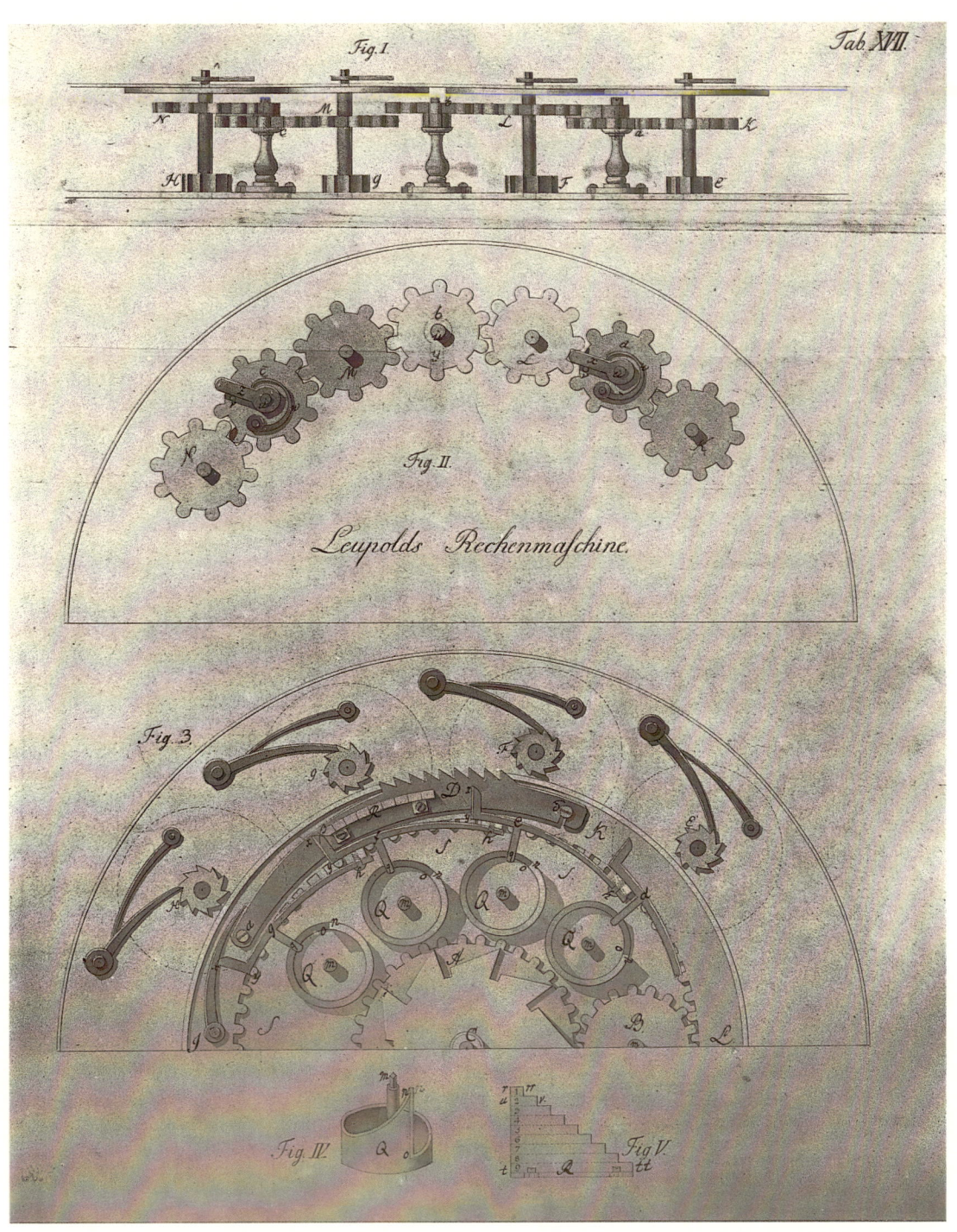

Leupolds Rechenmaschine.

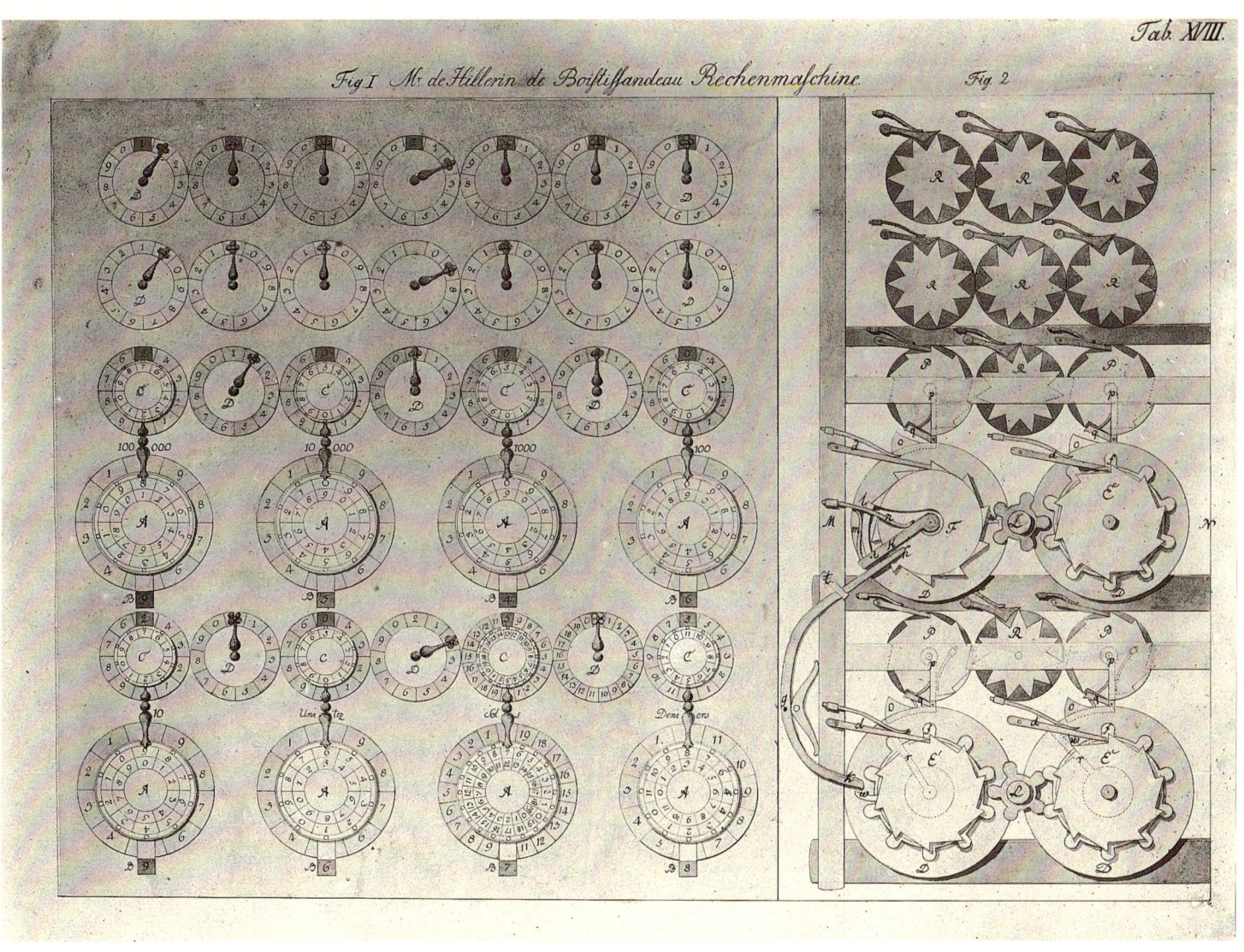

Tafel XVIII

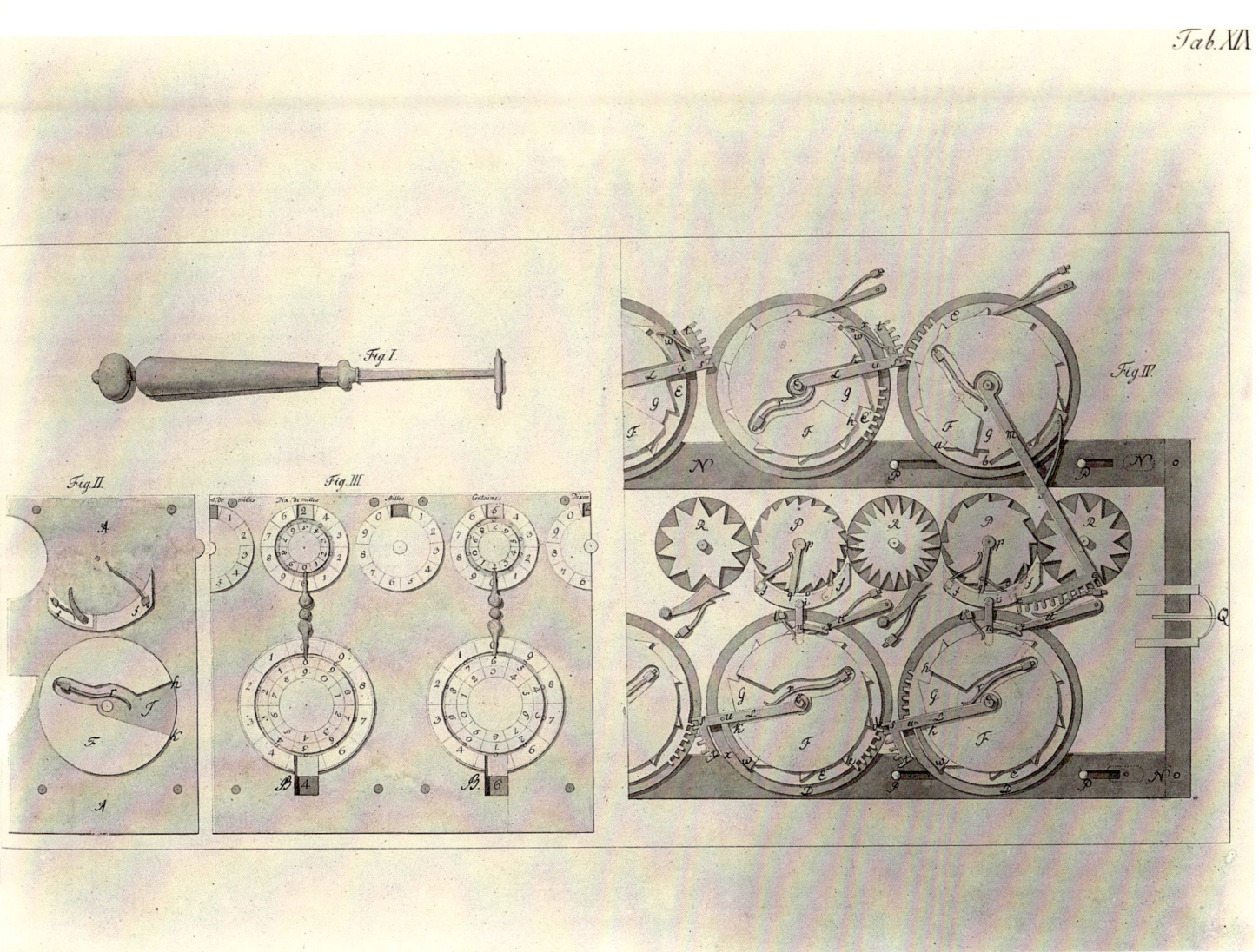

Tafel XIX

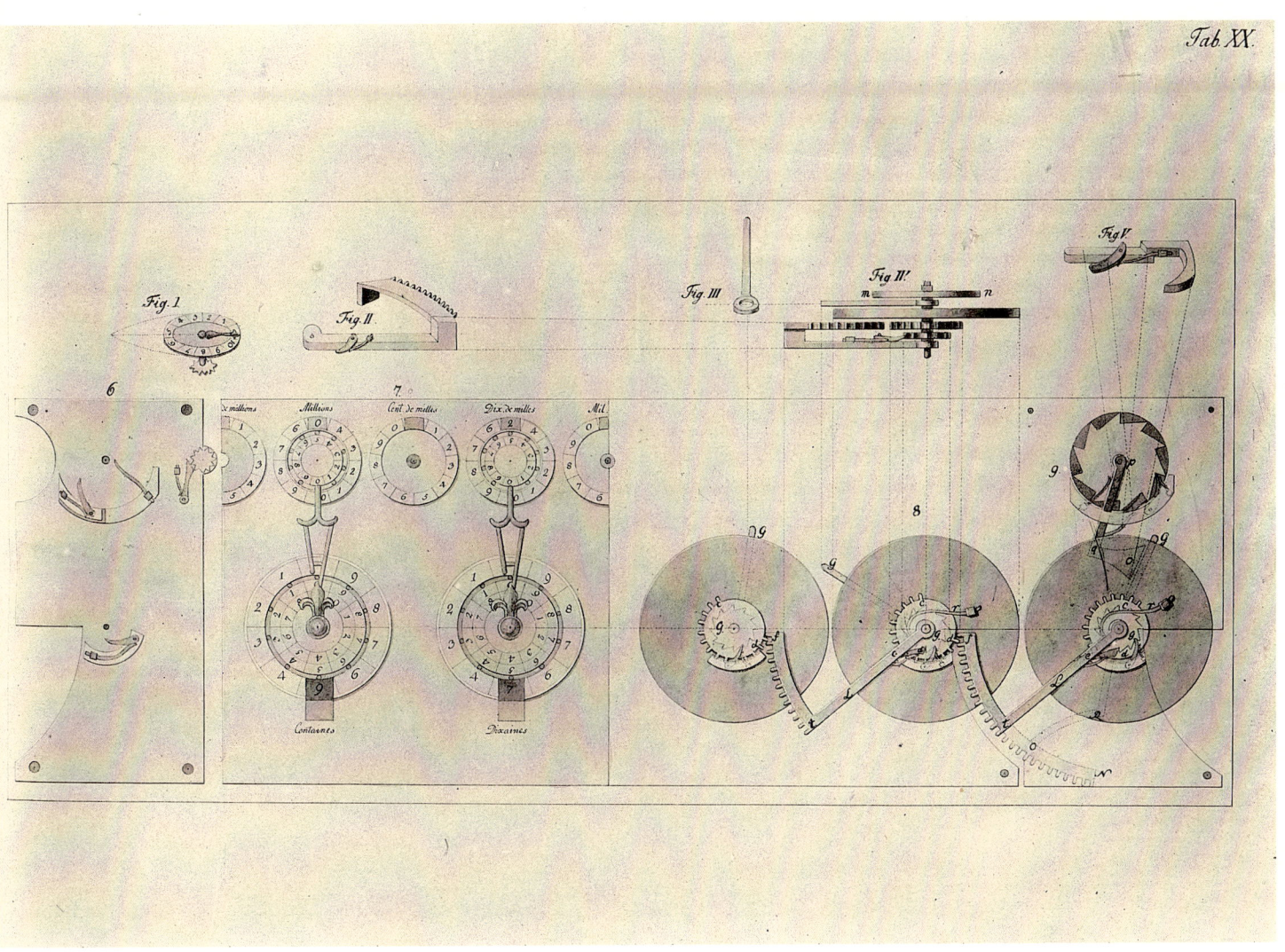

Tafel XX

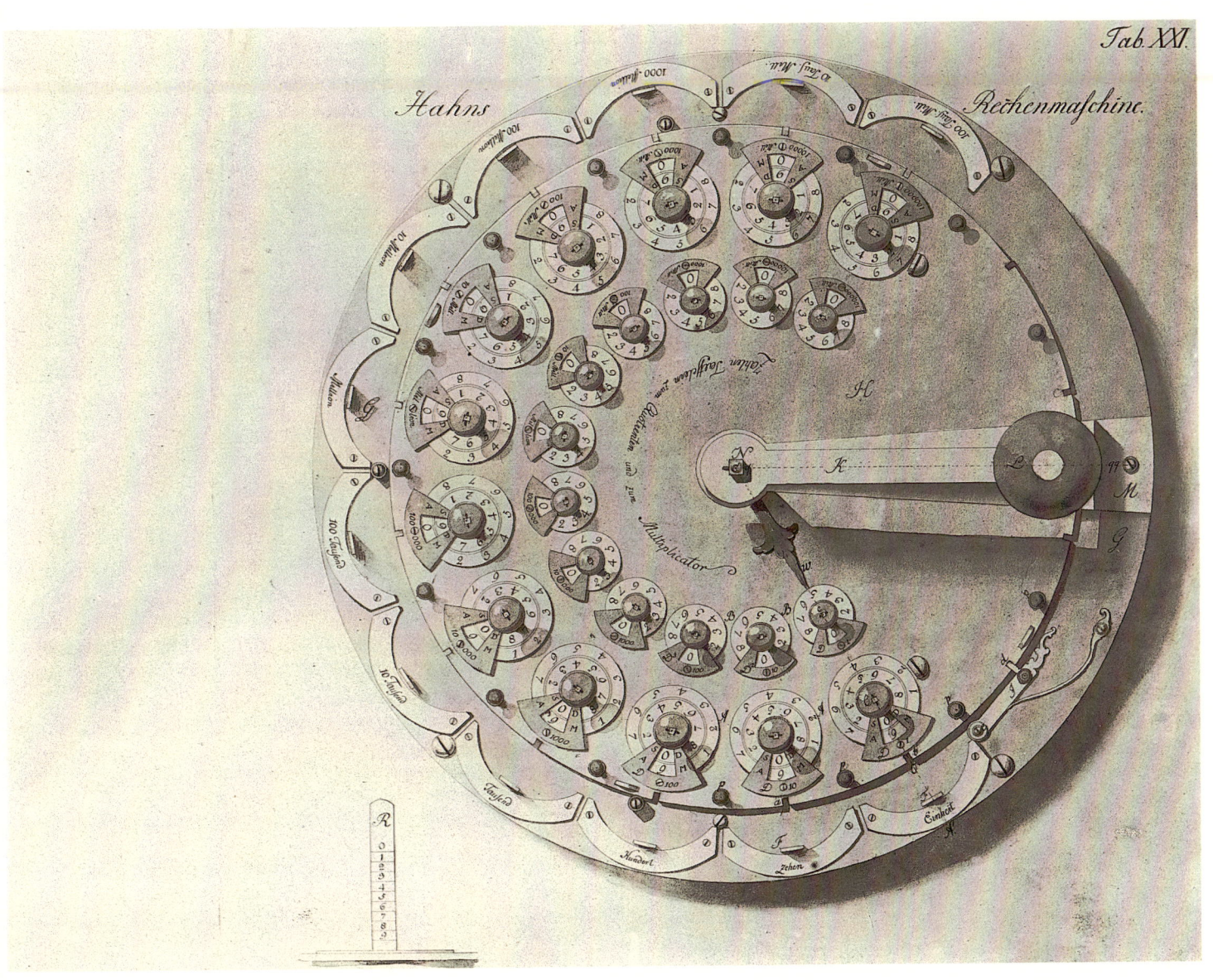

Tafel XXI

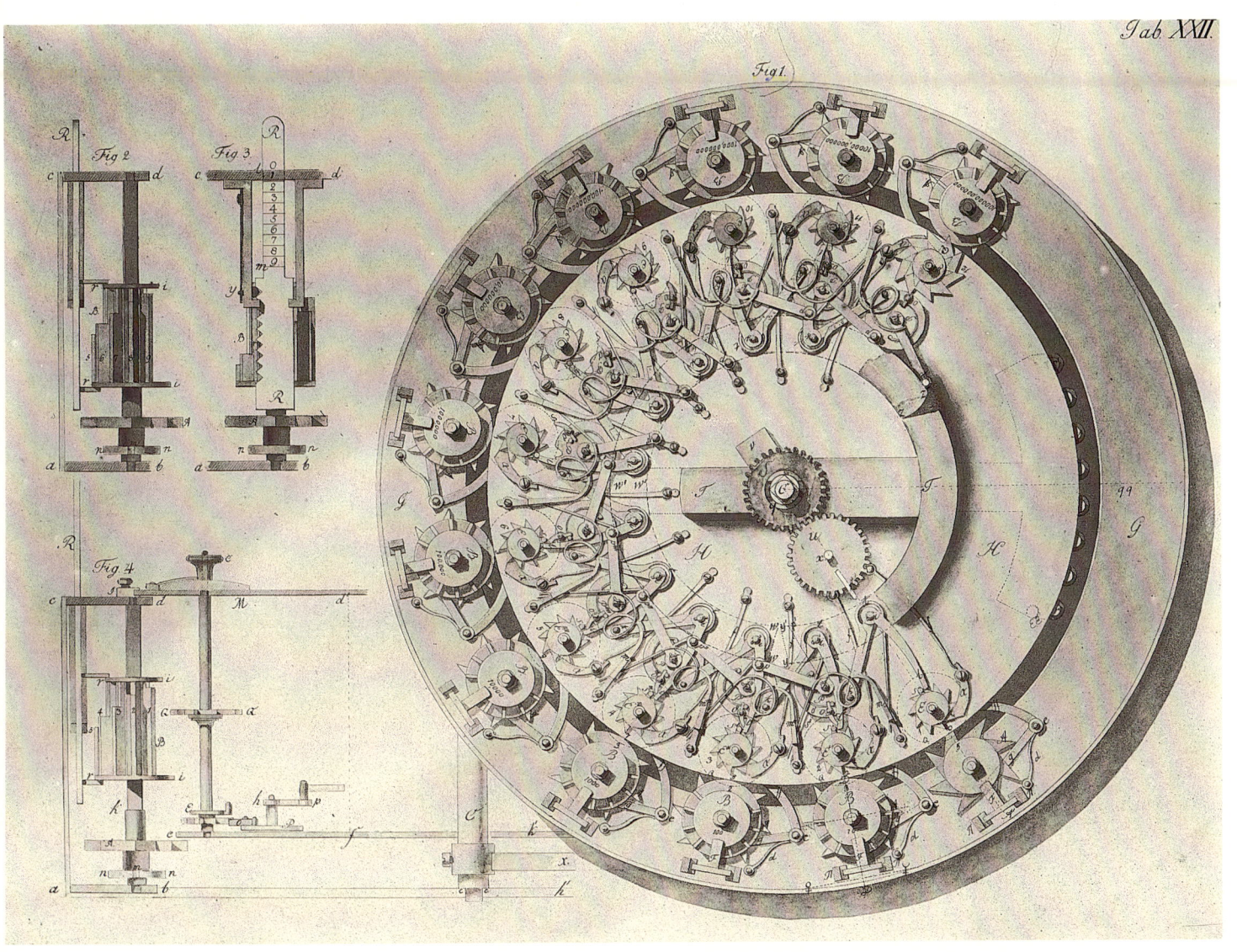

Tafel XXII

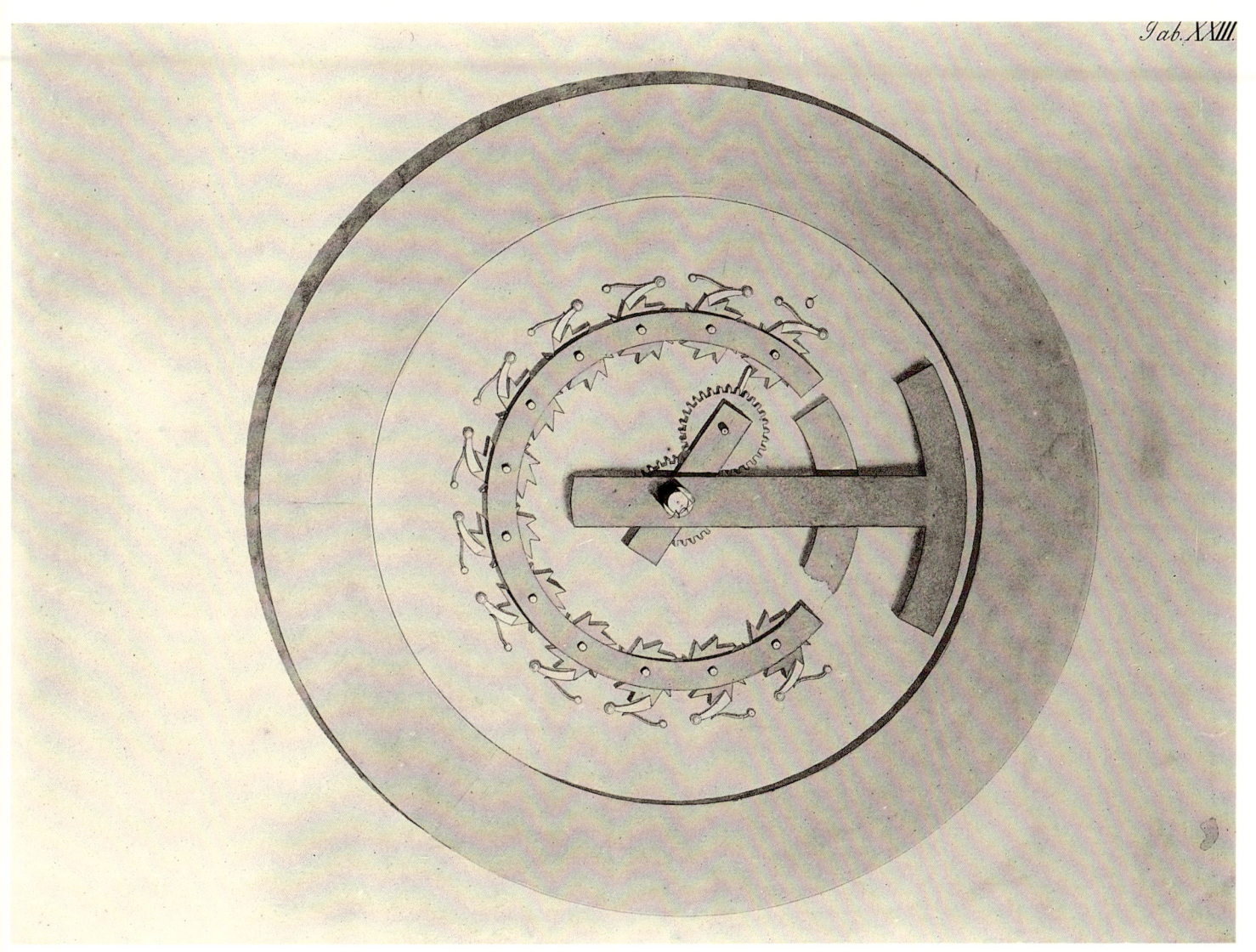

Tafel XXIII

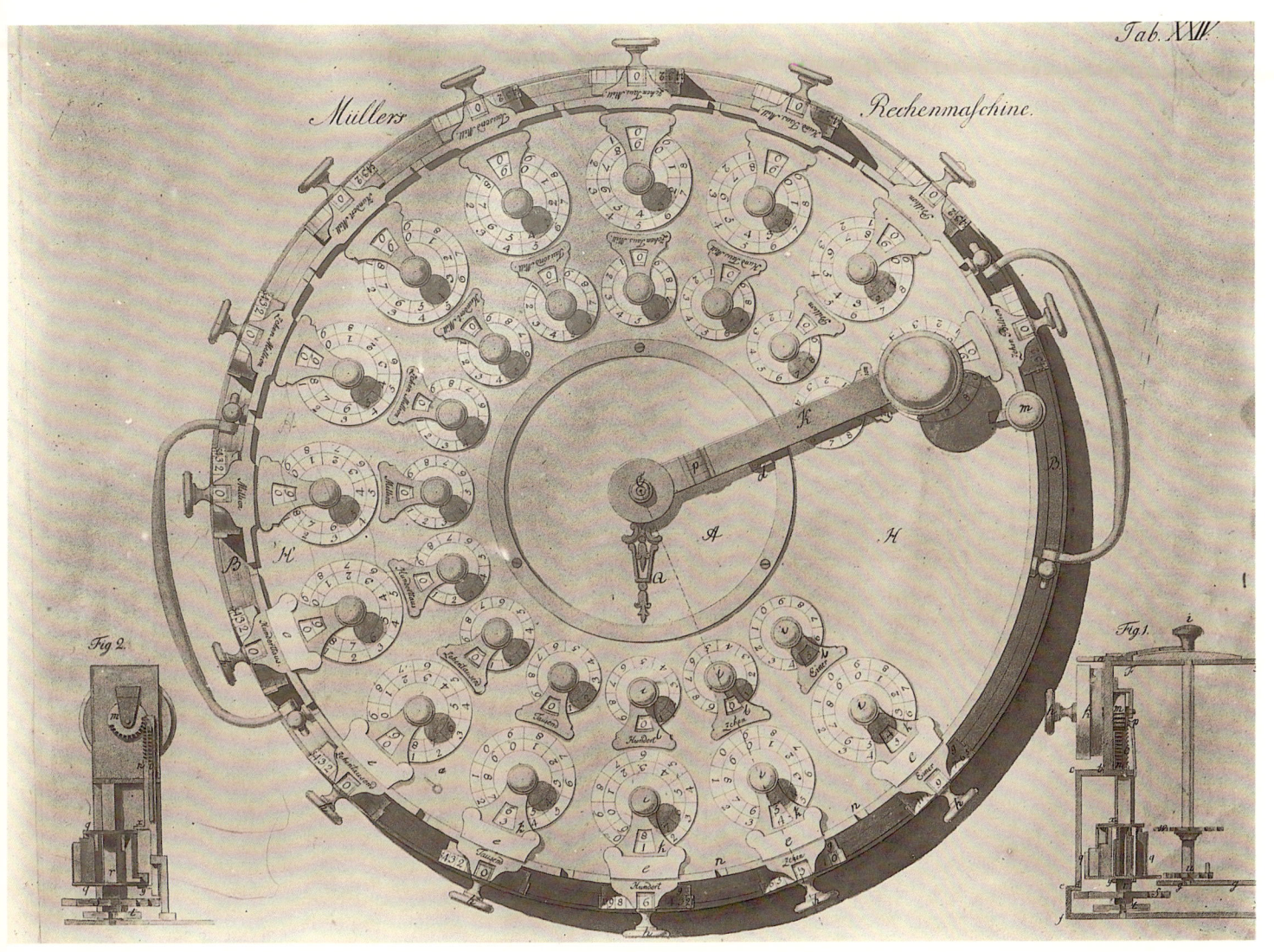

Tafel XXIV

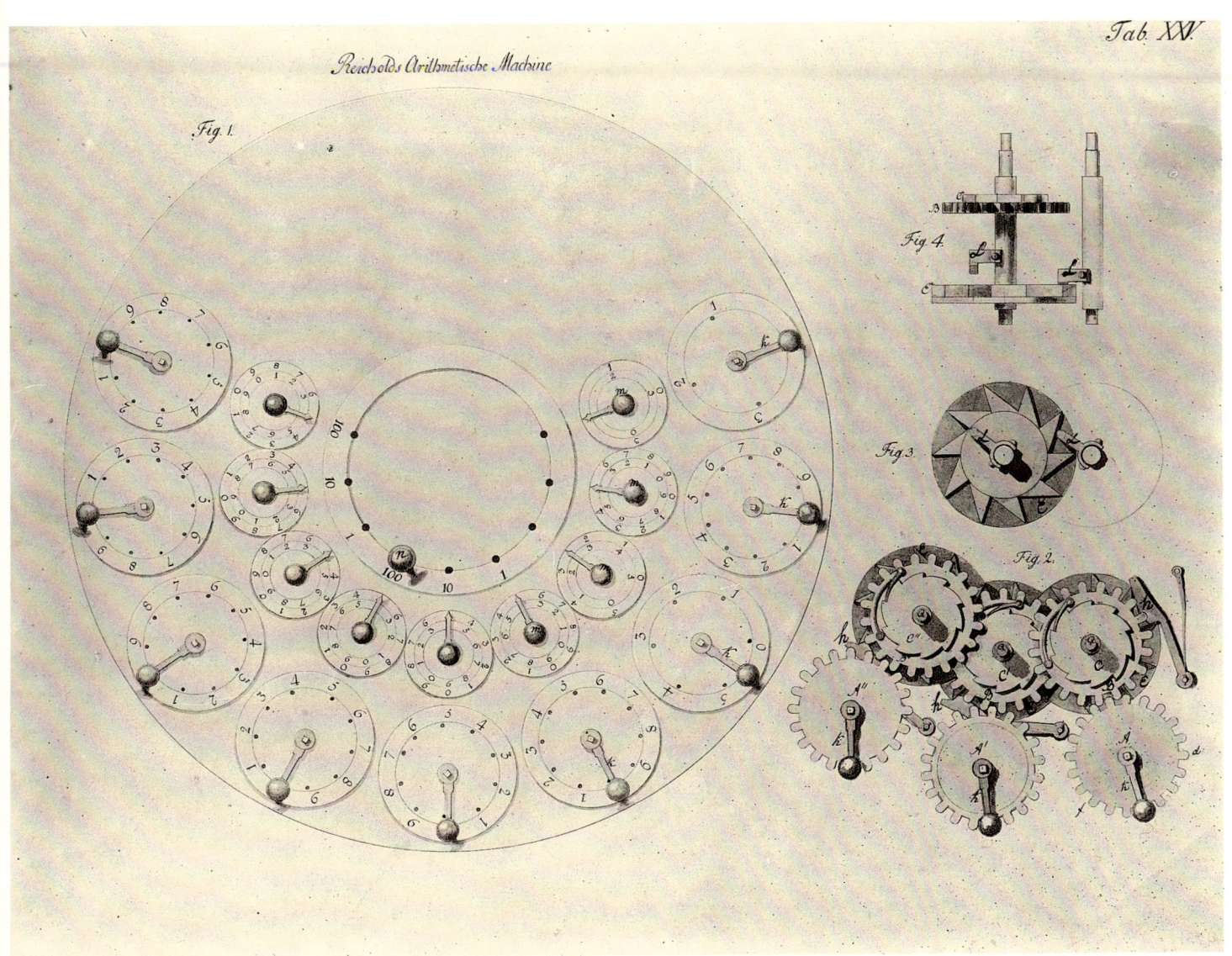

Tafel XXV

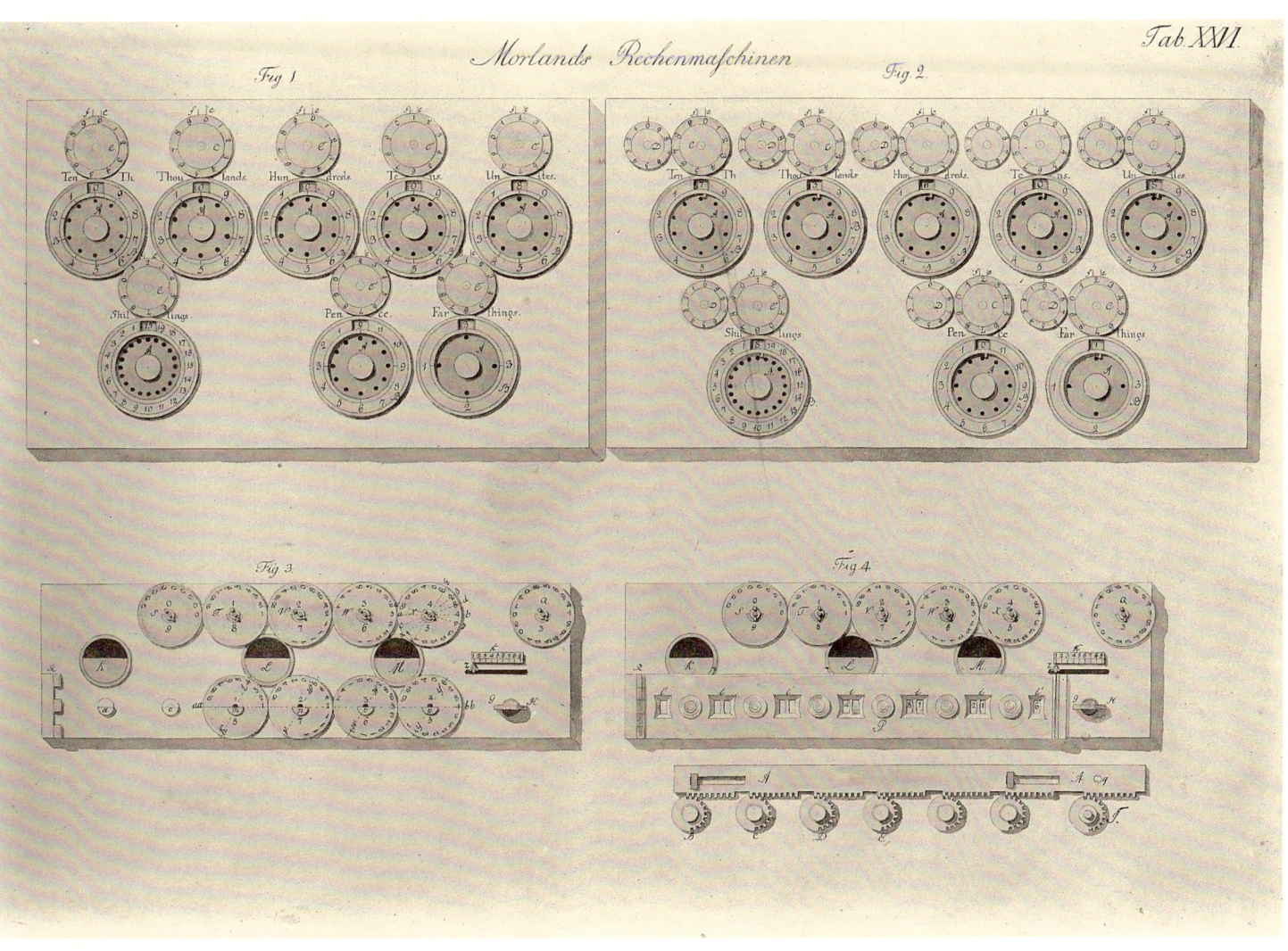

Tafel XXVI